合肥学院模块化教学改革系列教材

经管应用数学
线性代数

Applied Mathematics for Economics Management
Linear Algebra

江立辉
王　玉　编著
吴文静

中国科学技术大学出版社

内 容 简 介

本书是安徽省名师工作室和合肥学院模块化教学改革的研究成果，是合肥学院模块化教学改革系列教材之一.

本书主要内容包括矩阵、向量组、行列式、矩阵对角化、线性规划、单纯形法等，在内容的处理上注重阐明思想、概念和方法，力求做到深入浅出，通俗易懂，利于教学和自学. 每章后附有适当习题，供读者理解、消化课本知识及深入学习之用.

本书可以作为应用型本科院校经管类专业的教材，也可以作为线性代数课程学习的参考书.

图书在版编目(CIP)数据

经管应用数学：线性代数/江立辉，王玉，吴文静编著. —合肥：中国科学技术大学出版社，2017.8(2022.7 重印)

ISBN 978-7-312-04217-1

Ⅰ.经… Ⅱ.① 江… ②王… ③ 吴… Ⅲ.线性代数—高等学校—教材 Ⅳ.O151.2

中国版本图书馆 CIP 数据核字(2017)第 100253 号

出版 中国科学技术大学出版社
安徽省合肥市金寨路 96 号，230026
http://press.ustc.edu.cn
https://zgkxjsdxcbs.tmall.com

印刷 合肥市宏基印刷有限公司

发行 中国科学技术大学出版社

经销 全国新华书店

开本 787 mm×1092 mm 1/16

印张 11.75

字数 293 千

版次 2017 年 8 月第 1 版

印次 2022 年 7 月第 3 次印刷

定价 28.00 元

总　序

课程是高校应用型人才培养的核心，教材是高校课程教学的主要载体，承载着人才培养的教学内容，而教学内容的选择关乎人才培养的质量.编写优秀的教材是应用型人才培养过程中的重要环节.一直以来，我国普通高校教材所承载的教学内容多以学科知识发展的内在逻辑为标准，与课程相对应的知识在学科范围内不断地生长分化.高校教材的编排是按照学科发展的知识并因循其发展逻辑进行的，再由教师依序系统地教给学生.

若我们转变观念——大学的学习应以学生为中心，那我们势必会关注"学生通过大学阶段的学习能够做什么"，我们势必会考虑"哪些能力是学生通过学习应该获得的"，而不是"哪些内容是教师要讲授的"，高校教材承载的教学内容及其构成形式随即发生了变化，突破学科知识体系定势，对原有知识按照学生的需求和应获得的能力进行重构，才能符合应用型人才培养的目标.合肥学院借鉴了德国经验，实施的一系列教育教学改革，特别是课程改革都是以学生的"学"为中心的，围绕课程改革在教材建设方面也做了一些积极的探索.

合肥学院与德国应用科学大学有30多年的合作历史.1985年，安徽省人民政府和德国下萨克森州政府签署了"按照德国应用科学大学办学模式，共建一所示范性应用型本科院校"的协议，合肥学院(原合肥联合大学)成为德方在中国最早重点援建的两所示范性应用科学大学之一.目前，我校是中德在应用型高等教育领域里合作交流规模最大、合作程度最深的高校.在长期合作的过程中，我校借鉴了德国应用科学大学的经验，将德国经验本土化，为我国的应用型人才培养模式改革做出了积极的贡献.在前期工作的基础上，我校深入研究欧洲，特别是德国在高等教育领域的改革和发展状况，结合博洛尼亚进程中的课程改革理念，根据我国国情和高等教育的实际，开展模块化课程改革.我们通过校企深度合作，通过大量的行业、企业调研，了解社会、行业、企业对人才的需求以及专业对应的岗位群，岗位所需要的知识、能力、素质，在此基础上制订人才培养方案和选择确定教学内容，并及时实行动态调整，吸收最新的行业前沿知识，解决人才培养和社会需求适应度不高的问题.2014年，合肥学院"突破学科定势，打造模块化课程，重构能力导向的应用型人才培养教学体系"获得了国家教学成果一等奖.

为了配合模块化课程改革，合肥学院积极组织模块化系列教材的编写工作.以实施模块化教学改革的专业为单位，教材在内容设计上突出应用型人才能力的培养.即将出版的这套丛书此前作为讲义,已在我校试用多年,并经过多次修改.教材明确定位于应用型人才的培养目标,其内容体现了模块化课程改革的成果,具有以下主要特点:

(1) 适合应用型人才培养.改“知识输入导向”为“知识输出导向”,改“哪些内容是教师要讲授的”为“哪些能力是学生通过学习应该获得的”,根据应用型人才的培养目标,突破学科知识体系定势,对原有知识、能力、要素进行重构,以期符合应用型人才培养目标.

(2) 强化学生能力培养.模块化系列教材坚持以能力为导向,改“知识逻辑体系”为“技术逻辑体系”,优化和整合课程内容,降低教学内容的重复性;专业课注重理论联系实际,重视实践教学和学生能力培养.

(3) 有利于学生个性化学习.模块化系列教材所属的模块具有灵活性和可拆分性的特点,学生可以根据自己的兴趣、爱好以及需要,选择不同模块进行学习.

(4) 有利于资源共享.在模块化教学体系中,要建立“模块池”,模块池是所有模块的集合地,可以供应用型本科高校选修学习,模块化教材很好地反映了这一点.模块化系列教材是我校模块化课程改革思想的体现,出版的目的之一是与同行共同探索应用型本科高校课程、教材的改革,努力实现资源共享.

(5) 突出学生的“学”.模块化系列教材既有课程体系改革,也有教学方法、考试方法改革,还有学分计算方法改革.其中,学分计算方法采用欧洲的“workload”(即“学习负荷”,学生必须投入28小时学习,并通过考核才可获得1学分),这既包括对教师授课量的考核,又包括对学生自主学习量的考核,在关注教师“教”的同时,更加关注学生的“学”,促进了“教”和“学”的统一.

围绕着模块化教学改革进行的教材建设,是我校十几年来教育教学改革大胆实践的成果,广大教师为此付出了很多的心血.在模块化系列教材付梓之时,我要感谢参与编写教材以及参与改革的全体老师,感谢他们在教材编写和学校教学改革中的付出与贡献!同时感谢中国科学技术大学出版社为系列教材的出版提供了服务和平台!希望更多的老师能参与到教材编写中,更好地展现我校的教学改革成果.

应用型人才培养的课程改革任重而道远,模块化系列教材的出版,是我们深化课程改革迈出的又一步.由于编者水平有限,书中还存在不足,希望专家、学者和同行们多提意见,提高教材的质量,以飨莘莘学子!

是为序.

合肥学院党委书记　蔡敬民

2016年7月28日于合肥学院

前　言

应用型本科教育的目标是培养具有较强社会适应能力和竞争能力的高素质应用型人才，要求专业必须紧密结合地方特色，注重学生的实践能力培养. 模块化教学改革是以专业能力培养为目标，注重教学内容的实践性和应用性，要求改变传统的以知识输入为导向的课程体系为以知识输出为导向(从能力分解出发)的模块体系. 线性代数作为经济管理(经管)类专业的基础课程，在培养学生逻辑思维能力和应用能力方面起着举足轻重的作用. 而现有的线性代数教材强调线性代数的理论严谨性，忽视线性代数作为数学工具的应用性，没有和经管类后续专业课程的需要相结合，并且缺失“线性规划”这部分内容. 因此，编写出符合应用型人才培养的模块化教材显得十分必要.

我们在多年的模块化教学改革实践中，努力做到理论联系实际、教学服务专业、融入建模思想、注重能力培养. 在“以实际应用为目的，以专业需求为导向，以案例教学为主线，以数学软件为工具，以自主学习为特色”的思想指导下，编写了这本适用于经管类应用型人才培养需要的模块化教材. 本教材具有以下鲜明特色：

(1) 符合应用型人才办学定位. 本教材介绍了经管类专业中常用的投入产出数学模型和线性规划模型，以案例为主线，将数学与经管类专业相结合，体现了数学在其他专业中的应用. 在每章最后还设计了“实践 · 创新”和“自主 · 探究”两个模块，以满足学生自主学习能力的培养. 在巩固练习部分，我们将内容按照难易度分为 A、B 两个部分，以满足学生的不同需求.

(2) 满足模块化教学改革的需求. 根据经管类专业特点，结合后续专业课程所需知识，确定了以矩阵为基础、线性方程组为主线、融入线性规划内容，遵循“少而精”的原则整合教学体系. 将传统的内容进行调整，强调矩阵初等变换的重要性和实用性，弱化行列式的理论应用，将其缩减为一节内容作为预备知识调整到“矩阵对角化及应用”之前，从而使得学生学习起来前后衔接更加通畅.

(3) 突出了学生应用数学能力的培养. 本教材在线性规划部分提供了大量的实际案例，着力培养学生应用数学知识分析经济管理中的问题，给出合理表述及解决方案的能力.

本书共分 4 章. 吴文静编写第 1.1～1.3 节、第 1.5 节和第 3.2～3.5 节；王玉编写第 1.4 节、第 2.1～2.4 节、第 3.1 节和第 3.6 节；江立辉编写第 2.5 节、第 4 章. 全书由江立辉负责统稿和定稿工作. 打“ * ”号章节为选学内容，供学有余力的同学课后阅读.

本书在编写过程中参考了大量的相关书籍和资料，选用了其中的有关内容，在此特向相关作者表示深深的谢意！

本书作为安徽省质量工程项目(2015jyxm321，2015mooc077)和合肥学院模块化教材立项项目的研究成果,在编辑出版过程中得到了合肥学院教务处、合肥学院数理系、中国科学技术大学出版社的大力支持和帮助,陈秀、牛欣、张霞等老师为本书的编写提供了宝贵的意见,谭玲燕老师对习题答案进行了仔细地核对,我们在此一并表示衷心的感谢.

由于编者水平有限,书中难免有不妥或错误之处,敬请广大师生和读者批评指正.

编　者

2017 年 3 月于合肥

目　　录

第1章　矩　　阵

矩阵的研究历史悠久，早在中国古代数学专著《九章算术》中就出现了矩阵的思想．作为数学中的正式研究对象，矩阵出现于19世纪．1858年，英国数学家阿瑟·凯利系统地讨论了矩阵的运算律、逆、转置以及特征多项式方程．1879年，德国数学家费罗贝尼乌斯引入矩阵秩的概念．至此，矩阵体系基本形成．

矩阵作为线性代数的主要研究对象，在数学的其他分支以及在经济管理等方面有着十分广泛的应用．它是研究线性变换、向量的线性相关性及线性方程组求解等问题的有力工具．

本章主要介绍矩阵的概念、几种常见的矩阵运算、可逆矩阵、矩阵的初等变换、线性方程组的解和分块矩阵等．这些内容是学习后面知识的重要基础．

1.1　矩阵及其运算

1.1.1　矩阵的概念

在实际的经济活动和生活中，经常用数表的方式来处理相关数据．

某企业生产3种产品，各种产品前3个月的产值(单位：万件)如表1.1.1所示．

表1.1.1　数据表

产品＼月份	1	2	3
1	10	12	9
2	13	18	15
3	14	21	11

为了研究方便，常常将上述表格按原有顺序排列成3行3列的矩形数表，记为

$$\begin{pmatrix} 10 & 12 & 9 \\ 13 & 18 & 15 \\ 14 & 21 & 11 \end{pmatrix}$$

又如，线性方程组

$$\begin{cases} a_{11}x_1 + a_{12}x_2 + \cdots + a_{1n}x_n = b_1 \\ a_{21}x_1 + a_{22}x_2 + \cdots + a_{2n}x_n = b_2 \\ \cdots\cdots \\ a_{m1}x_1 + a_{m2}x_2 + \cdots + a_{mn}x_n = b_m \end{cases}$$

的系数 $a_{ij}(i=1,2,\cdots,m;j=1,2,\cdots,n)$,常数项 $b_j(j=1,2,\cdots,m)$按原位置排列能构成如下矩形数表:

$$\begin{pmatrix} a_{11} & a_{12} & \cdots & a_{1n} & b_1 \\ a_{21} & a_{22} & \cdots & a_{2n} & b_2 \\ \vdots & \vdots & & \vdots & \vdots \\ a_{m1} & a_{m2} & \cdots & a_{mn} & b_m \end{pmatrix}$$

这个数表在后续求解线性方程组的过程中将起到重要作用.

由上面两个例子可以看出,矩形数表可以简洁地反映实际问题的有用信息,这样的数表称为矩阵.下面给出矩阵的数学定义.

定义 1.1.1　由 $m\times n$ 个数 $a_{ij}(i=1,2,\cdots,m;j=1,2,\cdots,n)$排成的一个 m 行 n 列的矩形数表

$$\begin{pmatrix} a_{11} & a_{12} & \cdots & a_{1n} \\ a_{21} & a_{22} & \cdots & a_{2n} \\ \vdots & \vdots & & \vdots \\ a_{m1} & a_{m2} & \cdots & a_{mn} \end{pmatrix}$$

称为 m 行 n 列矩阵,简称 $\boldsymbol{m\times n}$ **矩阵**.其中数 a_{ij} 称为矩阵的第 i 行第 j 列元素.矩阵常用大写字母 $\boldsymbol{A},\boldsymbol{B},\boldsymbol{C}$ 等表示.有时为了指明矩阵的行数和列数,$m\times n$ 矩阵 $\boldsymbol{A}$ 也可记作 $\boldsymbol{A}_{m\times n}$ 或 $(a_{ij})_{m\times n}$.

当矩阵 $\boldsymbol{A}$ 的行数 m 与列数 n 相等时,称 $\boldsymbol{A}$ 为 $\boldsymbol{n}$ **阶矩阵**或 $\boldsymbol{n}$ **阶方阵**,记作 $\boldsymbol{A}_n$ 或 $(a_{ij})_n$.

显然,一阶矩阵就是一个数.

当两个矩阵的行数相等、列数也相等时,称它们是**同型矩阵**.

如果两个矩阵 $\boldsymbol{A}=(a_{ij})_{m\times n}$,$\boldsymbol{B}=(b_{ij})_{m\times n}$是同型矩阵,并且它们的对应元素相等,即

$$a_{ij}=b_{ij}\quad(i=1,2,\cdots,m;j=1,2,\cdots,n)$$

则称**矩阵 $\boldsymbol{A}$ 与 $\boldsymbol{B}$ 相等**,记作 $\boldsymbol{A}=\boldsymbol{B}$.

元素都是零的矩阵称为**零矩阵**,记作 $\boldsymbol{O}$.注意不同型的零矩阵是不同的.

只有一行的矩阵

$$\boldsymbol{A}=(a_1\quad a_2\quad\cdots\quad a_n)$$

称为**行矩阵**.

为避免元素间的混淆,行矩阵也记作

$$\boldsymbol{A}=(a_1,a_2,\cdots,a_n)$$

只有一列的矩阵

$$\boldsymbol{B}=\begin{pmatrix} b_1 \\ b_2 \\ \vdots \\ b_n \end{pmatrix}$$

称为**列矩阵**.

1.1.2 几种特殊矩阵

1. 对角矩阵

在 n 阶方阵 $\boldsymbol{A}=(a_{ij})_n$ 中,如果元素满足条件 $a_{ij}=0(i\neq j)$,即 $\boldsymbol{A}$ 的主对角线(从左上角到右下角)以外的元素全为零,则称 $\boldsymbol{A}$ 为 **n 阶对角矩阵**. 即

$$\boldsymbol{A}=\begin{pmatrix} a_{11} & 0 & \cdots & 0 \\ 0 & a_{22} & \cdots & 0 \\ \vdots & \vdots & & \vdots \\ 0 & 0 & \cdots & a_{nn} \end{pmatrix}$$

常记作 $\mathrm{diag}(a_{11},a_{22},\cdots,a_{nn})$,对角矩阵一般用字母"$\boldsymbol{\Lambda}$"表示.

2. 数量矩阵

在 n 阶对角矩阵 $\boldsymbol{A}=(a_{ij})_n$ 中,如果元素满足条件 $a_{ii}=a(i=1,2,\cdots,n)$,则称 $\boldsymbol{A}$ 为**数量矩阵**. 即

$$\boldsymbol{A}=\begin{pmatrix} a & 0 & \cdots & 0 \\ 0 & a & \cdots & 0 \\ \vdots & \vdots & & \vdots \\ 0 & 0 & \cdots & a \end{pmatrix}$$

3. 单位矩阵

在 n 阶对角矩阵 $\boldsymbol{A}=(a_{ij})_n$ 中,如果元素满足条件 $a_{ii}=1(i=1,2,\cdots,n)$,则称 $\boldsymbol{A}$ 为 **n 阶单位矩阵**,记为 $\boldsymbol{E}_n$ 或 $\boldsymbol{E}$. 即

$$\boldsymbol{E}_n=\begin{pmatrix} 1 & 0 & \cdots & 0 \\ 0 & 1 & \cdots & 0 \\ \vdots & \vdots & & \vdots \\ 0 & 0 & \cdots & 1 \end{pmatrix}$$

4. 三角矩阵

在 n 阶方阵 $\boldsymbol{A}=(a_{ij})_n$ 中,如果元素满足条件 $a_{ij}=0(i>j;i,j=1,2,\cdots,n)$,即 $\boldsymbol{A}$ 的主对角线以下的元素全为零,则称 $\boldsymbol{A}$ 为 **n 阶上三角矩阵**. 即

$$\boldsymbol{A}=\begin{pmatrix} a_{11} & a_{12} & \cdots & a_{1n} \\ 0 & a_{22} & \cdots & a_{2n} \\ \vdots & \vdots & & \vdots \\ 0 & 0 & \cdots & a_{nn} \end{pmatrix}$$

在 n 阶方阵 $\boldsymbol{A}=(a_{ij})_n$ 中,如果元素满足条件 $a_{ij}=0(i<j;i,j=1,2,\cdots,n)$,即 $\boldsymbol{A}$ 的主对角线以上的元素全为零,则称 $\boldsymbol{A}$ 为 **n 阶下三角矩阵**. 即

$$\boldsymbol{A}=\begin{pmatrix} a_{11} & 0 & \cdots & 0 \\ a_{21} & a_{22} & \cdots & 0 \\ \vdots & \vdots & & \vdots \\ a_{n1} & a_{n2} & \cdots & a_{nn} \end{pmatrix}$$

上三角矩阵与下三角矩阵统称为**三角矩阵**.

1.1.3　矩阵的运算

下面介绍矩阵的加法、数乘、乘法和转置等基本运算,正是这些运算使矩阵成为解决实际问题的有力工具.

1. 矩阵的加法

定义 1.1.2　设 $\boldsymbol{A}=(a_{ij})_{m\times n}$,$\boldsymbol{B}=(b_{ij})_{m\times n}$,令 $\boldsymbol{C}=(c_{ij})_{m\times n}=(a_{ij}+b_{ij})_{m\times n}$,称 $\boldsymbol{C}$ 为矩阵 $\boldsymbol{A}$ 与矩阵 $\boldsymbol{B}$ 的**和**,记作 $\boldsymbol{C}=\boldsymbol{A}+\boldsymbol{B}$,即

$$\boldsymbol{A}+\boldsymbol{B}=\begin{pmatrix} a_{11}+b_{11} & a_{12}+b_{12} & \cdots & a_{1n}+b_{1n} \\ a_{21}+b_{21} & a_{22}+b_{22} & \cdots & a_{2n}+b_{2n} \\ \vdots & \vdots & & \vdots \\ a_{m1}+b_{m1} & a_{m2}+b_{m2} & \cdots & a_{mn}+b_{mn} \end{pmatrix}$$

记 $-\boldsymbol{A}=(-a_{ij})_{m\times n}$,称 $-\boldsymbol{A}$ 是矩阵 $\boldsymbol{A}$ 的**负矩阵**. 由此规定矩阵的减法为

$$\boldsymbol{A}-\boldsymbol{B}=\boldsymbol{A}+(-\boldsymbol{B})=(a_{ij}-b_{ij})_{m\times n}$$

注　只有当两个矩阵同型时,才能进行加法运算.

由于矩阵的加法归结为它们的元素的加法,所以,不难验证加法满足以下运算规律:

(1) $\boldsymbol{A}+\boldsymbol{B}=\boldsymbol{B}+\boldsymbol{A}$;(交换律)

(2) $(\boldsymbol{A}+\boldsymbol{B})+\boldsymbol{C}=\boldsymbol{A}+(\boldsymbol{B}+\boldsymbol{C})$;(结合律)

(3) $\boldsymbol{A}+\boldsymbol{O}=\boldsymbol{A}$;

(4) $\boldsymbol{A}+(-\boldsymbol{A})=\boldsymbol{O}$.

例 1.1.1　设 $\begin{pmatrix} 1 & -2 \\ 3 & 5 \end{pmatrix}+\boldsymbol{X}=\begin{pmatrix} 1 & 0 \\ 0 & 1 \end{pmatrix}$,求 $\boldsymbol{X}$.

解　等式两边同时减去 $\begin{pmatrix} 1 & -2 \\ 3 & 5 \end{pmatrix}$,则

$$\boldsymbol{X}=\begin{pmatrix} 1 & 0 \\ 0 & 1 \end{pmatrix}-\begin{pmatrix} 1 & -2 \\ 3 & 5 \end{pmatrix}=\begin{pmatrix} 0 & 2 \\ -3 & -4 \end{pmatrix}$$

2. 矩阵的数乘

定义 1.1.3　数 λ 与矩阵 $\boldsymbol{A}=(a_{ij})_{m\times n}$ 的乘积称为**矩阵的数乘**,记作 $\lambda\boldsymbol{A}$ 或 $\boldsymbol{A}\lambda$. 规定 $\lambda\boldsymbol{A}=\boldsymbol{A}\lambda=(\lambda a_{ij})_{m\times n}$. 即

$$\lambda\boldsymbol{A}=\boldsymbol{A}\lambda=\begin{pmatrix} \lambda a_{11} & \lambda a_{12} & \cdots & \lambda a_{1n} \\ \lambda a_{21} & \lambda a_{22} & \cdots & \lambda a_{2n} \\ \vdots & \vdots & & \vdots \\ \lambda a_{m1} & \lambda a_{m2} & \cdots & \lambda a_{mn} \end{pmatrix}$$

数乘运算满足下列运算规律(其中 $\boldsymbol{A}$,$\boldsymbol{B}$ 为同型矩阵,λ 和 μ 为任意常数):

(1) $(\lambda\mu)\boldsymbol{A}=\lambda(\mu\boldsymbol{A})$;

(2) $(\lambda+\mu)\boldsymbol{A}=\lambda\boldsymbol{A}+\mu\boldsymbol{A}$;

(3) $\lambda(\boldsymbol{A}+\boldsymbol{B})=\lambda\boldsymbol{A}+\lambda\boldsymbol{B}$.

3. 矩阵的乘积

定义 1.1.4　设 $\boldsymbol{A}=(a_{ij})_{m\times s}$,$\boldsymbol{B}=(b_{ij})_{s\times n}$,规定矩阵 $\boldsymbol{A}$ 与 $\boldsymbol{B}$ 的乘积是

$$C=(c_{ij})_{m\times n}$$

其中

$$c_{ij}=a_{i1}b_{1j}+a_{i2}b_{2j}+\cdots+a_{is}b_{sj}=\sum_{k=1}^{s}a_{ik}b_{kj}\quad(i=1,2,\cdots,m;j=1,2,\cdots,n)$$

并把此乘积记作 $\boldsymbol{C}=\boldsymbol{AB}$.记号 $\boldsymbol{AB}$ 常读作 $\boldsymbol{A}$ 左乘 $\boldsymbol{B}$ 或 $\boldsymbol{B}$ 右乘 $\boldsymbol{A}$.

特别地,当行矩阵 $(a_{i1}\quad a_{i2}\quad\cdots\quad a_{is})$ 与列矩阵 $\begin{pmatrix}b_{1j}\\b_{2j}\\\vdots\\b_{sj}\end{pmatrix}$ 相乘时

$$(a_{i1}\quad a_{i2}\quad\cdots\quad a_{is})\begin{pmatrix}b_{1j}\\b_{2j}\\\vdots\\b_{sj}\end{pmatrix}=a_{i1}b_{1j}+a_{i2}b_{2j}+\cdots+a_{is}b_{sj}$$

就是一个数 c_{ij},这表明 c_{ij} 就是 $\boldsymbol{A}$ 的第 i 行与 $\boldsymbol{B}$ 的第 j 列对应元素乘积之和.

注 只有当第一个矩阵(左矩阵)的列数与第二个矩阵(右矩阵)的行数相等时,两个矩阵才能相乘.

例 1.1.2 设矩阵 $\boldsymbol{A}=\begin{pmatrix}2&1&4&0\\1&-1&3&4\end{pmatrix}$,$\boldsymbol{B}=\begin{pmatrix}1&3&1\\0&-1&2\\1&-3&1\\4&0&-2\end{pmatrix}$,求 $\boldsymbol{AB}$.

解 因为 $\boldsymbol{A}$ 是 2×4 矩阵,$\boldsymbol{B}$ 是 4×3 矩阵,即 $\boldsymbol{A}$ 的列数等于 $\boldsymbol{B}$ 的行数,故 $\boldsymbol{A}$ 和 $\boldsymbol{B}$ 可相乘,其乘积 $\boldsymbol{AB}$ 是一个 2×3 矩阵.

$$\begin{aligned}\boldsymbol{AB}&=\begin{pmatrix}2&1&4&0\\1&-1&3&4\end{pmatrix}\begin{pmatrix}1&3&1\\0&-1&2\\1&-3&1\\4&0&-2\end{pmatrix}\\&=\begin{pmatrix}2\times1+1\times0+4\times1+0\times4&2\times3+1\times(-1)+4\times(-3)+0\times0&2\times1+1\times2+4\times1+0\times(-2)\\1\times1+(-1)\times0+3\times1+4\times4&1\times3+(-1)\times(-1)+3\times(-3)+4\times0&1\times1+(-1)\times2+3\times1+4\times(-2)\end{pmatrix}\\&=\begin{pmatrix}6&-7&8\\20&-5&-6\end{pmatrix}\end{aligned}$$

例 1.1.3 设矩阵 $\boldsymbol{A}=\begin{pmatrix}1&-1\\0&0\end{pmatrix}$,$\boldsymbol{B}=\begin{pmatrix}1&2\\1&2\end{pmatrix}$,求 $\boldsymbol{AB}$ 和 $\boldsymbol{BA}$.

解

$$\boldsymbol{AB}=\begin{pmatrix}1&-1\\0&0\end{pmatrix}\begin{pmatrix}1&2\\1&2\end{pmatrix}=\begin{pmatrix}0&0\\0&0\end{pmatrix}$$

$$\boldsymbol{BA}=\begin{pmatrix}1&2\\1&2\end{pmatrix}\begin{pmatrix}1&-1\\0&0\end{pmatrix}=\begin{pmatrix}1&-1\\1&-1\end{pmatrix}$$

例 1.1.4 设 $\boldsymbol{A}=\begin{pmatrix}1&2\\0&3\end{pmatrix}$,$\boldsymbol{B}=\begin{pmatrix}1&0\\0&4\end{pmatrix}$,$\boldsymbol{C}=\begin{pmatrix}1&1\\0&0\end{pmatrix}$,求 $\boldsymbol{AC}$ 和 $\boldsymbol{BC}$.

解

$$AC=\begin{pmatrix}1&2\\0&3\end{pmatrix}\begin{pmatrix}1&1\\0&0\end{pmatrix}=\begin{pmatrix}1&1\\0&0\end{pmatrix}$$

$$BC=\begin{pmatrix}1&0\\0&4\end{pmatrix}\begin{pmatrix}1&1\\0&0\end{pmatrix}=\begin{pmatrix}1&1\\0&0\end{pmatrix}$$

由例1.1.3和例1.1.4可得如下结论:

(1) 一般情况下,矩阵的乘法不满足交换律,即 $\boldsymbol{AB}\neq\boldsymbol{BA}$.若 $\boldsymbol{AB}=\boldsymbol{BA}$,则称 $\boldsymbol{A}$ 与 $\boldsymbol{B}$ **可交换**.

(2) 当 $\boldsymbol{AB}=\boldsymbol{O}$ 时,不能推出 $\boldsymbol{A}=\boldsymbol{O}$ 或 $\boldsymbol{B}=\boldsymbol{O}$,说明两个非零矩阵的乘积可能是零矩阵.

(3) 矩阵的乘法不满足消去律,即当 $\boldsymbol{AC}=\boldsymbol{BC}$,且 $\boldsymbol{C}\neq\boldsymbol{O}$ 时,不一定有 $\boldsymbol{A}=\boldsymbol{B}$.

但矩阵的乘法仍满足下列运算律(假设运算可行):

(1) $(\boldsymbol{AB})\boldsymbol{C}=\boldsymbol{A}(\boldsymbol{BC})$.(结合律)

(2) $\boldsymbol{A}(\boldsymbol{B}+\boldsymbol{C})=\boldsymbol{AB}+\boldsymbol{AC}$;(左分配律)

$(\boldsymbol{B}+\boldsymbol{C})\boldsymbol{A}=\boldsymbol{BA}+\boldsymbol{CA}$.(右分配律)

(3) $\lambda(\boldsymbol{AB})=(\lambda\boldsymbol{A})\boldsymbol{B}=\boldsymbol{A}(\lambda\boldsymbol{B})$ (λ 为常数).

例 1.1.5　用矩阵的运算形式表示线性方程组

$$\begin{cases}a_{11}x_1+a_{12}x_2+\cdots+a_{1n}x_n=b_1\\a_{21}x_1+a_{22}x_2+\cdots+a_{2n}x_n=b_2\\\cdots\cdots\\a_{m1}x_1+a_{m2}x_2+\cdots+a_{mn}x_n=b_m\end{cases}\tag{1.1.1}$$

解　令

$$\boldsymbol{A}=\begin{pmatrix}a_{11}&a_{12}&\cdots&a_{1n}\\a_{21}&a_{22}&\cdots&a_{2n}\\\vdots&\vdots&&\vdots\\a_{m1}&a_{m2}&\cdots&a_{mn}\end{pmatrix},\quad\boldsymbol{x}=\begin{pmatrix}x_1\\x_2\\\vdots\\x_n\end{pmatrix},\quad\boldsymbol{b}=\begin{pmatrix}b_1\\b_2\\\vdots\\b_m\end{pmatrix}$$

则有

$$\boldsymbol{Ax}=\begin{pmatrix}a_{11}&a_{12}&\cdots&a_{1n}\\a_{21}&a_{22}&\cdots&a_{2n}\\\vdots&\vdots&&\vdots\\a_{m1}&a_{m2}&\cdots&a_{mn}\end{pmatrix}\begin{pmatrix}x_1\\x_2\\\vdots\\x_n\end{pmatrix}=\begin{pmatrix}b_1\\b_2\\\vdots\\b_m\end{pmatrix}=\boldsymbol{b}$$

成立,即方程组(1.1.1)可表示为 $\boldsymbol{Ax}=\boldsymbol{b}$. 称 $\boldsymbol{Ax}=\boldsymbol{b}$ 是方程组(1.1.1)的矩阵表达形式,$\boldsymbol{A}$ 称为方程组(1.1.1)的**系数矩阵**,

$$(\boldsymbol{A}\,\vdots\,\boldsymbol{b})=\left(\begin{array}{cccc:c}a_{11}&a_{12}&\cdots&a_{1n}&b_1\\a_{21}&a_{22}&\cdots&a_{2n}&b_2\\\vdots&\vdots&&\vdots&\vdots\\a_{m1}&a_{m2}&\cdots&a_{mn}&b_m\end{array}\right)$$

称为方程组(1.1.1)的**增广矩阵**,也可以记作$(\boldsymbol{A},\boldsymbol{b})$.

例如,方程组$\begin{cases}2x+y=8\\x-y=2\end{cases}$的系数矩阵 $\boldsymbol{A}=\begin{pmatrix}2&1\\1&-1\end{pmatrix}$,增广矩阵$(\boldsymbol{A},\boldsymbol{b})=\begin{pmatrix}2&1&8\\1&-1&2\end{pmatrix}$,方程组的矩阵方程为 $\boldsymbol{Ax}=\boldsymbol{b}$.其中 $\boldsymbol{x}=\begin{pmatrix}x\\y\end{pmatrix}$.

对于单位矩阵 $\boldsymbol{E}$,容易验证

$$\boldsymbol{E}_m\boldsymbol{A}_{m\times n}=\boldsymbol{A}_{m\times n},\quad \boldsymbol{A}_{m\times n}\boldsymbol{E}_n=\boldsymbol{A}_{m\times n}$$

根据矩阵的乘法,可以定义 n 阶方阵的幂运算.

定义 1.1.5 设 $\boldsymbol{A}$ 是 n 阶方阵,定义 $\boldsymbol{A}^0=\boldsymbol{E},\boldsymbol{A}^1=\boldsymbol{A},\boldsymbol{A}^2=\boldsymbol{AA},\cdots,\boldsymbol{A}^{k+1}=\boldsymbol{A}^k\boldsymbol{A}^1$($k$ 为正整数).即 $\boldsymbol{A}^k=\overbrace{\boldsymbol{AA}\cdots\boldsymbol{A}}^{k个}$,称为 **$\boldsymbol{A}$ 的 k 次幂**.

不难看出 $\boldsymbol{A}$ 的 k 次幂具有如下结论:

(1) 方阵才有幂;

(2) $\boldsymbol{A}^k\boldsymbol{A}^l=\boldsymbol{A}^{k+l},(\boldsymbol{A}^k)^l=\boldsymbol{A}^{kl}$.

思考 一般情况下,$(\boldsymbol{AB})^k\neq\boldsymbol{A}^k\boldsymbol{B}^k$,为什么?请举例.

与数 x 的多项式 $f(x)=a_0+a_1x+a_2x^2+\cdots+a_nx^n$ 表示一样,由方阵幂的定义,可以类似地定义方阵的多项式.

对于 n 阶方阵 $\boldsymbol{A}$,称 $f(\boldsymbol{A})=a_0\boldsymbol{E}+a_1\boldsymbol{A}+a_2\boldsymbol{A}^2+\cdots+a_n\boldsymbol{A}^n$ 为**方阵 $\boldsymbol{A}$ 的 n 次多项式**.

注 常数项 a_0 应改写为 $a_0\boldsymbol{E}$.

例 1.1.6 设 $f(x)=x^2-2x-3,\boldsymbol{A}=\begin{pmatrix}-1&0\\4&3\end{pmatrix}$,求 $f(\boldsymbol{A})$.

解 由于

$$\boldsymbol{A}^2=\begin{pmatrix}-1&0\\4&3\end{pmatrix}\begin{pmatrix}-1&0\\4&3\end{pmatrix}=\begin{pmatrix}1&0\\8&9\end{pmatrix}$$

且 $f(\boldsymbol{A})=\boldsymbol{A}^2-2\boldsymbol{A}-3\boldsymbol{E}$,故

$$f(\boldsymbol{A})=\begin{pmatrix}1&0\\8&9\end{pmatrix}-2\begin{pmatrix}-1&0\\4&3\end{pmatrix}-3\begin{pmatrix}1&0\\0&1\end{pmatrix}=\begin{pmatrix}0&0\\0&0\end{pmatrix}$$

4. 矩阵的转置

定义 1.1.6 将矩阵 $\boldsymbol{A}=(a_{ij})_{m\times n}$ 的行换成同序数的列,得到新的 $n\times m$ 矩阵,称为 $\boldsymbol{A}$ 的**转置矩阵**,记作 $\boldsymbol{A}^{\mathrm{T}}$,例如矩阵

$$\boldsymbol{A}=\begin{pmatrix}1&-3&4\\5&3&6\end{pmatrix},\quad \boldsymbol{A}^{\mathrm{T}}=\begin{pmatrix}1&5\\-3&3\\4&6\end{pmatrix}$$

由转置矩阵的定义,易得如下运算律:

(1) $(\boldsymbol{A}^{\mathrm{T}})^{\mathrm{T}}=\boldsymbol{A}$;

(2) $(\boldsymbol{A}+\boldsymbol{B})^{\mathrm{T}}=\boldsymbol{A}^{\mathrm{T}}+\boldsymbol{B}^{\mathrm{T}}$;

(3) $(\lambda\boldsymbol{A})^{\mathrm{T}}=\lambda\boldsymbol{A}^{\mathrm{T}}$($\lambda$ 为常数);

(4) $(\boldsymbol{AB})^{\mathrm{T}}=\boldsymbol{B}^{\mathrm{T}}\boldsymbol{A}^{\mathrm{T}}$.

证 性质(1),(2),(3)容易证明,读者可自行证明,这里只证明性质(4).

设 $\boldsymbol{A}=(a_{ij})_{m\times s},\boldsymbol{B}=(b_{ij})_{s\times n}$,显然 $(\boldsymbol{AB})^{\mathrm{T}}$ 与 $\boldsymbol{B}^{\mathrm{T}}\boldsymbol{A}^{\mathrm{T}}$ 同型.而 $(\boldsymbol{AB})^{\mathrm{T}}$ 的第 i 行第 j 列元素等于 $\boldsymbol{AB}$ 的第 j 行第 i 列元素,如下所示:

$$a_{j1}b_{1i}+a_{j2}b_{2i}+\cdots+a_{js}b_{si}\tag{1.1.2}$$

式(1.1.2)恰好是 $\boldsymbol{B}^{\mathrm{T}}$ 中第 i 行与 $\boldsymbol{A}^{\mathrm{T}}$ 中第 j 列对应元素乘积之和,即 $\boldsymbol{B}^{\mathrm{T}}\boldsymbol{A}^{\mathrm{T}}$ 中第 i 行第 j 列元素.

用数学归纳法可将性质(4)推广为 $(\boldsymbol{A}_1\boldsymbol{A}_2\cdots\boldsymbol{A}_n)^{\mathrm{T}}=\boldsymbol{A}_n^{\mathrm{T}}\cdots\boldsymbol{A}_2^{\mathrm{T}}\boldsymbol{A}_1^{\mathrm{T}}$.

例 1.1.7　已知 $\boldsymbol{A}=\begin{pmatrix}2&0&-1\\1&3&2\end{pmatrix}$，$\boldsymbol{B}=\begin{pmatrix}1&7&-1\\4&2&3\\2&0&1\end{pmatrix}$，求$(\boldsymbol{AB})^{\mathrm{T}}$.

解法 1　因为

$$\boldsymbol{AB}=\begin{pmatrix}2&0&-1\\1&3&2\end{pmatrix}\begin{pmatrix}1&7&-1\\4&2&3\\2&0&1\end{pmatrix}=\begin{pmatrix}0&14&-3\\17&13&10\end{pmatrix}$$

所以

$$(\boldsymbol{AB})^{\mathrm{T}}=\begin{pmatrix}0&17\\14&13\\-3&10\end{pmatrix}$$

解法 2

$$(\boldsymbol{AB})^{\mathrm{T}}=\boldsymbol{B}^{\mathrm{T}}\boldsymbol{A}^{\mathrm{T}}=\begin{pmatrix}1&4&2\\7&2&0\\-1&3&1\end{pmatrix}\begin{pmatrix}2&1\\0&3\\-1&2\end{pmatrix}=\begin{pmatrix}0&17\\14&13\\-3&10\end{pmatrix}$$

定义 1.1.7　设 $\boldsymbol{A}$ 为 n 阶方阵，若 $\boldsymbol{A}^{\mathrm{T}}=\boldsymbol{A}$，即

$$a_{ij}=a_{ji}\quad(i,j=1,2,\cdots,n)$$

则称 $\boldsymbol{A}$ 为**对称矩阵**，简称**对称阵**. 例如，

$$\begin{pmatrix}-1&7&4\\7&2&0\\4&0&3\end{pmatrix}$$

若 $\boldsymbol{A}^{\mathrm{T}}=-\boldsymbol{A}$，即

$$a_{ij}=-a_{ji}\quad(i,j=1,2,\cdots,n)$$

则称 $\boldsymbol{A}$ 为**反对称矩阵**，简称**反对称阵**. 例如，

$$\begin{pmatrix}0&7&4\\-7&0&0\\-4&0&0\end{pmatrix}$$

易知，对称矩阵的特点是：它的元素以主对角线为对称轴对应相等；而反对称矩阵的特点是：以主对角线为对称轴的对应元素互为相反数，且主对角线上各元素均为 0.

例 1.1.8　设 $\boldsymbol{A}$，$\boldsymbol{B}$ 为 n 阶对称方阵，证明：$\boldsymbol{AB}$ 为对称阵的充要条件是 $\boldsymbol{AB}=\boldsymbol{BA}$.

证　已知 $\boldsymbol{A}^{\mathrm{T}}=\boldsymbol{A}$，$\boldsymbol{B}^{\mathrm{T}}=\boldsymbol{B}$，若 $\boldsymbol{AB}$ 是对称阵，即$(\boldsymbol{AB})^{\mathrm{T}}=\boldsymbol{AB}$，则

$$\boldsymbol{AB}=(\boldsymbol{AB})^{\mathrm{T}}=\boldsymbol{B}^{\mathrm{T}}\boldsymbol{A}^{\mathrm{T}}=\boldsymbol{BA}$$

反之，若 $\boldsymbol{AB}=\boldsymbol{BA}$，则

$$(\boldsymbol{AB})^{\mathrm{T}}=\boldsymbol{B}^{\mathrm{T}}\boldsymbol{A}^{\mathrm{T}}=\boldsymbol{BA}=\boldsymbol{AB}$$

所以，$\boldsymbol{AB}$ 为对称阵.

1.2 矩阵的初等变换及矩阵的秩

1.2.1 矩阵的初等变换

矩阵的初等变换是矩阵的一种最基本的变换，它在后续解线性方程组及矩阵理论的讨论中都起到非常重要的作用.

定义 1.2.1 下面三种变换称为矩阵的**初等行变换**：

(1) 互换矩阵第 i 行与第 j 行对应元素，记作 $r_i \leftrightarrow r_j$；

(2) 以数 $k \neq 0$ 乘以矩阵第 i 行中的所有元素，记作 $r_i \times k$ 或 kr_i；

(3) 把矩阵第 j 行所有元素的 k 倍加到第 i 行对应的元素上去，记作 $r_i + kr_j$.

将定义中的"行"换成"列"，即为矩阵的初等列变换的定义（记号"r"换成"c"，如交换两列：$c_i \leftrightarrow c_j$）. 矩阵的初等行变换和初等列变换统称为矩阵的**初等变换**.

注 矩阵的初等变换不是恒等运算，矩阵 $\boldsymbol{A}$ 经过初等变换到 $\boldsymbol{B}$，$\boldsymbol{A}$ 与 $\boldsymbol{B}$ 之间一般用箭头"→"或"～"连接，例如

$$\boldsymbol{A}=\begin{pmatrix}1&0&-1&2\\-2&1&0&0\\3&5&1&-2\end{pmatrix}\xrightarrow{r_2+2r_1}\boldsymbol{B}=\begin{pmatrix}1&0&-1&2\\0&1&-2&4\\3&5&1&-2\end{pmatrix}，显然\ \boldsymbol{A}\neq\boldsymbol{B}.$$

定义 1.2.2 若矩阵 $\boldsymbol{A}$ 经过有限次初等变换化为矩阵 $\boldsymbol{B}$，则称矩阵 $\boldsymbol{A}$ 与 $\boldsymbol{B}$ **等价**，记作 $\boldsymbol{A}\sim\boldsymbol{B}$.

矩阵之间的等价关系具有下列性质：

(1) 反身性：$\boldsymbol{A}\sim\boldsymbol{A}$；

(2) 对称性：若 $\boldsymbol{A}\sim\boldsymbol{B}$，则 $\boldsymbol{B}\sim\boldsymbol{A}$；

(3) 传递性：若 $\boldsymbol{A}\sim\boldsymbol{B}$，$\boldsymbol{B}\sim\boldsymbol{C}$，则 $\boldsymbol{A}\sim\boldsymbol{C}$.

例 1.2.1 已知 $\boldsymbol{A}=\begin{pmatrix}3&2&9&6\\-1&-3&4&-17\\1&4&-7&3\\-1&-4&7&-3\end{pmatrix}$，对其作如下初等行变换：

$$\boldsymbol{A}\xrightarrow{r_1\leftrightarrow r_3}\begin{pmatrix}1&4&-7&3\\-1&-3&4&-17\\3&2&9&6\\-1&-4&7&-3\end{pmatrix}\xrightarrow[\substack{r_3+(-3)r_1\\ r_4+r_1}]{r_2+r_1}\begin{pmatrix}1&4&-7&3\\0&1&-3&-14\\0&-10&30&-3\\0&0&0&0\end{pmatrix}$$

$$\xrightarrow{r_3+10r_2}\begin{pmatrix}1&4&-7&3\\0&1&-3&-14\\0&0&0&-143\\0&0&0&0\end{pmatrix}=\boldsymbol{B}$$

则 $\boldsymbol{A}\sim\boldsymbol{B}$. 矩阵 $\boldsymbol{B}$ 具有下列特征：

(1) 元素全为零的行(简称为零行)位于非零行的下方;

(2) 由上至下,各个非零行的左起第一个非零元素(称为首非零元)的列序数严格递增.

称这样的矩阵为**行阶梯形矩阵**.

对矩阵 $\boldsymbol{B}$ 再作初等行变换:

$$\boldsymbol{B}\xrightarrow{-\frac{1}{143}r_3}\begin{pmatrix}1&4&-7&3\\0&1&-3&-14\\0&0&0&1\\0&0&0&0\end{pmatrix}\xrightarrow{r_1+(-4)r_2}\begin{pmatrix}1&0&5&59\\0&1&-3&-14\\0&0&0&1\\0&0&0&0\end{pmatrix}$$

$$\xrightarrow[r_2+14r_3]{r_1-59r_3}\begin{pmatrix}1&0&5&0\\0&1&-3&0\\0&0&0&1\\0&0&0&0\end{pmatrix}=\boldsymbol{C}$$

则有 $\boldsymbol{B}\sim\boldsymbol{C}$,从而 $\boldsymbol{A}\sim\boldsymbol{C}$.矩阵 $\boldsymbol{C}$ 具有下列特征:

(1) 是行阶梯形矩阵;

(2) 各非零行的首非零元都是1;

(3) 每个首非零元所在列的其余元素都是零.

称这样的矩阵为**行最简形矩阵**.

如果对矩阵 $\boldsymbol{C}$ 再作初等列交换:

$$\boldsymbol{C}\xrightarrow[c_3+3c_2]{c_3-5c_1}\begin{pmatrix}1&0&0&0\\0&1&0&0\\0&0&0&1\\0&0&0&0\end{pmatrix}\xrightarrow{c_3\leftrightarrow c_4}\begin{pmatrix}1&0&0&0\\0&1&0&0\\0&0&1&0\\0&0&0&0\end{pmatrix}=\boldsymbol{D}$$

矩阵 $\boldsymbol{D}$ 的左上角为一个单位矩阵 $\boldsymbol{E}_3$,其余元素全为零.称矩阵 $\boldsymbol{D}$ 为矩阵 $\boldsymbol{A}$ 的**标准形矩阵**.

其特点是:左上角是一个 r 阶单位矩阵,其余元素都为零,记为 $\begin{pmatrix}\boldsymbol{E}_r&\boldsymbol{O}\\\boldsymbol{O}&\boldsymbol{O}\end{pmatrix}$.

事实上,还有下面的结论成立.

定理 1.2.1　任何矩阵 $\boldsymbol{A}=(a_{ij})_{m\times n}$ 总可以经过有限次初等行变换化为行阶梯形矩阵,并进一步化为行最简形矩阵;任何矩阵 $\boldsymbol{A}=(a_{ij})_{m\times n}$ 总可以经过有限次初等变换化为标准形矩阵,即任何矩阵 $\boldsymbol{A}=(a_{ij})_{m\times n}$ 与标准形 $\begin{pmatrix}\boldsymbol{E}_r&\boldsymbol{O}\\\boldsymbol{O}&\boldsymbol{O}\end{pmatrix}$ 等价.

证明略.

定理 1.2.2　矩阵 $\boldsymbol{A}$ 与 $\boldsymbol{B}$ 等价,当且仅当它们有相同的标准形矩阵.

证明略.

注　与矩阵 $\boldsymbol{A}$ 等价的行阶梯形矩阵不是唯一的,但行最简形矩阵和标准形矩阵是唯一的.

例 1.2.2　设 $\boldsymbol{A}=\begin{pmatrix}2&-1&-1&1&2\\1&1&-2&1&4\\4&-6&2&-2&4\\3&6&-9&7&9\end{pmatrix}$,试用初等行变换将 $\boldsymbol{A}$ 化为行最简形矩阵.

解

$$A=\begin{pmatrix}2&-1&-1&1&2\\1&1&-2&1&4\\4&-6&2&-2&4\\3&6&-9&7&9\end{pmatrix}\xrightarrow[\frac{1}{2}r_3]{r_1\leftrightarrow r_2}\begin{pmatrix}1&1&-2&1&4\\2&-1&-1&1&2\\2&-3&1&-1&2\\3&6&-9&7&9\end{pmatrix}$$

$$\xrightarrow[\substack{r_3+(-2)r_1\\r_4+(-3)r_1}]{r_2+(-2)r_1}\begin{pmatrix}1&1&-2&1&4\\0&-3&3&-1&-6\\0&-5&5&-3&-6\\0&3&-3&4&-3\end{pmatrix}\xrightarrow{r_2\times\left(-\frac{1}{3}\right)}\begin{pmatrix}1&1&-2&1&4\\0&1&-1&\frac{1}{3}&2\\0&-5&5&-3&-6\\0&3&-3&4&-3\end{pmatrix}$$

$$\xrightarrow[\substack{r_3+5r_2\\r_4+(-3)r_2}]{r_1+(-1)r_2}\begin{pmatrix}1&0&-1&\frac{2}{3}&2\\0&1&-1&\frac{1}{3}&2\\0&0&0&-\frac{4}{3}&4\\0&0&0&3&-9\end{pmatrix}\xrightarrow{r_3\times\left(-\frac{3}{4}\right)}\begin{pmatrix}1&0&-1&\frac{2}{3}&2\\0&1&-1&\frac{1}{3}&2\\0&0&0&1&-3\\0&0&0&3&-9\end{pmatrix}$$

$$\xrightarrow[\substack{r_2+\left(-\frac{1}{3}\right)r_3\\r_4+(-3)r_3}]{r_1+\left(-\frac{2}{3}\right)r_3}\begin{pmatrix}1&0&-1&0&4\\0&1&-1&0&3\\0&0&0&1&-3\\0&0&0&0&0\end{pmatrix}=B$$

则矩阵 B 为 A 的行最简形矩阵.

例 1.2.3 设 $B=\begin{pmatrix}2&1&2&3\\4&1&3&5\\2&0&1&2\end{pmatrix}$,用初等变换将 B 化为标准形.

解

$$B=\begin{pmatrix}2&1&2&3\\4&1&3&5\\2&0&1&2\end{pmatrix}\xrightarrow[r_3-r_1]{r_2-2r_1}\begin{pmatrix}2&1&2&3\\0&-1&-1&-1\\0&-1&-1&-1\end{pmatrix}\xrightarrow[\substack{c_3-c_1\\c_4-\frac{3}{2}c_1}]{c_2-\frac{1}{2}c_1}\begin{pmatrix}2&0&0&0\\0&-1&-1&-1\\0&-1&-1&-1\end{pmatrix}$$

$$\xrightarrow[r_3-r_2]{\frac{1}{2}r_1}\begin{pmatrix}1&0&0&0\\0&-1&-1&-1\\0&0&0&0\end{pmatrix}\xrightarrow[c_4-c_2]{c_3-c_2}\begin{pmatrix}1&0&0&0\\0&-1&0&0\\0&0&0&0\end{pmatrix}\xrightarrow{(-1)r_2}\begin{pmatrix}1&0&0&0\\0&1&0&0\\0&0&0&0\end{pmatrix}$$

1.2.2 矩阵的秩

矩阵的秩是线性代数中的又一个重要概念,它描述了矩阵的一个重要的数值特征.

定义 1.2.3 对于给定的 $m\times n$ 矩阵 A,它的等价标准形

$$\begin{pmatrix}E_r&O\\O&O\end{pmatrix}_{m\times n}$$

由数 r 完全确定.称数 r 是矩阵 A 的**秩**,记为 $R(A)$.

显然:$R(A)=R(A^{\mathrm{T}})$,$0\leqslant R(A)\leqslant\min\{m,n\}$.

规定零矩阵的秩等于 0.

定理 1.2.3　矩阵的初等变换不改变矩阵的秩．即若 $\boldsymbol{A}\sim\boldsymbol{B}$，则 $R(\boldsymbol{A})=R(\boldsymbol{B})$．

证明略．

根据定理 1.2.3，求矩阵的秩，只要把矩阵经过初等行变换化为行阶梯形矩阵，其中非零行的行数即为该矩阵的秩．

例 1.2.4　设 $\boldsymbol{A}=\begin{pmatrix}2&-3&8&2\\2&12&-2&12\\1&3&1&4\end{pmatrix}$，求 $R(\boldsymbol{A})$．

解　对 $\boldsymbol{A}$ 作初等行变换，将其化为行阶梯形矩阵：

$$\boldsymbol{A}=\begin{pmatrix}2&-3&8&2\\2&12&-2&12\\1&3&1&4\end{pmatrix}\xrightarrow{r_1\leftrightarrow r_3}\begin{pmatrix}1&3&1&4\\2&12&-2&12\\2&-3&8&2\end{pmatrix}\xrightarrow[r_3-2r_1]{r_2-2r_1}\begin{pmatrix}1&3&1&4\\0&6&-4&4\\0&-9&6&-6\end{pmatrix}$$

$$\xrightarrow{r_3+\frac{3}{2}r_2}\begin{pmatrix}1&3&1&4\\0&6&-4&4\\0&0&0&0\end{pmatrix}$$

因为行阶梯形矩阵有 2 个非零行，故 $R(\boldsymbol{A})=2$．

例 1.2.5　设 $\boldsymbol{B}=\begin{pmatrix}2&1&1&3&1\\1&0&2&4&-1\\3&2&0&2&3\\0&1&1&3&-1\end{pmatrix}$，求 $R(\boldsymbol{B})$．

解　对 $\boldsymbol{B}$ 作初等行变换，将其化为行阶梯形矩阵：

$$\boldsymbol{B}=\begin{pmatrix}2&1&1&3&1\\1&0&2&4&-1\\3&2&0&2&3\\0&1&1&3&-1\end{pmatrix}\xrightarrow{r_1\leftrightarrow r_2}\begin{pmatrix}1&0&2&4&-1\\2&1&1&3&1\\3&2&0&2&3\\0&1&1&3&-1\end{pmatrix}$$

$$\xrightarrow[r_3-3r_1]{r_2-2r_1}\begin{pmatrix}1&0&2&4&-1\\0&1&-3&-5&3\\0&2&-6&-10&6\\0&1&1&3&-1\end{pmatrix}\xrightarrow[r_4-r_2]{r_3-2r_2}\begin{pmatrix}1&0&2&4&-1\\0&1&-3&-5&3\\0&0&0&0&0\\0&0&4&8&-4\end{pmatrix}$$

$$\xrightarrow{r_3\leftrightarrow r_4}\begin{pmatrix}1&0&2&4&-1\\0&1&-3&-5&3\\0&0&4&8&-4\\0&0&0&0&0\end{pmatrix}$$

因为行阶梯形矩阵有 3 个非零行，故 $R(\boldsymbol{B})=3$．

例 1.2.6　设 $\boldsymbol{C}=\begin{pmatrix}1&-1&1&2\\3&\lambda&-1&2\\5&3&\mu&6\end{pmatrix}$，已知 $R(\boldsymbol{C})=2$，求 λ 与 μ 的值．

解

$$\boldsymbol{C}\xrightarrow[r_3-5r_1]{r_2-3r_1}\begin{pmatrix}1&-1&1&2\\0&\lambda+3&-4&-4\\0&8&\mu-5&-4\end{pmatrix}\xrightarrow{r_3-r_2}\begin{pmatrix}1&-1&1&2\\0&\lambda+3&-4&-4\\0&5-\lambda&\mu-1&0\end{pmatrix}$$

由于 $R(\boldsymbol{C})=2$，故 $5-\lambda=0,\mu-1=0$，即 $\lambda=5,\mu=1$．

1.3　逆矩阵及初等矩阵

1.3.1　逆矩阵的概念及性质

定义 1.3.1　设 $\boldsymbol{A}$ 是 n 阶方阵,若存在一个 n 阶方阵 $\boldsymbol{B}$,使得

$$\boldsymbol{AB}=\boldsymbol{BA}=\boldsymbol{E}$$

则称 $\boldsymbol{A}$ 为**可逆矩阵**,并称矩阵 $\boldsymbol{B}$ 为矩阵 $\boldsymbol{A}$ 的**逆矩阵**,记为 $\boldsymbol{A}^{-1}$,于是有 $\boldsymbol{AA}^{-1}=\boldsymbol{A}^{-1}\boldsymbol{A}=\boldsymbol{E}$.

例 1.3.1　若 $\boldsymbol{A}=\begin{pmatrix}2&3\\1&2\end{pmatrix}$,$\boldsymbol{B}=\begin{pmatrix}2&-3\\-1&2\end{pmatrix}$,验证 $\boldsymbol{B}$ 为 $\boldsymbol{A}$ 的逆矩阵.

解　因为

$$\boldsymbol{AB}=\begin{pmatrix}2&3\\1&2\end{pmatrix}\begin{pmatrix}2&-3\\-1&2\end{pmatrix}=\begin{pmatrix}1&0\\0&1\end{pmatrix}=\boldsymbol{E}$$

$$\boldsymbol{BA}=\begin{pmatrix}2&-3\\-1&2\end{pmatrix}\begin{pmatrix}2&3\\1&2\end{pmatrix}=\begin{pmatrix}1&0\\0&1\end{pmatrix}=\boldsymbol{E}$$

所以 $\boldsymbol{B}$ 为 $\boldsymbol{A}$ 的逆矩阵.

由逆矩阵的定义可知,逆矩阵是相互的:如果 $\boldsymbol{B}$ 为 $\boldsymbol{A}$ 的逆矩阵,则 $\boldsymbol{A}$ 也为 $\boldsymbol{B}$ 的逆矩阵.如果 $\boldsymbol{A}$ 可逆,则它的逆矩阵是唯一的.这是因为,如果 $\boldsymbol{B}$,$\boldsymbol{C}$ 均为 $\boldsymbol{A}$ 的逆矩阵,即 $\boldsymbol{AB}=\boldsymbol{BA}=\boldsymbol{E}$ 和 $\boldsymbol{AC}=\boldsymbol{CA}=\boldsymbol{E}$,则 $\boldsymbol{B}=\boldsymbol{BE}=\boldsymbol{B}(\boldsymbol{AC})=(\boldsymbol{BA})\boldsymbol{C}=\boldsymbol{EC}=\boldsymbol{C}$.

定理 1.3.1　对于 n 阶方阵 $\boldsymbol{A}$,若存在 n 阶方阵 $\boldsymbol{B}$,使 $\boldsymbol{AB}=\boldsymbol{E}$ 或 $\boldsymbol{BA}=\boldsymbol{E}$,则 $\boldsymbol{A}$ 一定可逆,且 $\boldsymbol{B}=\boldsymbol{A}^{-1}$.

证明略.

例 1.3.2　已知 n 阶方阵 $\boldsymbol{A}$ 满足 $\boldsymbol{A}^2-3\boldsymbol{A}-2\boldsymbol{E}=\boldsymbol{O}$,证明 $\boldsymbol{A}$ 可逆,并求 $\boldsymbol{A}^{-1}$.

证　因为 $\boldsymbol{A}(\boldsymbol{A}-3\boldsymbol{E})=2\boldsymbol{E}$,即 $\boldsymbol{A}\left(\dfrac{\boldsymbol{A}}{2}-\dfrac{3}{2}\boldsymbol{E}\right)=\boldsymbol{E}$,由定理 1.3.1 知 $\boldsymbol{A}$ 可逆,且

$$\boldsymbol{A}^{-1}=\frac{1}{2}\boldsymbol{A}-\frac{3}{2}\boldsymbol{E}$$

可逆矩阵的运算有以下性质:

(1) 若 $\boldsymbol{A}$ 可逆,则 $\boldsymbol{A}^{-1}$ 亦可逆,并且 $(\boldsymbol{A}^{-1})^{-1}=\boldsymbol{A}$.

(2) 若 $\boldsymbol{A}$ 可逆,$\lambda\neq0$,则 $\lambda\boldsymbol{A}$ 亦可逆,并且 $(\lambda\boldsymbol{A})^{-1}=\dfrac{1}{\lambda}\boldsymbol{A}^{-1}$.

(3) 若 $\boldsymbol{A}$,$\boldsymbol{B}$ 可逆,则 $\boldsymbol{AB}$ 亦可逆,且 $(\boldsymbol{AB})^{-1}=\boldsymbol{B}^{-1}\boldsymbol{A}^{-1}$.

(4) 若 $\boldsymbol{A}$ 可逆,则 $\boldsymbol{A}^{\mathrm{T}}$ 亦可逆,且 $(\boldsymbol{A}^{\mathrm{T}})^{-1}=(\boldsymbol{A}^{-1})^{\mathrm{T}}$.

(5) 若 $\boldsymbol{A}$ 为 n 阶可逆矩阵,则 $R(\boldsymbol{A})=n$.

(6) 若 $\boldsymbol{A}$ 为 n 阶可逆矩阵,$\boldsymbol{B}$ 为 $n\times m$ 矩阵,则 $R(\boldsymbol{AB})=R(\boldsymbol{B})$.

1.3.2 初等矩阵

定义 1.3.2 对单位矩阵 $\boldsymbol{E}$ 进行一次初等变换后得到的矩阵,称为**初等矩阵**.

初等矩阵有下列三种:

(1) 对 $\boldsymbol{E}$ 实施第一种初等变换得到的矩阵:

$$\boldsymbol{E}(i,j)=\begin{pmatrix} 1 & & & & & & \\ & \ddots & & & & & \\ & & 0 & \cdots & 1 & & \\ & & & 1 & & & \\ & & \vdots & \ddots & \vdots & & \\ & & & & 1 & & \\ & & 1 & \cdots & 0 & & \\ & & & & & \ddots & \\ & & & & & & 1 \end{pmatrix}\begin{matrix} \\ \\ i\text{ 行} \\ \\ \\ \\ j\text{ 行} \\ \\ \\ \end{matrix}$$

$$\qquad\qquad i\text{ 列}\qquad\qquad j\text{ 列}$$

(2) 对 $\boldsymbol{E}$ 实施第二种初等变换得到的矩阵:

$$\boldsymbol{E}(i(k))=\begin{pmatrix} 1 & & & & \\ & \ddots & & & \\ & & k & & \\ & & & \ddots & \\ & & & & 1 \end{pmatrix}\begin{matrix} \\ \\ i\text{行} \\ \\ \\ \end{matrix}$$

$$i\text{ 列}$$

(3) 对 $\boldsymbol{E}$ 实施第三种初等变换得到的矩阵:

$$\boldsymbol{E}(i+j(k))=\begin{pmatrix} 1 & & & & & \\ & \ddots & & & & \\ & & 1 & \cdots & k & \\ & & & \ddots & \vdots & \\ & & & & 1 & \\ & & & & & \ddots & \\ & & & & & & 1 \end{pmatrix}\begin{matrix} \\ \\ \text{第 } i\text{ 行} \\ \\ \text{第 } j\text{ 行} \\ \\ \\ \end{matrix}$$

由初等变换的可逆性得,初等矩阵都是可逆矩阵,其逆矩阵仍是初等矩阵,且

$$\boldsymbol{E}(i,j)^{-1}=\boldsymbol{E}(i,j),\quad \boldsymbol{E}(i(k))^{-1}=\boldsymbol{E}\left(i\left(\frac{1}{k}\right)\right)$$

$$\boldsymbol{E}(i+j(k))^{-1}=\boldsymbol{E}(i+j(-k))$$

定理 1.3.2 对一个 $m\times n$ 矩阵 $\boldsymbol{A}$ 施行一次初等行变换,相当于用相应的 m 阶初等矩阵左乘 $\boldsymbol{A}$;对 $\boldsymbol{A}$ 施行一次初等列变换,相当于用相应的 n 阶初等矩阵右乘 $\boldsymbol{A}$.

证明略.

根据定理 1.3.2 的结论,可把定理 1.2.1 叙述为:

推论 1.3.1 对任意 $m\times n$ 矩阵 $\boldsymbol{A}$,存在 m 阶初等矩阵 $\boldsymbol{P}_1,\boldsymbol{P}_2,\cdots,\boldsymbol{P}_s$ 和 n 阶初等矩阵 $\boldsymbol{Q}_1,\boldsymbol{Q}_2,\cdots,\boldsymbol{Q}_t$,使得

$$\boldsymbol{P}_s\cdots\boldsymbol{P}_2\boldsymbol{P}_1\boldsymbol{A}\boldsymbol{Q}_1\boldsymbol{Q}_2\cdots\boldsymbol{Q}_t=\begin{pmatrix}\boldsymbol{E}_r & \boldsymbol{O}\\ \boldsymbol{O} & \boldsymbol{O}\end{pmatrix} \tag{1.3.1}$$

由于初等矩阵都是可逆矩阵,式(1.3.1)又可写为

$$\boldsymbol{A}=\boldsymbol{P}_1^{-1}\boldsymbol{P}_2^{-1}\cdots\boldsymbol{P}_s^{-1}\begin{pmatrix}\boldsymbol{E}_r & \boldsymbol{O}\\ \boldsymbol{O} & \boldsymbol{O}\end{pmatrix}\boldsymbol{Q}_t^{-1}\cdots\boldsymbol{Q}_2^{-1}\boldsymbol{Q}_1^{-1} \tag{1.3.2}$$

由式(1.3.1)和(1.3.2)可以得到:

推论 1.3.2 n 阶方阵 $\boldsymbol{A}$ 可逆的充要条件是 $\boldsymbol{A}$ 的等价标准形为 $\boldsymbol{E}_n$.

1.3.3 用初等变换求逆矩阵

定理 1.3.3 n 阶方阵 $\boldsymbol{A}$ 可逆的充要条件是它可以表示成有限个初等矩阵的乘积.

证明 (必要性)若 n 阶方阵 $\boldsymbol{A}$ 可逆,由推论 1.3.2 可知,$\boldsymbol{A}$ 的等价标准形为 $\boldsymbol{E}_n$,则存在初等矩阵 $\boldsymbol{P}_1,\cdots,\boldsymbol{P}_s,\boldsymbol{Q}_1,\cdots,\boldsymbol{Q}_t$,使

$$\boldsymbol{E}_n=\boldsymbol{P}_s\cdots\boldsymbol{P}_1\boldsymbol{A}\boldsymbol{Q}_1\cdots\boldsymbol{Q}_t$$

记 $\boldsymbol{P}=\boldsymbol{P}_s\cdots\boldsymbol{P}_1,\boldsymbol{Q}=\boldsymbol{Q}_1\cdots\boldsymbol{Q}_t$,则

$$\boldsymbol{A}=\boldsymbol{P}^{-1}\boldsymbol{E}_n\boldsymbol{Q}^{-1}=\boldsymbol{P}_1^{-1}\cdots\boldsymbol{P}_s^{-1}\boldsymbol{Q}_t^{-1}\cdots\boldsymbol{Q}_1^{-1}$$

由于初等矩阵的逆矩阵还是初等矩阵,因此矩阵 $\boldsymbol{A}$ 可以表示成有限个初等矩阵的乘积.

(充分性)因为初等矩阵可逆,由本节逆矩阵的性质(3)知,有限个初等矩阵乘积仍可逆,充分条件是显然的.

由定理 1.3.3 可以得到矩阵求逆的一种简便有效的方法——**初等变换求逆法**.

若 $\boldsymbol{A}$ 可逆,则 $\boldsymbol{A}^{-1}$ 也可逆.根据定理 1.3.3,存在初等矩阵 $\boldsymbol{P}_1,\boldsymbol{P}_2,\cdots,\boldsymbol{P}_k$,使 $\boldsymbol{A}^{-1}=\boldsymbol{P}_1\boldsymbol{P}_2\cdots\boldsymbol{P}_k$.由 $\boldsymbol{A}^{-1}\boldsymbol{A}=\boldsymbol{E}$,就有

$$(\boldsymbol{P}_1\boldsymbol{P}_2\cdots\boldsymbol{P}_k)\boldsymbol{A}=\boldsymbol{E},\quad (\boldsymbol{P}_1\boldsymbol{P}_2\cdots\boldsymbol{P}_k)\boldsymbol{E}=\boldsymbol{A}^{-1}$$

上面左式表示 $\boldsymbol{A}$ 经若干次初等行变换化为 $\boldsymbol{E}$,右式表示 $\boldsymbol{E}$ 经同样的初等行变换化为 $\boldsymbol{A}^{-1}$.把上面的两个式子写在一起,则有

$$(\boldsymbol{P}_1\boldsymbol{P}_2\cdots\boldsymbol{P}_k)(\boldsymbol{A}\vdots\boldsymbol{E})=(\boldsymbol{E}\vdots\boldsymbol{A}^{-1})$$

即对 $n\times 2n$ 的矩阵$(\boldsymbol{A}\vdots\boldsymbol{E})$进行初等行变换,当将 $\boldsymbol{A}$ 化为 $\boldsymbol{E}$ 时,$\boldsymbol{E}$ 化为 $\boldsymbol{A}^{-1}$.从而我们得到了利用初等行变换求逆矩阵的方法

$$(\boldsymbol{A}\vdots\boldsymbol{E})\xrightarrow{\text{初等行变换}}(\boldsymbol{E}\vdots\boldsymbol{A}^{-1})$$

进一步,我们还可以利用初等行变换求解 $\boldsymbol{A}^{-1}\boldsymbol{B}$ 的值.

$$(\boldsymbol{A}\vdots\boldsymbol{B})\xrightarrow{\text{初等行变换}}(\boldsymbol{E}\vdots\boldsymbol{A}^{-1}\boldsymbol{B})$$

例 1.3.3 设 $\boldsymbol{A}=\begin{pmatrix}0 & 1 & 2\\ 1 & 1 & 4\\ 2 & -1 & 0\end{pmatrix}$,求 $\boldsymbol{A}^{-1}$.

解 对$(\boldsymbol{A} \vdots \boldsymbol{E})$作初等行变换:

$$(\boldsymbol{A} \vdots \boldsymbol{E})=\left(\begin{array}{ccc:ccc}0&1&2&1&0&0\\1&1&4&0&1&0\\2&-1&0&0&0&1\end{array}\right)\xrightarrow{r_1\leftrightarrow r_2}\left(\begin{array}{ccc:ccc}1&1&4&0&1&0\\0&1&2&1&0&0\\2&-1&0&0&0&1\end{array}\right)$$

$$\xrightarrow{r_3-2r_1}\left(\begin{array}{ccc:ccc}1&1&4&0&1&0\\0&1&2&1&0&0\\0&-3&-8&0&-2&1\end{array}\right)\xrightarrow{r_3+3r_2}\left(\begin{array}{ccc:ccc}1&1&4&0&1&0\\0&1&2&1&0&0\\0&0&-2&3&-2&1\end{array}\right)$$

$$\xrightarrow[r_1+r_3]{\substack{r_1-r_2\\r_2+r_3}}\left(\begin{array}{ccc:ccc}1&0&0&2&-1&1\\0&1&0&4&-2&1\\0&0&-2&3&-2&1\end{array}\right)\xrightarrow{-\frac{1}{2}r_3}\left(\begin{array}{ccc:ccc}1&0&0&2&-1&1\\0&1&0&4&-2&1\\0&0&1&-\frac{3}{2}&1&-\frac{1}{2}\end{array}\right)$$

于是

$$\boldsymbol{A}^{-1}=\begin{pmatrix}2&-1&1\\4&-2&1\\-\frac{3}{2}&1&-\frac{1}{2}\end{pmatrix}$$

注 在用初等行变换求 $\boldsymbol{A}$ 的逆矩阵的过程中,必须始终作行变换,不能作任何列变换.

例 1.3.4 解矩阵方程$\begin{pmatrix}1&0&-2\\-3&4&-1\\2&1&3\end{pmatrix}\boldsymbol{X}=\begin{pmatrix}5&-1\\-2&3\\1&4\end{pmatrix}$.

解 令$\boldsymbol{A}=\begin{pmatrix}1&0&-2\\-3&4&-1\\2&1&3\end{pmatrix}$,$\boldsymbol{B}=\begin{pmatrix}5&-1\\-2&3\\1&4\end{pmatrix}$,原方程为$\boldsymbol{AX}=\boldsymbol{B}$,若 $\boldsymbol{A}$ 可逆,则 $\boldsymbol{X}=\boldsymbol{A}^{-1}\boldsymbol{B}$.

先用初等行变换法求 $\boldsymbol{A}^{-1}$:

$$(\boldsymbol{A} \vdots \boldsymbol{E})=\left(\begin{array}{ccc:ccc}1&0&-2&1&0&0\\-3&4&-1&0&1&0\\2&1&3&0&0&1\end{array}\right)\xrightarrow{\text{初等行变换}}\left(\begin{array}{ccc:ccc}1&0&0&\frac{13}{35}&-\frac{2}{35}&\frac{8}{35}\\0&1&0&\frac{7}{35}&\frac{7}{35}&\frac{7}{35}\\0&0&1&-\frac{11}{35}&-\frac{1}{35}&\frac{4}{35}\end{array}\right)$$

再求方程的解 $\boldsymbol{X}$:

$$\boldsymbol{X}=\boldsymbol{A}^{-1}\boldsymbol{B}=\begin{pmatrix}\frac{13}{35}&-\frac{2}{35}&\frac{8}{35}\\\frac{7}{35}&\frac{7}{35}&\frac{7}{35}\\-\frac{11}{35}&-\frac{1}{35}&\frac{4}{35}\end{pmatrix}\begin{pmatrix}5&-1\\-2&3\\1&4\end{pmatrix}=\begin{pmatrix}\frac{11}{5}&\frac{13}{35}\\\frac{4}{5}&\frac{6}{5}\\-\frac{7}{5}&\frac{24}{35}\end{pmatrix}$$

另解 本题也可以用求解方法$(\boldsymbol{A} \vdots \boldsymbol{B})\xrightarrow{\text{初等行变换}}(\boldsymbol{E} \vdots \boldsymbol{A}^{-1}\boldsymbol{B})$来计算.

$$(\boldsymbol{A}\vdots\boldsymbol{B})=\left(\begin{array}{ccc:cc}1&0&-2&5&-1\\-3&4&-1&-2&3\\2&1&3&1&4\end{array}\right)\xrightarrow{\text{初等行变换}}\left(\begin{array}{ccc:cc}1&0&0&\frac{11}{5}&\frac{13}{35}\\0&1&0&\frac{4}{5}&\frac{6}{5}\\0&0&1&-\frac{7}{5}&\frac{24}{35}\end{array}\right)$$

故方程的解

$$\boldsymbol{X}=\boldsymbol{A}^{-1}\boldsymbol{B}=\begin{pmatrix}\frac{11}{5}&\frac{13}{35}\\\frac{4}{5}&\frac{6}{5}\\-\frac{7}{5}&\frac{24}{35}\end{pmatrix}$$

1.4　线性方程组的解

在第1.1节中，我们已经初步了解了线性方程组的矩阵表达形式，本节将从解的角度进一步研究线性方程组.首先介绍高斯消元法，然后利用矩阵的初等行变换来简化线性方程组的求解过程，再结合矩阵的秩给出线性方程组有解的判别定理.

1.4.1　高斯消元法

定义1.4.1　含有 n 个未知数 $x_1,x_2,\cdots,x_n$ 的线性方程组

$$\begin{cases}a_{11}x_1+a_{12}x_2+\cdots+a_{1n}x_n=b_1\\a_{21}x_1+a_{22}x_2+\cdots+a_{2n}x_n=b_2\\\qquad\cdots\cdots\\a_{m1}x_1+a_{m2}x_2+\cdots+a_{mn}x_n=b_m\end{cases}\tag{1.4.1}$$

或

$$\boldsymbol{A}_{m\times n}\boldsymbol{x}=\boldsymbol{b}\tag{1.4.2}$$

称为 ***n* 元线性方程组**.若方程组(1.4.1)的右端常数项 $b_i(i=1,2,\cdots,m)$ 全部为零，则称此线性方程组为**齐次线性方程组**，反之称为**非齐次线性方程组**.

引例1.4.1　解线性方程组

$$\begin{cases}2x_1-x_2-x_3+x_4=2 & ①\\x_1+x_2-2x_3+x_4=4 & ②\\4x_1-6x_2+2x_3-2x_4=4 & ③\\3x_1+6x_2-9x_3+7x_4=9 & ④\end{cases}\tag{1.4.3}$$

我们用中学里面学过的加减消元法来考虑，这个过程类似于将矩阵化为行最简形.

解　为方便运算，首先互换方程①，②，且将方程③两边同乘以 $\frac{1}{2}$，得

$$\begin{cases} x_1 + x_2 - 2x_3 + x_4 = 4 & ① \\ 2x_1 - x_2 - x_3 + x_4 = 2 & ② \\ 2x_1 - 3x_2 + x_3 - x_4 = 2 & ③ \\ 3x_1 + 6x_2 - 9x_3 + 7x_4 = 9 & ④ \end{cases} \tag{1.4.4}$$

将方程③两边同乘以 -1 加到方程②上，再分别将方程①两边同乘以 -2，-3 加到方程③，④上，消去未知量 x_1，得

$$\begin{cases} x_1 + x_2 - 2x_3 + x_4 = 4 & ① \\ 2x_2 - 2x_3 + 2x_4 = 0 & ② \\ -5x_2 + 5x_3 - 3x_4 = -6 & ③ \\ 3x_2 - 3x_3 + 4x_4 = -3 & ④ \end{cases} \tag{1.4.5}$$

将方程②两边同乘以$\frac{1}{2}$，再分别将其两边同乘以 5，-3 加到方程③，④，消去未知量 x_2，得

$$\begin{cases} x_1 + x_2 - 2x_3 + x_4 = 4 & ① \\ x_2 - x_3 + x_4 = 0 & ② \\ 2x_4 = -6 & ③ \\ x_4 = -3 & ④ \end{cases} \tag{1.4.6}$$

将方程③两边同乘以$\frac{1}{2}$，再将其两边同乘以 -1 加到方程④，得

$$\begin{cases} x_1 + x_2 - 2x_3 + x_4 = 4 & ① \\ x_2 - x_3 + x_4 = 0 & ② \\ x_4 = -3 & ③ \\ 0 = 0 & ④ \end{cases} \tag{1.4.7}$$

方程④是一个恒等方程，可以去掉. 将方程②两边同乘以 -1 加到方程①上，再将方程③两边同乘以 -1 加到方程②上，得

$$\begin{cases} x_1 - x_3 = 4 & ① \\ x_2 - x_3 = 3 & ② \\ x_4 = -3 & ③ \end{cases} \tag{1.4.8}$$

移项得

$$\begin{cases} x_1 = 4 + x_3 & ① \\ x_2 = 3 + x_3 & ② \\ x_4 = -3 & ③ \end{cases} \tag{1.4.9}$$

其中 x_3 可任意取值，称为**自由未知量**. 令 $x_3 = c$（c 为任意常数），方程组(1.4.9)的解为

$$\begin{cases} x_1 = c + 4 \\ x_2 = c + 3 \\ x_3 = c \\ x_4 = -3 \end{cases} \tag{1.4.10}$$

或写为向量的形式

$$\begin{pmatrix} x_1 \\ x_2 \\ x_3 \\ x_4 \end{pmatrix} = \begin{pmatrix} c+4 \\ c+3 \\ c \\ -3 \end{pmatrix} = c\begin{pmatrix} 1 \\ 1 \\ 1 \\ 0 \end{pmatrix} + \begin{pmatrix} 4 \\ 3 \\ 0 \\ -3 \end{pmatrix} \quad (c\text{ 为任意常数}) \tag{1.4.11}$$

本节我们先在结论中给出解的向量形式,有关方程组解向量的内容(包括定义、性质、结构等)我们将在第 2 章中进行详细描述.

注 在消元过程中,对方程组施行了三种变换:

(1) 交换两个方程的位置;

(2) 用一个不为零的数乘以某一个方程;

(3) 用一个数乘以某个方程后加到另一个方程上.

称这三种变换为**线性方程组的初等变换**.由于这三种变换都是可逆的,因此,变换前后的方程组是同解的,即方程组(1.4.3)至(1.4.9)同解.

观察发现,对一个线性方程组施行一次初等变换实际上等同于对线性方程组的增广矩阵施行一次对应的初等行变换.

1.4.2 用矩阵的初等行变换法解线性方程组

记线性方程组(1.4.3)的增广矩阵为

$$(\boldsymbol{A} \vdots \boldsymbol{b}) = \left(\begin{array}{cccc:c} 2 & -1 & -1 & 1 & 2 \\ 1 & 1 & -2 & 1 & 4 \\ 4 & -6 & 2 & -2 & 4 \\ 3 & 6 & -9 & 7 & 9 \end{array}\right)$$

对$(\boldsymbol{A} \vdots \boldsymbol{b})$作如下的初等行变换:

$$(\boldsymbol{A} \vdots \boldsymbol{b}) \xrightarrow[r_3 \times \frac{1}{2}]{r_1 \leftrightarrow r_2} \left(\begin{array}{cccc:c} 1 & 1 & -2 & 1 & 4 \\ 2 & -1 & -1 & 1 & 2 \\ 2 & -3 & 1 & -1 & 2 \\ 3 & 6 & -9 & 7 & 9 \end{array}\right) = \boldsymbol{B}_1 \xrightarrow[r_4 - 3r_1]{\substack{r_2 - r_3 \\ r_3 - 2r_1}} \left(\begin{array}{cccc:c} 1 & 1 & -2 & 1 & 4 \\ 0 & 2 & -2 & 2 & 0 \\ 0 & -5 & 5 & -3 & -6 \\ 0 & 3 & -3 & 4 & -3 \end{array}\right) = \boldsymbol{B}_2$$

$$\xrightarrow[r_4 - 3r_2]{\substack{r_2 \times \frac{1}{2} \\ r_3 + 5r_2}} \left(\begin{array}{cccc:c} 1 & 1 & -2 & 1 & 4 \\ 0 & 1 & -1 & 1 & 0 \\ 0 & 0 & 0 & 2 & -6 \\ 0 & 0 & 0 & 1 & -3 \end{array}\right) = \boldsymbol{B}_3 \xrightarrow[r_4 - r_3]{r_3 \times \frac{1}{2}} \left(\begin{array}{cccc:c} 1 & 1 & -2 & 1 & 4 \\ 0 & 1 & -1 & 1 & 0 \\ 0 & 0 & 0 & 1 & -3 \\ 0 & 0 & 0 & 0 & 0 \end{array}\right) = \boldsymbol{B}_4$$

$$\xrightarrow[r_2 - r_3]{r_1 - r_2} \left(\begin{array}{cccc:c} 1 & 0 & -1 & 0 & 4 \\ 0 & 1 & -1 & 0 & 3 \\ 0 & 0 & 0 & 1 & -3 \\ 0 & 0 & 0 & 0 & 0 \end{array}\right) = \boldsymbol{B}_5$$

其中 $\boldsymbol{B}_i(i=1,2,\cdots,5)$分别为方程组(1.4.4)～(1.4.8)的增广矩阵.

注意到 $\boldsymbol{B}_5$ 为行最简形矩阵,其对应的方程组在形式上最为简单.

$$\begin{cases} x_1 - x_3 = 4 \\ x_2 - x_3 = 3 \\ x_4 = -3 \end{cases}$$

取 x_3 为自由变量,并令 $x_3 = c$,即求得方程组的解.

用矩阵的初等行变换法求解线性方程组 $\boldsymbol{Ax} = \boldsymbol{b}$ 的一般步骤可总结如下:

(1) 写出线性方程组 $\boldsymbol{Ax} = \boldsymbol{b}$ 的增广矩阵 $(\boldsymbol{A} \vdots \boldsymbol{b})$;

(2) 将 $(\boldsymbol{A} \vdots \boldsymbol{b})$ 用初等行变换化为行最简形矩阵 $\boldsymbol{B}$;

(3) 写出 $\boldsymbol{B}$ 对应的线性方程组;

(4) 判断方程组是否有解,若有解,写出方程的解.

注 (1) 在齐次线性方程组的求解过程中,可以只对系数矩阵进行初等行变换,而不需要使用增广矩阵.

(2) 当增广矩阵化为行阶梯形后,一般应先观察和判断对应的方程组是否有解,若有解,则进一步将增广矩阵化为行最简形矩阵,写出对应的同解方程组.

(3) 当方程组有无穷多解时,自由未知量的选取一般并不唯一(习惯上选择行最简形矩阵中各行首非零元对应的未知量为非自由未知量,余下的即为自由未知量).

例如,在方程组(1.4.8)中也可以选取 x_2 为自由未知量,则方程组可化为

$$\begin{cases} x_1 = x_2 + 1 \\ x_3 = x_2 - 3 \\ x_4 = \quad -3 \end{cases}$$

方程组的解为

$$\begin{cases} x_1 = c + 1 \\ x_2 = c \\ x_3 = c - 3 \\ x_4 = \quad -3 \end{cases}$$

来看几个利用矩阵的初等行变换法求解线性方程组的例题.

例 1.4.1 求解齐次线性方程组

$$\begin{cases} x_1 \qquad + x_3 - x_4 - 3x_5 = 0 \\ x_1 + 2x_2 - x_3 \qquad - x_5 = 0 \\ 4x_1 + 6x_2 - 2x_3 - 4x_4 + 3x_5 = 0 \\ 2x_1 - 2x_2 + 4x_3 - 7x_4 + 4x_5 = 0 \end{cases}.$$

解 对系数矩阵施行初等行变换,化为行最简形矩阵:

$$\begin{pmatrix} 1 & 0 & 1 & -1 & -3 \\ 1 & 2 & -1 & 0 & -1 \\ 4 & 6 & -2 & -4 & 3 \\ 2 & -2 & 4 & -7 & 4 \end{pmatrix} \longrightarrow \begin{pmatrix} 1 & 0 & 1 & -1 & -3 \\ 0 & 2 & -2 & 1 & 2 \\ 0 & 6 & -6 & 0 & 15 \\ 0 & -2 & 2 & -5 & 10 \end{pmatrix} \longrightarrow \begin{pmatrix} 1 & 0 & 1 & -1 & -3 \\ 0 & 2 & -2 & 1 & 2 \\ 0 & 0 & 0 & -3 & 9 \\ 0 & 0 & 0 & -4 & 12 \end{pmatrix}$$

$$\longrightarrow \begin{pmatrix} 1 & 0 & 1 & -1 & -3 \\ 0 & 2 & -2 & 1 & 2 \\ 0 & 0 & 0 & 1 & -3 \\ 0 & 0 & 0 & 0 & 0 \end{pmatrix} \longrightarrow \begin{pmatrix} 1 & 0 & 1 & 0 & -6 \\ 0 & 1 & -1 & 0 & \dfrac{5}{2} \\ 0 & 0 & 0 & 1 & -3 \\ 0 & 0 & 0 & 0 & 0 \end{pmatrix}$$

对应的同解方程组为

$$\begin{cases} x_1 + x_3 - 6x_5 = 0 \\ x_2 - x_3 + \dfrac{5}{2}x_5 = 0 \\ x_4 - 3x_5 = 0 \end{cases}$$

取 x_3, x_5 为自由未知量,令 $x_3 = c_1, x_5 = c_2$(c_1, c_2 为任意常数),则方程组的全部解为

$$\begin{cases} x_1 = -c_1 + 6c_2 \\ x_2 = c_1 - \dfrac{5}{2}c_2 \\ x_3 = c_1 \\ x_4 = 3c_2 \\ x_5 = c_2 \end{cases}$$

或

$$\begin{pmatrix} x_1 \\ x_2 \\ x_3 \\ x_4 \\ x_5 \end{pmatrix} = \begin{pmatrix} -c_1 + 6c_2 \\ c_1 - \dfrac{5}{2}c_2 \\ c_1 \\ 3c_2 \\ c_2 \end{pmatrix} = c_1 \begin{pmatrix} -1 \\ 1 \\ 1 \\ 0 \\ 0 \end{pmatrix} + c_2 \begin{pmatrix} 6 \\ -\dfrac{5}{2} \\ 0 \\ 3 \\ 1 \end{pmatrix}$$

例 1.4.2　求解线性方程组

$$\begin{cases} x + 2y + z = 3 \\ 2x + 5y - z = -4. \\ 3x - 2y - z = 5 \end{cases}$$

解　化增广矩阵为行最简形

$$(\boldsymbol{A} \vdots \boldsymbol{b}) = \left(\begin{array}{ccc:c} 1 & 2 & 1 & 3 \\ 2 & 5 & -1 & -4 \\ 3 & -2 & -1 & 5 \end{array}\right) \longrightarrow \left(\begin{array}{ccc:c} 1 & 2 & 1 & 3 \\ 0 & 1 & -3 & -10 \\ 0 & -8 & -4 & -4 \end{array}\right)$$

$$\longrightarrow \left(\begin{array}{ccc:c} 1 & 2 & 1 & 3 \\ 0 & 1 & -3 & -10 \\ 0 & 0 & 1 & 3 \end{array}\right) \longrightarrow \left(\begin{array}{ccc:c} 1 & 0 & 0 & 2 \\ 0 & 1 & 0 & -1 \\ 0 & 0 & 1 & 3 \end{array}\right)$$

对应的同解方程组为

$$\begin{cases} x = 2 \\ y = -1 \\ z = 3 \end{cases}$$

即为所求线性方程组的唯一解.

例 1.4.3　求解线性方程组

$$\begin{cases} x_1 + x_2 - 2x_3 + 3x_4 = 4 \\ 2x_1 + 3x_2 + 3x_3 - x_4 = 3. \\ 5x_1 + 7x_2 + 4x_3 + x_4 = 5 \end{cases}$$

解　化增广矩阵为行阶梯形

$$(\boldsymbol{A} \vdots \boldsymbol{b}) = \left(\begin{array}{cccc:c} 1 & 1 & -2 & 3 & 4 \\ 2 & 3 & 3 & -1 & 3 \\ 5 & 7 & 4 & 1 & 5 \end{array}\right) \longrightarrow \left(\begin{array}{cccc:c} 1 & 1 & -2 & 3 & 4 \\ 0 & 1 & 7 & -7 & -5 \\ 0 & 0 & 0 & 0 & -5 \end{array}\right)$$

由行阶梯形矩阵的第三行对应的方程可知,该方程组无解.

通过例 1.4.1、例 1.4.2、例 1.4.3 的结果可以发现,线性方程组 $\boldsymbol{A}_{m\times n}\boldsymbol{x}=\boldsymbol{b}$ 可能有无穷多解、唯一解,或无解.那么线性方程组 $\boldsymbol{Ax}=\boldsymbol{b}$ 有无穷多解、唯一解,或无解必须要满足什么条件呢?

1.4.3 线性方程组的有解判别定理

定理 1.4.1 n 元线性方程组 $\boldsymbol{A}_{m\times n}\boldsymbol{x}=\boldsymbol{b}$ 有解的充要条件为 $R(\boldsymbol{A})=R(\boldsymbol{A}\vdots\boldsymbol{b})$,且

(1) $R(\boldsymbol{A})=R(\boldsymbol{A}\vdots\boldsymbol{b})=r=n \Leftrightarrow \boldsymbol{A}_{m\times n}\boldsymbol{x}=\boldsymbol{b}$ 有唯一解;

(2) $R(\boldsymbol{A})=R(\boldsymbol{A}\vdots\boldsymbol{b})=r<n \Leftrightarrow \boldsymbol{A}_{m\times n}\boldsymbol{x}=\boldsymbol{b}$ 有无穷多解.

证明 设 $R(\boldsymbol{A})=r$,用初等行变换将增广矩阵 $(\boldsymbol{A}\vdots\boldsymbol{b})$ 化为行最简形,不妨设

$$(\boldsymbol{A} \vdots \boldsymbol{b}) \xrightarrow{\text{行变换}} \left(\begin{array}{cccccc:c} 1 & & & b_{1,r+1} & \cdots & b_{1n} & d_1 \\ & \ddots & & \cdots & \cdots & \cdots & \vdots \\ & & 1 & b_{r,r+1} & \cdots & b_{rn} & d_r \\ 0 & \cdots & 0 & 0 & \cdots & 0 & d_{r+1} \\ 0 & \cdots & 0 & 0 & \cdots & 0 & 0 \\ \vdots & & \vdots & \vdots & & \vdots & \vdots \\ 0 & \cdots & 0 & 0 & \cdots & 0 & 0 \end{array}\right) \tag{1.4.12}$$

若式(1.4.12)对应的方程组有解,则 $d_{r+1}=0$,即 $R(\boldsymbol{A})=R(\boldsymbol{A}\vdots\boldsymbol{b})$;反之,若 $R(\boldsymbol{A})=R(\boldsymbol{A}\vdots\boldsymbol{b})$,则 $d_{r+1}=0$,此时式(1.4.12)对应的方程组一定有解,下面分两种情况进行证明:

(1) 若 $R(\boldsymbol{A})=R(\boldsymbol{A}\vdots\boldsymbol{b})=r=n$,此时

$$(\boldsymbol{A} \vdots \boldsymbol{b}) \xrightarrow{\text{行变换}} \left(\begin{array}{ccc:c} 1 & & & d_1 \\ & \ddots & & \vdots \\ & & 1 & d_n \end{array}\right)$$

对应的同解方程组有唯一解

$$\begin{cases} x_1 = d_1 \\ x_2 = d_2 \\ \cdots\cdots \\ x_n = d_n \end{cases}$$

(2) 若 $R(\boldsymbol{A})=R(\boldsymbol{A}\vdots\boldsymbol{b})=r<n$,则式(1.4.12)对应的同解方程组

$$\begin{cases} x_1 + b_{1,r+1}x_{r+1} + \cdots + b_{1n}x_n = d_1 \\ x_2 + b_{2,r+1}x_{r+1} + \cdots + b_{2n}x_n = d_2 \\ \cdots\cdots \\ x_r + b_{r,r+1}x_{r+1} + \cdots + b_{rn}x_n = d_r \end{cases} \tag{1.4.13}$$

有无穷多解,取 $x_{r+1},x_{r+2},\cdots,x_n$ 作为自由未知量,并分别令为任意常数 $c_i(i=1,2,\cdots,$

$n-r$)，方程组(1.4.13)的无穷多解可表示为

$$\begin{cases} x_1 = d_1 - b_{1,r+1}c_1 - \cdots - b_{1n}c_{n-r} \\ x_2 = d_2 - b_{2,r+1}c_1 - \cdots - b_{2n}c_{n-r} \\ \qquad\qquad \cdots\cdots \\ x_r = d_r - b_{r,r+1}c_1 - \cdots - b_{rn}c_{n-r} \\ x_{r+1} = c_1 \\ \qquad\qquad \cdots\cdots \\ x_n = c_{n-r} \end{cases}$$

综上所述，定理得证.

注　由定理1.4.1易知，n 元线性方程组 $\boldsymbol{A}_{m\times n}\boldsymbol{x}=\boldsymbol{b}$ 无解的充要条件为 $R(\boldsymbol{A})\neq R(\boldsymbol{A}\vdots\boldsymbol{b})$.

定理1.4.1称为线性方程组的**有解判别定理**，它同样适用于齐次线性方程组.

推论1.4.1　对于 n 元齐次线性方程组 $\boldsymbol{A}_{m\times n}\boldsymbol{x}=\boldsymbol{0}$，有

(1) $\boldsymbol{A}_{m\times n}\boldsymbol{x}=\boldsymbol{0}$ 有非零解$\Leftrightarrow R(\boldsymbol{A})<n$；

(2) $\boldsymbol{A}_{m\times n}\boldsymbol{x}=\boldsymbol{0}$ 只有零解$\Leftrightarrow R(\boldsymbol{A})=n$.

证明　因为齐次线性方程组右端常数项全为0，所以 $R(\boldsymbol{A})=R(\boldsymbol{A}\vdots\boldsymbol{b})$ 恒成立.

例1.4.4　设线性方程组

$$\begin{cases} x_1 \qquad\quad + x_3 = 2 \\ x_1 + 2x_2 - x_3 = 0 \\ 2x_1 + x_2 - ax_3 = b \end{cases}$$

(1) 确定当 a,b 分别为何值时，方程组无解、有唯一解、有无穷多解；

(2) 在有解时求出解.

解　$$(\boldsymbol{A}\vdots\boldsymbol{b})=\left(\begin{array}{ccc:c} 1 & 0 & 1 & 2 \\ 1 & 2 & -1 & 0 \\ 2 & 1 & -a & b \end{array}\right)\longrightarrow\left(\begin{array}{ccc:c} 1 & 0 & 1 & 2 \\ 0 & 2 & -2 & -2 \\ 0 & 1 & -a-2 & b-4 \end{array}\right)$$

$$\longrightarrow\left(\begin{array}{ccc:c} 1 & 0 & 1 & 2 \\ 0 & 1 & -1 & -1 \\ 0 & 1 & -a-2 & b-4 \end{array}\right)\longrightarrow\left(\begin{array}{ccc:c} 1 & 0 & 1 & 2 \\ 0 & 1 & -1 & -1 \\ 0 & 0 & -a-1 & b-3 \end{array}\right)$$

(1) 当 $a=-1$ 且 $b\neq 3$ 时，$R(\boldsymbol{A})=2$，$R(\boldsymbol{A}\vdots\boldsymbol{b})=3$，方程组无解；当 $a\neq -1$ 时，$R(\boldsymbol{A})=R(\boldsymbol{A}\vdots\boldsymbol{b})=3$，方程组有唯一解；当 $a=-1$ 且 $b=3$ 时，$R(\boldsymbol{A})=R(\boldsymbol{A}\vdots\boldsymbol{b})=2<3$，方程组有无穷多解.

(2) 当 $a\neq -1$ 时，

$$(\boldsymbol{A}\vdots\boldsymbol{b})\longrightarrow\left(\begin{array}{ccc:c} 1 & 0 & 1 & 2 \\ 0 & 1 & -1 & -1 \\ 0 & 0 & 1 & \dfrac{3-b}{a+1} \end{array}\right)\longrightarrow\left(\begin{array}{ccc:c} 1 & 0 & 0 & \dfrac{2a+b-1}{a+1} \\ 0 & 1 & 0 & \dfrac{2-a-b}{a+1} \\ 0 & 0 & 1 & \dfrac{3-b}{a+1} \end{array}\right)$$

此时，方程组有唯一解

$$\begin{cases} x_1 = \dfrac{2a+b-1}{a+1} \\ x_2 = \dfrac{2-a-b}{a+1} \\ x_3 = \dfrac{3-b}{a+1} \end{cases}$$

当 $a=-1$ 且 $b=3$ 时,

$$(\boldsymbol{A} \vdots \boldsymbol{b}) \to \left(\begin{array}{ccc:c} 1 & 0 & 1 & 2 \\ 0 & 1 & -1 & -1 \\ 0 & 0 & 0 & 0 \end{array}\right)$$

其对应的同解方程组为

$$\begin{cases} x_1 = 2 - x_3 \\ x_2 = -1 + x_3 \end{cases}$$

此时,方程组有无穷多解

$$\begin{cases} x_1 = 2 - c \\ x_2 = -1 + c \quad (c \text{ 为任意常数}) \\ x_3 = c \end{cases}$$

为了下一章讨论向量组线性表示的需要,我们把定理 1.4.1 的结论推广到矩阵方程的情形.

定理 1.4.2　矩阵方程 $\boldsymbol{AX}=\boldsymbol{B}$ 有解的充要条件是 $R(\boldsymbol{A})=R(\boldsymbol{A},\boldsymbol{B})$.

证明略.

1.5* 分块矩阵

1.5.1 分块矩阵的定义

对于行数和列数较高的矩阵,为了简化计算,在计算过程中经常采用分块化,使大矩阵的运算化为若干小矩阵间的运算.

定义 1.5.1　将矩阵 $\boldsymbol{A}$ 用若干条纵线和横线分成若干个小矩阵,每个小矩阵称为 $\boldsymbol{A}$ 的子块,以子块为元素的矩阵称为**分块矩阵**.

矩阵分块是将矩阵用任意的横线和纵线划分,例如,将 3×4 矩阵

$$\boldsymbol{A} = \begin{pmatrix} a_{11} & a_{12} & a_{13} & a_{14} \\ a_{21} & a_{22} & a_{23} & a_{24} \\ a_{31} & a_{32} & a_{33} & a_{34} \end{pmatrix}$$

分成子块的分法很多,下面举出其中三种分块形式:

（1）

$$A=\left(\begin{array}{cc:cc} a_{11} & a_{12} & a_{13} & a_{14} \\ a_{21} & a_{22} & a_{23} & a_{24} \\ \hdashline a_{31} & a_{32} & a_{33} & a_{34} \end{array}\right)$$

令 $\boldsymbol{A}_{11}=\begin{pmatrix} a_{11} & a_{12} \\ a_{21} & a_{22} \end{pmatrix}$，$\boldsymbol{A}_{12}=\begin{pmatrix} a_{13} & a_{14} \\ a_{23} & a_{24} \end{pmatrix}$，$\boldsymbol{A}_{21}=(a_{31}\quad a_{32})$，$\boldsymbol{A}_{22}=(a_{33}\quad a_{34})$，则

$$\boldsymbol{A}=\begin{pmatrix} \boldsymbol{A}_{11} & \boldsymbol{A}_{12} \\ \boldsymbol{A}_{21} & \boldsymbol{A}_{22} \end{pmatrix}$$

（2）

$$A=\left(\begin{array}{c:cc:c} a_{11} & a_{12} & a_{13} & a_{14} \\ a_{21} & a_{22} & a_{23} & a_{24} \\ \hdashline a_{31} & a_{32} & a_{33} & a_{34} \end{array}\right)$$

令 $\boldsymbol{A}_{11}=\begin{pmatrix} a_{11} \\ a_{21} \end{pmatrix}$，$\boldsymbol{A}_{12}=\begin{pmatrix} a_{12} & a_{13} \\ a_{22} & a_{23} \end{pmatrix}$，$\boldsymbol{A}_{13}=\begin{pmatrix} a_{14} \\ a_{24} \end{pmatrix}$，$\boldsymbol{A}_{21}=(a_{31})$，$\boldsymbol{A}_{22}=(a_{32}\quad a_{33})$，$\boldsymbol{A}_{23}=(a_{34})$，则

$$\boldsymbol{A}=\begin{pmatrix} \boldsymbol{A}_{11} & \boldsymbol{A}_{12} & \boldsymbol{A}_{13} \\ \boldsymbol{A}_{21} & \boldsymbol{A}_{22} & \boldsymbol{A}_{23} \end{pmatrix}$$

（3）

$$A=\left(\begin{array}{c:c:c:c} a_{11} & a_{12} & a_{13} & a_{14} \\ a_{21} & a_{22} & a_{23} & a_{24} \\ a_{31} & a_{32} & a_{33} & a_{34} \end{array}\right)$$

令 $\boldsymbol{A}_1=\begin{pmatrix} a_{11} \\ a_{21} \\ a_{31} \end{pmatrix}$，$\boldsymbol{A}_2=\begin{pmatrix} a_{12} \\ a_{22} \\ a_{32} \end{pmatrix}$，$\boldsymbol{A}_3=\begin{pmatrix} a_{13} \\ a_{23} \\ a_{33} \end{pmatrix}$，$\boldsymbol{A}_4=\begin{pmatrix} a_{14} \\ a_{24} \\ a_{34} \end{pmatrix}$，则

$$\boldsymbol{A}=(\boldsymbol{A}_1\quad \boldsymbol{A}_2\quad \boldsymbol{A}_3\quad \boldsymbol{A}_4)$$

经过分块后，矩阵在形式上成为以它的子块为元素的分块矩阵.

1.5.2 分块矩阵的运算

分块矩阵的运算法则与普通矩阵的运算法则类似，具体如下：

（1）设

$$\boldsymbol{A}=\begin{pmatrix} \boldsymbol{A}_{11} & \boldsymbol{A}_{12} & \cdots & \boldsymbol{A}_{1r} \\ \boldsymbol{A}_{21} & \boldsymbol{A}_{22} & \cdots & \boldsymbol{A}_{2r} \\ \vdots & \vdots & & \vdots \\ \boldsymbol{A}_{s1} & \boldsymbol{A}_{s2} & \cdots & \boldsymbol{A}_{sr} \end{pmatrix},\quad \boldsymbol{B}=\begin{pmatrix} \boldsymbol{B}_{11} & \boldsymbol{B}_{12} & \cdots & \boldsymbol{B}_{1r} \\ \boldsymbol{B}_{21} & \boldsymbol{B}_{22} & \cdots & \boldsymbol{B}_{2r} \\ \vdots & \vdots & & \vdots \\ \boldsymbol{B}_{s1} & \boldsymbol{B}_{s2} & \cdots & \boldsymbol{B}_{sr} \end{pmatrix}$$

为同型矩阵，且采用同样的分块法（其中 $\boldsymbol{A}_{ij}$ 与 $\boldsymbol{B}_{ij}$ 亦为同型矩阵），则

$$\boldsymbol{A}+\boldsymbol{B}=\begin{pmatrix} \boldsymbol{A}_{11}+\boldsymbol{B}_{11} & \boldsymbol{A}_{12}+\boldsymbol{B}_{12} & \cdots & \boldsymbol{A}_{1r}+\boldsymbol{B}_{1r} \\ \boldsymbol{A}_{21}+\boldsymbol{B}_{21} & \boldsymbol{A}_{22}+\boldsymbol{B}_{22} & \cdots & \boldsymbol{A}_{2r}+\boldsymbol{B}_{2r} \\ \vdots & \vdots & & \vdots \\ \boldsymbol{A}_{s1}+\boldsymbol{B}_{s1} & \boldsymbol{A}_{s2}+\boldsymbol{B}_{s2} & \cdots & \boldsymbol{A}_{sr}+\boldsymbol{B}_{sr} \end{pmatrix}$$

(2) 设

$$A=\begin{pmatrix} A_{11} & A_{12} & \cdots & A_{1r} \\ A_{21} & A_{22} & \cdots & A_{2r} \\ \vdots & \vdots & & \vdots \\ A_{s1} & A_{s2} & \cdots & A_{sr} \end{pmatrix}$$

λ 为常数,则

$$\lambda A=\lambda\begin{pmatrix} A_{11} & A_{12} & \cdots & A_{1r} \\ A_{21} & A_{22} & \cdots & A_{2r} \\ \vdots & \vdots & & \vdots \\ A_{s1} & A_{s2} & \cdots & A_{sr} \end{pmatrix}=\begin{pmatrix} \lambda A_{11} & \lambda A_{12} & \cdots & \lambda A_{1r} \\ \lambda A_{21} & \lambda A_{22} & \cdots & \lambda A_{2r} \\ \vdots & \vdots & & \vdots \\ \lambda A_{s1} & \lambda A_{s2} & \cdots & \lambda A_{sr} \end{pmatrix}$$

(3) 设

$$A=\begin{pmatrix} A_{11} & A_{12} & \cdots & A_{1r} \\ A_{21} & A_{22} & \cdots & A_{2r} \\ \vdots & \vdots & & \vdots \\ A_{m1} & A_{m2} & \cdots & A_{mr} \end{pmatrix},\quad B=\begin{pmatrix} B_{11} & B_{12} & \cdots & B_{1s} \\ B_{21} & B_{22} & \cdots & B_{2s} \\ \vdots & \vdots & & \vdots \\ B_{r1} & B_{r2} & \cdots & B_{rs} \end{pmatrix}$$

其中 $A_{i1},A_{i2},\cdots,A_{ir}$ 的列数分别等于 $B_{1j},B_{2j},\cdots,B_{rj}$ 的行数,则

$$AB=\begin{pmatrix} C_{11} & C_{12} & \cdots & C_{1s} \\ C_{21} & C_{21} & \cdots & C_{2s} \\ \vdots & \vdots & & \vdots \\ C_{m1} & C_{m2} & \cdots & C_{ms} \end{pmatrix}$$

其中 $C_{ij}=A_{i1}B_{1j}+A_{i2}B_{2j}+\cdots+A_{ir}B_{rj}$.

(4) 设

$$A=\begin{pmatrix} A_{11} & A_{12} & \cdots & A_{1r} \\ A_{21} & A_{22} & \cdots & A_{2r} \\ \vdots & \vdots & & \vdots \\ A_{s1} & A_{s2} & \cdots & A_{sr} \end{pmatrix}$$

则

$$A^{\mathrm{T}}=\begin{pmatrix} A_{11}^{\mathrm{T}} & A_{21}^{\mathrm{T}} & \cdots & A_{s1}^{\mathrm{T}} \\ A_{12}^{\mathrm{T}} & A_{22}^{\mathrm{T}} & \cdots & A_{s2}^{\mathrm{T}} \\ \vdots & \vdots & & \vdots \\ A_{1r}^{\mathrm{T}} & A_{2r}^{\mathrm{T}} & \cdots & A_{sr}^{\mathrm{T}} \end{pmatrix}$$

需要注意的是,分块矩阵 A 的转置,不仅要把分块矩阵 A 的每一“行”变为同序号的“列”,还要把 A 的每个子块 A_{ij} 取转置.

(5) 形如 $A=\begin{pmatrix} A_1 & & & O \\ & A_2 & & \\ & & \ddots & \\ O & & & A_s \end{pmatrix}$ 的分块矩阵,其中 $A_i\,(i=1,2,\cdots,s)$ 都是方阵,称 A 为**分块对角矩阵**,其逆矩阵为

$$A^{-1}=\begin{pmatrix} A_1^{-1} & & & O \\ & A_2^{-1} & & \\ & & \ddots & \\ O & & & A_s^{-1} \end{pmatrix}$$

例 1.5.1

$$A=\begin{pmatrix} 1 & 0 & 0 & 0 \\ 0 & 1 & 0 & 0 \\ -1 & 2 & 1 & 0 \\ 1 & 1 & 0 & 1 \end{pmatrix},\quad B=\begin{pmatrix} 1 & 0 & 1 & 0 \\ -1 & 2 & 0 & 1 \\ 1 & 0 & 4 & 1 \\ -1 & -1 & 2 & 0 \end{pmatrix}$$

求 AB.

解 将 A,B 分块成

$$A=\left(\begin{array}{cc:cc} 1 & 0 & 0 & 0 \\ 0 & 1 & 0 & 0 \\ \hdashline -1 & 2 & 1 & 0 \\ 1 & 1 & 0 & 1 \end{array}\right)=\begin{pmatrix} E & O \\ A_1 & E \end{pmatrix},\quad B=\left(\begin{array}{cc:cc} 1 & 0 & 1 & 0 \\ -1 & 2 & 0 & 1 \\ \hdashline 1 & 0 & 4 & 1 \\ -1 & -1 & 2 & 0 \end{array}\right)=\begin{pmatrix} B_{11} & E \\ B_{21} & B_{22} \end{pmatrix}$$

$$AB=\begin{pmatrix} E & O \\ A_1 & E \end{pmatrix}\begin{pmatrix} B_{11} & E \\ B_{21} & B_{22} \end{pmatrix}=\begin{pmatrix} B_{11} & E \\ A_1B_{11}+B_{21} & A_1+B_{22} \end{pmatrix}$$

其中 $A_1B_{11}+B_{21}=\begin{pmatrix} -1 & 2 \\ 1 & 1 \end{pmatrix}\begin{pmatrix} 1 & 0 \\ -1 & 2 \end{pmatrix}+\begin{pmatrix} 1 & 0 \\ -1 & -1 \end{pmatrix}$

$$=\begin{pmatrix} -3 & 4 \\ 0 & 2 \end{pmatrix}+\begin{pmatrix} 1 & 0 \\ -1 & -1 \end{pmatrix}$$

$$=\begin{pmatrix} -2 & 4 \\ -1 & 1 \end{pmatrix},$$

$$A_1+B_{22}=\begin{pmatrix} -1 & 2 \\ 1 & 1 \end{pmatrix}+\begin{pmatrix} 4 & 1 \\ 2 & 0 \end{pmatrix}=\begin{pmatrix} 3 & 3 \\ 3 & 1 \end{pmatrix}.$$

故 $AB=\left(\begin{array}{cc:cc} 1 & 0 & 1 & 0 \\ -1 & 2 & 0 & 1 \\ \hdashline -2 & 4 & 3 & 3 \\ -1 & 1 & 3 & 1 \end{array}\right).$

例 1.5.2 分块矩阵 $D=\begin{pmatrix} A & C \\ O & B \end{pmatrix}$，其中 A 和 B 分别为 r 阶与 k 阶可逆方阵，C 是 $r\times k$ 矩阵，O 是 $k\times r$ 零矩阵. 试说明 D 可逆，并求 D^{-1}.

解 不妨设 D 可逆，且 $D^{-1}=\begin{pmatrix} X & Z \\ W & Y \end{pmatrix}$，其中 X,Y 分别为与 A,B 同阶的方阵，则有

$$D^{-1}D=\begin{pmatrix} X & Z \\ W & Y \end{pmatrix}\begin{pmatrix} A & C \\ O & B \end{pmatrix}=E$$

即

$$\begin{pmatrix} XA & XC+ZB \\ WA & WC+YB \end{pmatrix}=\begin{pmatrix} E_r & O \\ O & E_k \end{pmatrix}$$

于是得

$$XA = E_r \tag{1.5.1}$$

$$WA = O \tag{1.5.2}$$

$$XC + ZB = O \tag{1.5.3}$$

$$WC + YB = E_k \tag{1.5.4}$$

因为 A 可逆,用 A^{-1}右乘式(1.5.1)与式(1.5.2),可得

$$XAA^{-1} = A^{-1}, \quad WAA^{-1} = O$$

即

$$X = A^{-1}, \quad W = O$$

将 $X = A^{-1}$代入式(1.5.3),有

$$A^{-1}C = -ZB$$

因为 B 可逆,用 B^{-1}右乘上式,得

$$A^{-1}CB^{-1} = -Z$$

即

$$Z = -A^{-1}CB^{-1}$$

将 $W = O$ 代入式(1.5.4),有 $YB = E_k$.再用 B^{-1}右乘上式,得

$$Y = E_kB^{-1} = B^{-1}$$

于是求得

$$D^{-1} = \begin{pmatrix} A^{-1} & -A^{-1}CB^{-1} \\ O & B^{-1} \end{pmatrix}$$

容易验证 $DD^{-1} = D^{-1}D = E$.

特别地,如果 $C_{r\times k} = O_{r\times k}$,则

$$\begin{pmatrix} A & O \\ O & B \end{pmatrix}^{-1} = \begin{pmatrix} A^{-1} & O \\ O & B^{-1} \end{pmatrix}$$

例 1.5.3 设 $A = \begin{pmatrix} 5 & 0 & 0 \\ 0 & 3 & 1 \\ 0 & 2 & 1 \end{pmatrix}$,求 A^{-1}.

解 将矩阵 A 划分为

$$A = \left(\begin{array}{c:cc} 5 & 0 & 0 \\ \hdashline 0 & 3 & 1 \\ 0 & 2 & 1 \end{array}\right) = \begin{pmatrix} A_1 & O \\ O & A_2 \end{pmatrix}$$

$$A_1 = (5), \quad A_1^{-1} = \left(\frac{1}{5}\right), \quad A_2 = \begin{pmatrix} 3 & 1 \\ 2 & 1 \end{pmatrix}, \quad A_2^{-1} = \begin{pmatrix} 1 & -1 \\ -2 & 3 \end{pmatrix}$$

所以

$$A^{-1} = \left(\begin{array}{c:cc} \frac{1}{5} & 0 & 0 \\ \hdashline 0 & 1 & -1 \\ 0 & -2 & 3 \end{array}\right)$$

本章学习基本要求

(1) 理解矩阵、矩阵的秩、逆矩阵的概念；掌握几类特殊矩阵的特征；掌握矩阵的加法、数乘、乘法和转置等基本运算.

(2) 理解行阶梯形矩阵、行最简形矩阵、标准形矩阵的概念；熟悉矩阵初等变换，掌握利用初等变换求解逆矩阵和矩阵秩的方法.

(3) 掌握利用矩阵初等行变换求解线性方程组的方法；掌握利用矩阵的秩判断线性方程组是否有解的情况.

(4) 了解分块矩阵的定义和运算；掌握简单的分块矩阵拆分方法.

习 题 1

A组

1. 设 $\boldsymbol{A}=\begin{pmatrix}5 & -1\\ 0 & 2\end{pmatrix}$，$\boldsymbol{B}=\begin{pmatrix}-2 & 1\\ 0 & 4\end{pmatrix}$，$\boldsymbol{C}=\begin{pmatrix}a & c\\ b & d\end{pmatrix}$，

(1) 计算 $\boldsymbol{A}+\boldsymbol{B}$；(2) 若已知 $\boldsymbol{C}=\boldsymbol{A}+\boldsymbol{B}$，求出 a,b,c,d.

2. 设 $\boldsymbol{A}=\begin{pmatrix}4 & 3 & 2 & 1\\ 0 & -1 & 5 & 2\\ 2 & 3 & 1 & 0\end{pmatrix}$，$\boldsymbol{B}=\begin{pmatrix}8 & 7 & 6 & 5\\ 4 & 1 & 2 & 0\\ 0 & -3 & 2 & 5\end{pmatrix}$，求：$\boldsymbol{A}+\boldsymbol{B}$ ；$2\boldsymbol{A}+3\boldsymbol{B}$.

3. 计算下列矩阵的乘积：

(1) $(1\quad 2\quad 3)\begin{pmatrix}3\\ 2\\ 1\end{pmatrix}$；(2) $\begin{pmatrix}5 & 0 & 0\\ 0 & 3 & 1\\ 0 & 2 & 1\end{pmatrix}\begin{pmatrix}1\\ -2\\ 3\end{pmatrix}$；(3) $\begin{pmatrix}2 & 1 & 4 & 0\\ 1 & -1 & 3 & 4\end{pmatrix}\begin{pmatrix}1 & 3 & 1\\ 0 & -1 & 2\\ 1 & -3 & 1\\ 4 & 0 & -2\end{pmatrix}$；

(4) $(x_1\quad x_2\quad x_3)\begin{pmatrix}a_{11} & a_{12} & a_{13}\\ a_{21} & a_{22} & a_{23}\\ a_{31} & a_{32} & a_{33}\end{pmatrix}\begin{pmatrix}x_1\\ x_2\\ x_3\end{pmatrix}$；(5) $\begin{pmatrix}1 & 2 & 1 & 0\\ 0 & 1 & 0 & 1\\ 0 & 0 & 2 & 1\\ 0 & 0 & 0 & 3\end{pmatrix}\begin{pmatrix}1 & 0 & 3 & 1\\ 0 & 1 & 2 & -1\\ 0 & 0 & -2 & 3\\ 0 & 0 & 0 & -3\end{pmatrix}$.

4. 设矩阵

$$\boldsymbol{A}=\begin{pmatrix}4 & -1\\ 0 & 2\\ -3 & 2\end{pmatrix},\quad \boldsymbol{B}=\begin{pmatrix}2 & 1 & -1\\ 3 & 4 & 0\end{pmatrix}$$

求 $(\boldsymbol{AB})^{\mathrm{T}}$，$\boldsymbol{B}^{\mathrm{T}}\boldsymbol{A}^{\mathrm{T}}$ 和 $\boldsymbol{A}^{\mathrm{T}}\boldsymbol{B}^{\mathrm{T}}$.

5. 利用初等变换将下列矩阵化为行最简形矩阵：

(1) $\begin{pmatrix}2&1&2&3\\4&1&3&5\\2&0&1&2\end{pmatrix}$；(2) $\begin{pmatrix}2&3&1&-3&-7\\1&2&0&-2&-4\\3&-2&8&3&0\\2&-3&7&4&3\end{pmatrix}$.

6. 求下列矩阵的秩：

(1) $\begin{pmatrix}2&1\\4&2\end{pmatrix}$；(2) $\begin{pmatrix}1&2&3\\2&3&1\\3&2&1\end{pmatrix}$；(3) $\begin{pmatrix}2&3\\1&-1\\-1&2\end{pmatrix}$；(4) $\begin{pmatrix}2&-1&2&1&1\\1&1&-1&0&2\\2&5&-4&-2&9\\3&3&-1&-1&8\end{pmatrix}$.

7. 设方阵 $\boldsymbol{A}$ 满足 $\boldsymbol{A}^2-\boldsymbol{A}-2\boldsymbol{E}=\boldsymbol{O}$，证明 $\boldsymbol{A}$ 及 $\boldsymbol{A}+2\boldsymbol{E}$ 都可逆，并求 $\boldsymbol{A}^{-1}$ 及 $(\boldsymbol{A}+2\boldsymbol{E})^{-1}$.

8. 利用初等变换求下列矩阵的逆矩阵：

(1) $\begin{pmatrix}1&0&1\\-1&1&1\\2&-1&1\end{pmatrix}$；(2) $\begin{pmatrix}2&-1&1\\-1&1&2\\3&-1&0\end{pmatrix}$；(3) $\begin{pmatrix}3&-2&0&-1\\0&2&2&1\\1&-2&-3&-2\\0&1&2&1\end{pmatrix}$.

9. 指出下列矩阵哪些是初等矩阵：

(1) $\begin{pmatrix}0&0&1\\0&1&0\\1&0&0\end{pmatrix}$；(2) $\begin{pmatrix}1&0&0\\0&0&1\\0&1&0\end{pmatrix}$；(3) $\begin{pmatrix}1&0&0\\0&\frac{1}{2}&0\\0&0&1\end{pmatrix}$；

(4) $\begin{pmatrix}1&0&0\\0&1&-2\\0&0&1\end{pmatrix}$；(5) $\begin{pmatrix}0&0&1\\0&-1&0\\1&0&0\end{pmatrix}$.

10. 解下列矩阵方程：

(1) $\begin{pmatrix}2&5\\1&3\end{pmatrix}\boldsymbol{X}=\begin{pmatrix}4&-6\\2&1\end{pmatrix}$；(2) $\begin{pmatrix}3&5\\1&2\end{pmatrix}\boldsymbol{X}=\begin{pmatrix}4&-1&2\\3&0&-1\end{pmatrix}$；

(3) $\boldsymbol{X}\begin{pmatrix}2&1&-1\\2&1&0\\1&-1&1\end{pmatrix}=\begin{pmatrix}1&-1&3\\4&3&2\end{pmatrix}$；(4) $\begin{pmatrix}1&4\\-1&2\end{pmatrix}\boldsymbol{X}\begin{pmatrix}2&0\\-1&1\end{pmatrix}=\begin{pmatrix}3&1\\0&-1\end{pmatrix}$.

11. 已知 $\boldsymbol{AX}+\boldsymbol{B}=\boldsymbol{X}$，其中 $\boldsymbol{A}=\begin{pmatrix}0&1&0\\-1&1&1\\-1&0&-1\end{pmatrix}$，$\boldsymbol{B}=\begin{pmatrix}1&-1\\2&0\\5&-3\end{pmatrix}$，求 $\boldsymbol{X}$.

12. 用矩阵行变换法解下列线性方程组：

(1) $\begin{cases}2x_1-x_2+3x_3=3\\3x_1+x_2-5x_3=0\\4x_1-x_2+x_3=3\\x_1+3x_2-13x_3=-6\end{cases}$；　(2) $\begin{cases}x_1-2x_2+x_3+x_4=1\\x_1-2x_2+x_3-x_4=-1\\x_1-2x_2+x_3-5x_4=5\end{cases}$；

(3) $\begin{cases}x_1-x_2+x_3-x_4=1\\x_1-x_2-x_3+x_4=0\\x_1-x_2-2x_3+2x_4=-\frac{1}{2}\end{cases}$；　(4) $\begin{cases}x_1-x_2+4x_3-2x_4=0\\x_1-x_2-x_3+2x_4=0\\3x_1+x_2+7x_3-2x_4=0\\x_1-3x_2-12x_3+6x_4=0\end{cases}$；

(5) $\begin{cases} x_1 - x_2 + x_3 = 0 \\ 3x_1 - 2x_2 - x_3 = 0 \\ 3x_1 - x_2 + 5x_3 = 0 \\ -2x_1 + 2x_2 + 3x_3 = 0 \end{cases}$；(6) $\begin{cases} x_1 + x_2 - 3x_3 - x_5 = 0 \\ x_1 - x_2 + 2x_3 - x_4 = 0 \\ 4x_1 - 2x_2 + 6x_3 + 3x_4 - 4x_5 = 0 \\ 2x_1 + 4x_2 - 2x_3 + 4x_4 - 7x_5 = 0 \end{cases}$.

13. 确定 a,b 的值,使下列线性方程组有解,并求其解.

(1) $\begin{cases} ax_1 + x_2 + x_3 = 1 \\ x_1 + ax_2 + x_3 = a \\ x_1 + x_2 + ax_3 = a^2 \end{cases}$；(2) $\begin{cases} x_1 + x_2 + x_3 = a \\ ax_1 + x_2 + x_3 = 1 \\ x_1 + x_2 + ax_3 = 1 \end{cases}$；

(3) $\begin{cases} 2x_1 - x_2 + x_3 + x_4 = 1 \\ x_1 + 2x_2 - x_3 + 4x_4 = 2 \\ x_1 + 7x_2 - 4x_3 + 11x_4 = a \end{cases}$；(4) $\begin{cases} x_1 + x_2 + x_3 + x_4 + x_5 = a \\ 3x_1 + 2x_2 + x_3 + x_4 - 3x_5 = 0 \\ x_2 + 2x_3 + 2x_4 + 6x_5 = b \\ 5x_1 + 4x_2 + 3x_3 + 3x_4 - x_5 = 2 \end{cases}$；

(5) $\begin{cases} x_1 + 2x_2 - 2x_3 + 2x_4 = 2 \\ x_2 - x_3 - x_4 = 1 \\ x_1 + x_2 - x_3 + 3x_4 = a \\ x_1 - x_2 + x_3 + 5x_4 = b \end{cases}$；(6) $\begin{cases} x_1 + x_2 - 2x_3 + 3x_4 = 0 \\ 2x_1 + x_2 - 6x_3 + 4x_4 = -1 \\ 3x_1 + 2x_2 + ax_3 + 7x_4 = -1 \\ x_1 - x_2 - 6x_3 - x_4 = b \end{cases}$.

14. 设有线性方程组

$$\begin{cases} x_1 + x_2 + 2x_3 + 3x_4 = 1 \\ x_1 + 3x_2 + 6x_3 + x_4 = 3 \\ 3x_1 - x_2 - k_1 x_3 + 15x_4 = 3 \\ x_1 - 5x_2 - 10x_3 + 12x_4 = k_2 \end{cases}$$

问 k_1 和 k_2 分别取何值时,方程组无解?有无穷多组解?在有无穷多组解的情形下,求出其全部解.

15. 设 $\boldsymbol{A} = \begin{pmatrix} 1 & 0 & 2 & 1 \\ 0 & 1 & 3 & 4 \\ 0 & 0 & -1 & 0 \\ 0 & 0 & 0 & -1 \end{pmatrix}$,$\boldsymbol{B} = \begin{pmatrix} 1 & 2 & 0 & 0 \\ 3 & 0 & 0 & 0 \\ 4 & 5 & 1 & 0 \\ 0 & 2 & 0 & 1 \end{pmatrix}$,用分块矩阵计算 $\boldsymbol{AB}$.

16. 用分块矩阵求 $\boldsymbol{A} = \begin{pmatrix} 5 & 2 & 0 & 0 \\ 2 & 1 & 0 & 0 \\ 0 & 0 & 8 & 3 \\ 0 & 0 & 5 & 2 \end{pmatrix}$ 的逆矩阵.

B组

1. 设 $\boldsymbol{A} = \begin{pmatrix} 1 & 1 & 1 \\ -1 & 1 & 1 \\ 1 & -1 & 1 \end{pmatrix}$,$\boldsymbol{B} = \begin{pmatrix} 1 & 2 & 1 \\ 1 & 3 & -1 \\ 2 & 1 & 4 \end{pmatrix}$,

求:(1) $\boldsymbol{AB} - 2\boldsymbol{A}$;(2) $\boldsymbol{AB} - \boldsymbol{BA}$;(3) 验证 $(\boldsymbol{A}+\boldsymbol{B})(\boldsymbol{A}-\boldsymbol{B}) = \boldsymbol{A}^2 - \boldsymbol{B}^2$ 吗?

2. 已知 $\boldsymbol{A} = \begin{pmatrix} 2 & 1 & 1 \\ 3 & -1 & 2 \\ 1 & -1 & 0 \end{pmatrix}$,设 $f(x) = x^2 - 2x - 1$,求 $f(\boldsymbol{A})$.

3. 若 $\boldsymbol{A}$ 为可逆矩阵,并且 $\boldsymbol{AB}=\boldsymbol{BA}$,证明 $\boldsymbol{A}^{-1}\boldsymbol{B}=\boldsymbol{BA}^{-1}$.

4. 设 $\boldsymbol{A}$ 为 n 阶矩阵,若 $\boldsymbol{A}\neq\boldsymbol{O}$ 且存在正整数 $k\geqslant 2$ 使 $\boldsymbol{A}^k=\boldsymbol{O}$,证明:$\boldsymbol{E}-\boldsymbol{A}$ 可逆,且

$$(\boldsymbol{E}-\boldsymbol{A})^{-1}=\boldsymbol{E}+\boldsymbol{A}+\boldsymbol{A}^2+\cdots+\boldsymbol{A}^{k-1}$$

5. 设 $\boldsymbol{A}=\begin{pmatrix}1&0&1\\0&2&0\\1&0&1\end{pmatrix}$,且 $\boldsymbol{AB}+\boldsymbol{E}=\boldsymbol{A}^2+\boldsymbol{B}$,求 $\boldsymbol{B}$.

6. 设 $\boldsymbol{P}^{-1}\boldsymbol{AP}=\boldsymbol{\Lambda}$. 其中 $\boldsymbol{P}=\begin{pmatrix}-1&-4\\1&1\end{pmatrix}$,$\boldsymbol{\Lambda}=\begin{pmatrix}-1&0\\0&2\end{pmatrix}$,求 $\boldsymbol{A}^{10}$.

7. 设 $\boldsymbol{A}=\begin{pmatrix}1&-2&3k\\-1&2k&-3\\k&-2&3\end{pmatrix}$,问 k 为何值时,可使(1)$R(\boldsymbol{A})=1$;(2)$R(\boldsymbol{A})=2$;(3)$R(\boldsymbol{A})=3$.

8. 设有线性方程组

$$\begin{cases}x_1+x_2+x_3=0\\x_1+2x_2+ax_3=0\\x_1+4x_2+a^2x_3=0\end{cases}\tag{1}$$

与方程

$$x_1+2x_2+x_3=a-1\tag{2}$$

有公共解,求 a 的值及所有公共解.

9. 用矩阵分块的方法,证明下列矩阵可逆,并求其逆矩阵.

(1) $\begin{pmatrix}1&3&0&0&0\\2&8&0&0&0\\0&0&1&0&1\\0&0&2&3&2\\0&0&3&1&1\end{pmatrix}$;　(2) $\begin{pmatrix}2&0&1&0&2\\0&2&0&1&3\\0&0&1&0&0\\0&0&0&1&0\\0&0&0&0&1\end{pmatrix}$.

实践·创新

【目的要求】 掌握利用 MATLAB 求矩阵的秩、方阵的逆矩阵及解线性方程组的方法.

1. 求矩阵的秩

例 1 已知矩阵 $\boldsymbol{A}=\begin{pmatrix}-3&2&-1&-3&-2\\-2&-1&3&1&3\\7&0&-5&10&9\end{pmatrix}$,求 $\boldsymbol{A}$ 的秩.

解 输入语句

```
A=[-3 2 -1 -3 -2; -2 -1 3 1 3; 7 0 -5 10 9];
r=rank(A)
```

得到结果

```
r =
     3
```

或者输入语句

```
A=[-3 2 -1 -3 -2; -2 -1 3 1 3; 7 0 -5 10 9];
    B=rref(A)
```

得到结果

```
B=
    1.0000         0    -0.7143         0    -0.7778
         0    1.0000    -1.5714         0          0
         0         0          0    1.0000     1.4444
```

从而得到 $\boldsymbol{A}$ 的秩为3.

2. 求方阵的逆矩阵

例2 已知 $\boldsymbol{A}=\begin{pmatrix}1 & 2 & 3\\ 2 & 2 & 1\\ 3 & 4 & 3\end{pmatrix}$,求 $\boldsymbol{A}$ 的逆矩阵.

解 输入语句

```
A=[1 2 3; 2 2 1; 3 4 3];
nA=inv(A)
```

或者输入语句

```
A=[1 2 3; 2 2 1; 3 4 3];
B=[A,eye(3)];
C=rref(B);
nA=C(:,[4 5 6])
```

得到结果

```
nA=
     1.0000     3.0000    -2.0000
    -1.5000    -3.0000     2.5000
     1.0000     1.0000    -1.0000
```

3. 解线性方程组

例3 已知线性方程组

$$\begin{cases}x_1 - x_2 + x_3 = 5\\ x_2 + 2x_3 = 1\\ x_1 + 4x_3 = 1\end{cases}$$

问方程组是否有解?若有,求出其解.

解 输入语句

```
A=[1 -1 1; 0 1 2; 1 0 4];
b=[5;1;1];
Ab=[A,b];
rref(Ab)
```

得到结果

```
ans=
     1     0     0    21
     0     1     0    11
     0     0     1    -5
```

根据上面的结果可以直接写出解,或者由上知系数矩阵可逆,则可输入

```
x=A\b
```

得到结果

```
x=
    21
    11
    -5
```

例 4　已知线性方程组

$$\begin{cases} x_1 + x_2 - 3x_3 - x_4 = 1 \\ 3x_1 - x_2 - 3x_3 + 4x_4 = 4 \\ x_1 + 5x_2 - 9x_3 - 8x_4 = 0 \end{cases}$$

问方程组是否有解?若有,求出其解.

解　输入语句

```
A=[1 1 -3 -1; 3 -1 -3 4; 1 5 -9 8];
b=[1;4;0];
Ab=[A,b];
rref(Ab)
```

得到结果

```
ans=
   1.0000         0   -1.5000         0    1.2500
        0    1.0000   -1.5000         0   -0.2500
        0         0         0    1.0000         0
```

根据结果判定方程有解,继续输入

```
format rat;
x=linsolve(A,b)
null(A)
```

得到结果

```
x =
     3/2
     0
     1/6
     1/34566144002433012
ans =
      -772/1207
      -772/1207
      -1179/2765
      -1/18014398509481984
```

【目的要求】 在理论学习和实践创新的基础上进一步探究矩阵的应用.

(1) 利用矩阵知识构建相应的数学模型,学会用 MATLAB 等软件解决相关问题.例如:应用矩阵编制 Hill 密码(包括密码的加密、解密与破译)、交通流量的分析、情报检索问题、刚体的平面运动问题等.

(2) 查阅相关资料,学习在 MATLAB 中矩阵的代数运算和特征参数的运算.

第 2 章　向　量　组

在中学阶段,我们学习了利用平面和空间向量来解决平面解析几何和空间立体几何中的相关问题.在大学阶段,高等数学课程中进一步介绍了如何利用向量代数的相关理论研究空间曲线、曲面等几何问题.由此可见向量是连接代数和几何的一座重要桥梁.

本章首先将上述 2 维、3 维向量推广到 n 维,形成了向量组、向量空间等一系列理论,包括向量组及其线性组合、向量组的线性相关性、向量组的秩等.在此基础上,从解向量的角度来解释齐次和非齐次线性方程组解的结构.最后,介绍经济生产过程中一类非常重要的数学模型——投入产出数学模型.

2.1　向量组及其线性组合

2.1.1　向量及其运算

定义 2.1.1　由 n 个数 $a_1, a_2, \cdots, a_n$ 组成的有序数组,称为 **n 维向量**,这 n 个数称为该向量的 n 个分量,其中第 i 个数 a_i 称为第 i 个分量.

注　在解析几何中,我们把"既有大小又有方向的量"称为向量,并把可随意平行移动的有向线段作为向量的几何意义.平面向量是 2 维向量,空间向量是 3 维向量,当 $n>3$ 时,n 维向量没有直观的几何意义.

分量全为实数的向量称为**实向量**,分量为复数的向量称为**复向量**.除非特别声明,本书一般只讨论实向量.常用 $\mathbf{R}^n$ 表示 n 维实向量的全体,用 $\mathbf{C}^n$ 表示 n 维复向量的全体.

n 维向量可以写成一行 $\boldsymbol{\alpha}=(a_1, a_2, \cdots, a_n)$,也可以写成一列 $\boldsymbol{\alpha}=\begin{pmatrix} a_1 \\ a_2 \\ \vdots \\ a_n \end{pmatrix}$,分别称为**行向量**和**列向量**.它们可以分别看成 $1\times n$ 的行矩阵和 $n\times 1$ 的列矩阵,并规定行向量和列向量都按矩阵的运算法则进行运算.从矩阵运算这个角度来说,n 维行向量和列向量是两个不同的向量,但从几何角度来说,它们没什么区别.

一般地,用希腊字母 $\boldsymbol{\alpha}, \boldsymbol{\beta}, \boldsymbol{\gamma}$ 等表示列向量,用它们的转置 $\boldsymbol{\alpha}^{\mathrm{T}}, \boldsymbol{\beta}^{\mathrm{T}}, \boldsymbol{\gamma}^{\mathrm{T}}$ 来表示行向量.所讨论的向量在没有特别指明的情况下一般都被视为列向量.

定义 2.1.2　设

$$\boldsymbol{\alpha}=\begin{pmatrix}a_1\\a_2\\\vdots\\a_n\end{pmatrix},\quad \boldsymbol{\beta}=\begin{pmatrix}b_1\\b_2\\\vdots\\b_n\end{pmatrix}$$

是两个 n 维向量.

(1) **向量相等**　若 $a_i=b_i(i=1,\cdots,n)$,则称向量 $\boldsymbol{\alpha}$ 和向量 $\boldsymbol{\beta}$ 相等;

(2) **零向量**　所有分量都为零的向量,一般记作 $\mathbf{0}$;

(3) **负向量**　称向量 $-\boldsymbol{\alpha}=\begin{pmatrix}-a_1\\-a_2\\\vdots\\-a_n\end{pmatrix}$ 为向量 $\boldsymbol{\alpha}$ 的负向量.

由矩阵的运算法则,容易得到向量的加法、减法、及数乘等运算法则:

(1) **向量加法**　称向量 $\boldsymbol{\gamma}=\boldsymbol{\alpha}+\boldsymbol{\beta}=\begin{pmatrix}a_1+b_1\\a_2+b_2\\\vdots\\a_n+b_n\end{pmatrix}$ 为向量 $\boldsymbol{\alpha}$ 和向量 $\boldsymbol{\beta}$ 的和;

(2) **向量减法**　称 $\boldsymbol{\alpha}$ 和 $(-\boldsymbol{\beta})$ 的加法为 $\boldsymbol{\alpha}$ 和 $\boldsymbol{\beta}$ 的减法,即 $\boldsymbol{\gamma}=\boldsymbol{\alpha}-\boldsymbol{\beta}=\boldsymbol{\alpha}+(-\boldsymbol{\beta})$;

(3) **数乘向量**　设 k 是一个数,称向量 $k\boldsymbol{\alpha}=\boldsymbol{\alpha}k=\begin{pmatrix}ka_1\\ka_2\\\vdots\\ka_n\end{pmatrix}$ 为向量 $\boldsymbol{\alpha}$ 和数 k 的数乘向量.

注　向量的加法、减法及数乘运算统称为向量的线性运算.向量的线性运算与矩阵的运算规律相同,也满足下列运算规律:

(1) $\boldsymbol{\alpha}+\boldsymbol{\beta}=\boldsymbol{\beta}+\boldsymbol{\alpha}$;　　(2) $(\boldsymbol{\alpha}+\boldsymbol{\beta})+\boldsymbol{\gamma}=\boldsymbol{\alpha}+(\boldsymbol{\beta}+\boldsymbol{\gamma})$;

(3) $\boldsymbol{\alpha}+\mathbf{0}=\boldsymbol{\alpha}$;　　(4) $\boldsymbol{\alpha}+(-\boldsymbol{\alpha})=\mathbf{0}$;

(5) $1\boldsymbol{\alpha}=\boldsymbol{\alpha}$;　　(6) $k(l\boldsymbol{\alpha})=(kl)\boldsymbol{\alpha}$;

(7) $k(\boldsymbol{\alpha}+\boldsymbol{\beta})=k\boldsymbol{\alpha}+k\boldsymbol{\beta}$;　　(8) $(k+l)\boldsymbol{\alpha}=k\boldsymbol{\alpha}+l\boldsymbol{\alpha}$.

例 2.1.1　设有向量 $\boldsymbol{\alpha}=(2,0,-1,3)^{\mathrm{T}}$,$\boldsymbol{\beta}=(1,7,4,-2)^{\mathrm{T}}$,$\boldsymbol{\gamma}=(0,1,0,1)^{\mathrm{T}}$.

(1) 求 $2\boldsymbol{\alpha}+\boldsymbol{\beta}-3\boldsymbol{\gamma}$;　　(2) 若有 $\boldsymbol{x}$,满足 $3\boldsymbol{\alpha}-\boldsymbol{\beta}+5\boldsymbol{\gamma}+2\boldsymbol{x}=\mathbf{0}$,求 $\boldsymbol{x}$.

解　(1) $2\boldsymbol{\alpha}+\boldsymbol{\beta}-3\boldsymbol{\gamma}=2(2,0,-1,3)^{\mathrm{T}}+(1,7,4,-2)^{\mathrm{T}}-3(0,1,0,1)^{\mathrm{T}}=(5,4,2,1)^{\mathrm{T}}$;

(2) 由 $3\boldsymbol{\alpha}-\boldsymbol{\beta}+5\boldsymbol{\gamma}+2\boldsymbol{x}=\mathbf{0}$ 得

$$\begin{aligned}\boldsymbol{x}&=\frac{1}{2}(-3\boldsymbol{\alpha}+\boldsymbol{\beta}-5\boldsymbol{\gamma})=\frac{1}{2}[-3(2,0,-1,3)^{\mathrm{T}}+(1,7,4,-2)^{\mathrm{T}}-5(0,1,0,1)^{\mathrm{T}}]\\&=\left(-\frac{5}{2},1,\frac{7}{2},-8\right)^{\mathrm{T}}\end{aligned}$$

定义 2.1.3　若干个维数相同的列(行)向量组成的集合称为**向量组**.

例如,一个 $m\times n$ 的矩阵

$$A=\begin{pmatrix} a_{11} & a_{12} & \cdots & a_{1n} \\ a_{21} & a_{22} & \cdots & a_{2n} \\ \vdots & \vdots & & \vdots \\ a_{m1} & a_{m2} & \cdots & a_{mn} \end{pmatrix}$$

的每一列元素组成的向量

$$\boldsymbol{\alpha}_j=\begin{pmatrix} a_{1j} \\ a_{2j} \\ \vdots \\ a_{mj} \end{pmatrix} \quad (j=1,2,\cdots,n)$$

所构成的向量组 $\boldsymbol{\alpha}_1,\boldsymbol{\alpha}_2,\cdots,\boldsymbol{\alpha}_n$ 称为矩阵 $\boldsymbol{A}$ 的**列向量组**,由 $\boldsymbol{A}$ 的每一行元素组成的向量

$$\boldsymbol{\beta}_i=(a_{i1},a_{i2},\cdots,a_{in}) \quad (i=1,2,\cdots,m)$$

所构成的向量组 $\boldsymbol{\beta}_1,\boldsymbol{\beta}_2,\cdots,\boldsymbol{\beta}_m$ 称为矩阵 $\boldsymbol{A}$ 的**行向量组**.矩阵 $\boldsymbol{A}$ 可表示为

$$\boldsymbol{A}=(\boldsymbol{\alpha}_1,\boldsymbol{\alpha}_2,\cdots,\boldsymbol{\alpha}_n) \quad 或 \quad \boldsymbol{A}=\begin{pmatrix} \boldsymbol{\beta}_1 \\ \boldsymbol{\beta}_2 \\ \vdots \\ \boldsymbol{\beta}_m \end{pmatrix}$$

这样,矩阵 $\boldsymbol{A}$ 就与其列向量组或行向量组之间建立了一一对应关系,向量组一般也用大写字母“$\boldsymbol{A},\boldsymbol{B},\boldsymbol{C}$”表示.

定义 2.1.4 设 V 是 n 维向量组成的非空集合,若 V 对于向量的加法及数乘运算封闭,即 V 满足:

(1) 对任意的 $\boldsymbol{\alpha}\in V,\boldsymbol{\beta}\in V$,有 $\boldsymbol{\alpha}+\boldsymbol{\beta}\in V$;

(2) 对任意的 $\boldsymbol{\alpha}\in V,k\in\mathbf{R}$,有 $k\boldsymbol{\alpha}\in V$.

则称向量集 V 是 $\mathbf{R}$ 上的**向量空间**.

2.1.2 向量组的线性组合

考虑线性方程组

$$\begin{cases} a_{11}x_1+a_{12}x_2+\cdots+a_{1n}x_n=b_1 \\ a_{21}x_1+a_{22}x_2+\cdots+a_{2n}x_n=b_2 \\ \cdots\cdots \\ a_{m1}x_1+a_{m2}x_2+\cdots+a_{mn}x_n=b_m \end{cases} \tag{2.1.1}$$

若记

$$\boldsymbol{\alpha}_j=\begin{pmatrix} a_{1j} \\ a_{2j} \\ \vdots \\ a_{mj} \end{pmatrix}(j=1,2,\cdots,n), \quad \boldsymbol{\beta}=\begin{pmatrix} b_1 \\ b_2 \\ \vdots \\ b_m \end{pmatrix}$$

则线性方程组(2.1.1)可以表示为如下形式:

$$\boldsymbol{\beta}=x_1\boldsymbol{\alpha}_1+x_2\boldsymbol{\alpha}_2+\cdots+x_n\boldsymbol{\alpha}_n \tag{2.1.2}$$

定义 2.1.5 设有向量组 $\boldsymbol{A}:\boldsymbol{\alpha}_1,\boldsymbol{\alpha}_2,\cdots,\boldsymbol{\alpha}_m,k_1,k_2,\cdots,k_m$ 是任意的一组实数,称表

达式

$$k_1\boldsymbol{\alpha}_1+k_2\boldsymbol{\alpha}_2+\cdots+k_m\boldsymbol{\alpha}_m$$

为向量组 $\boldsymbol{A}$ 的一个**线性组合**.

定义 2.1.6　设有向量组 $\boldsymbol{A}:\boldsymbol{\alpha}_1,\boldsymbol{\alpha}_2,\cdots,\boldsymbol{\alpha}_m$ 和同维向量$\boldsymbol{\beta}$,若存在一组实数 $k_1,k_2,\cdots,k_m$,使得 $\boldsymbol{\beta}=k_1\boldsymbol{\alpha}_1+k_2\boldsymbol{\alpha}_2+\cdots+k_m\boldsymbol{\alpha}_m$,则称向量 $\boldsymbol{\beta}$ 可以由向量组$\boldsymbol{A}$ **线性表示**.

显然,向量组 $\boldsymbol{A}:\boldsymbol{\alpha}_1,\boldsymbol{\alpha}_2,\cdots,\boldsymbol{\alpha}_m$ 中的任一个向量$\boldsymbol{\alpha}_i$ 都可以由向量组$\boldsymbol{A}$ 线性表示,$\boldsymbol{0}$ 向量也可以由同维数的向量组线性表示.

任何一个 n 维向量$\boldsymbol{\alpha}=(a_1,a_2,\cdots,a_n)^{\mathrm{T}}$ 都可以由 n 维单位向量组

$$\boldsymbol{e}_1=(1,0,\cdots,0)^{\mathrm{T}},\ \boldsymbol{e}_2=(0,1,0,\cdots,0)^{\mathrm{T}},\ \cdots,\ \boldsymbol{e}_n=(0,0,\cdots,0,1)^{\mathrm{T}}$$

线性表示,因为 $\boldsymbol{\alpha}=a_1\boldsymbol{e}_1+a_2\boldsymbol{e}_2+\cdots+a_n\boldsymbol{e}_n$.

例 2.1.2　证明向量 $\boldsymbol{\beta}=(-1,1,5)^{\mathrm{T}}$ 可以由向量组

$$\boldsymbol{\alpha}_1=(1,2,3)^{\mathrm{T}},\quad \boldsymbol{\alpha}_2=(0,1,4)^{\mathrm{T}},\quad \boldsymbol{\alpha}_3=(2,3,6)^{\mathrm{T}}$$

线性表示.

证明　设 $\boldsymbol{\beta}=k_1\boldsymbol{\alpha}_1+k_2\boldsymbol{\alpha}_2+k_3\boldsymbol{\alpha}_3$,其中 k_1,k_2,k_3 为待定常数,

$$(-1,1,5)^{\mathrm{T}}=k_1\,(1,2,3)^{\mathrm{T}}+k_2\,(0,1,4)^{\mathrm{T}}+k_3\,(2,3,6)^{\mathrm{T}}$$

由向量相等的定义,得方程组

$$\begin{cases}k_1\qquad\quad+2k_3=-1\\2k_1+\ \ k_2+3k_3=\ \ 1\\3k_1+4k_2+6k_3=\ \ 5\end{cases}$$

解得

$$\begin{cases}k_1=\ \ 1\\k_2=\ \ 2\\k_3=-1\end{cases}$$

即 $\boldsymbol{\beta}=\boldsymbol{\alpha}_1+2\boldsymbol{\alpha}_2-\boldsymbol{\alpha}_3$,所以 $\boldsymbol{\beta}$ 可以由$\boldsymbol{\alpha}_1,\boldsymbol{\alpha}_2,\boldsymbol{\alpha}_3$ 线性表示.

由线性表示的定义可以直接得出结论:

定理 2.1.1　向量 $\boldsymbol{\beta}$ 能由向量组$\boldsymbol{\alpha}_1,\boldsymbol{\alpha}_2,\cdots,\boldsymbol{\alpha}_s$ 线性表示的充要条件是线性方程组

$$\boldsymbol{\alpha}_1x_1+\boldsymbol{\alpha}_2x_2+\cdots+\boldsymbol{\alpha}_sx_s=\boldsymbol{\beta}\tag{2.1.3}$$

有解;且

(1) 当方程组有唯一解时,线性表示式唯一;

(2) 当方程组有无穷多解时,线性表示式不唯一.

结合第 1.4 节线性方程组有解的判别定理,容易得到如下结论:

推论 2.1.1　设有向量

$$\boldsymbol{\beta}=\begin{pmatrix}b_1\\b_2\\\vdots\\b_m\end{pmatrix},\quad \boldsymbol{\alpha}_j=\begin{pmatrix}a_{1j}\\a_{2j}\\\vdots\\a_m\end{pmatrix}\quad(j=1,2,\cdots,s)$$

则向量 $\boldsymbol{\beta}$ 能由向量组$\boldsymbol{\alpha}_1,\boldsymbol{\alpha}_2,\cdots,\boldsymbol{\alpha}_s$ 线性表示的充要条件是矩阵 $\boldsymbol{A}=(\boldsymbol{\alpha}_1,\boldsymbol{\alpha}_2,\cdots,\boldsymbol{\alpha}_s)$与矩阵 $\bar{\boldsymbol{A}}=(\boldsymbol{\alpha}_1,\boldsymbol{\alpha}_2,\cdots,\boldsymbol{\alpha}_s,\boldsymbol{\beta})$的秩相等,即 $R(\boldsymbol{A})=R(\bar{\boldsymbol{A}})$.

例 2.1.3　判断向量 $\boldsymbol{\beta}=(4,3,-1,11)^{\mathrm{T}}$ 能否由向量组

$$\boldsymbol{\alpha}_1=(1,2,-1,5)^{\mathrm{T}},\quad \boldsymbol{\alpha}_2=(2,-1,1,1)^{\mathrm{T}}$$

线性表示,若能,写出表示式.

解　设 $k_1\boldsymbol{\alpha}_1+k_2\boldsymbol{\alpha}_2=\boldsymbol{\beta}$,对矩阵$(\boldsymbol{\alpha}_1,\boldsymbol{\alpha}_2,\boldsymbol{\beta})$施以初等行变换:

$$\begin{pmatrix}1&2&4\\2&-1&3\\-1&1&-1\\5&1&11\end{pmatrix}\longrightarrow\begin{pmatrix}1&2&4\\0&-5&-5\\0&3&3\\0&-9&-9\end{pmatrix}\longrightarrow\begin{pmatrix}1&2&4\\0&1&1\\0&0&0\\0&0&0\end{pmatrix}\longrightarrow\begin{pmatrix}1&0&2\\0&1&1\\0&0&0\\0&0&0\end{pmatrix}$$

可以看出,

$$R(\boldsymbol{\alpha}_1,\boldsymbol{\alpha}_2,\boldsymbol{\beta})=R(\boldsymbol{\alpha}_1,\boldsymbol{\alpha}_2)=2$$

故 $\boldsymbol{\beta}$ 可由 $\boldsymbol{\alpha}_1,\boldsymbol{\alpha}_2$ 线性表示.解方程组得 $k_1=2,k_2=1$,即 $\boldsymbol{\beta}=2\boldsymbol{\alpha}_1+\boldsymbol{\alpha}_2$.

例 2.1.4　已知向量组

$$\boldsymbol{\alpha}_1=\begin{pmatrix}1+\lambda\\1\\1\end{pmatrix},\ \boldsymbol{\alpha}_2=\begin{pmatrix}1\\1+\lambda\\1\end{pmatrix},\ \boldsymbol{\alpha}_3=\begin{pmatrix}1\\1\\1+\lambda\end{pmatrix},\ \boldsymbol{\beta}=\begin{pmatrix}0\\\lambda\\\lambda^2\end{pmatrix}$$

问 λ 取何值时,

(1) $\boldsymbol{\beta}$ 能由 $\boldsymbol{\alpha}_1,\boldsymbol{\alpha}_2,\boldsymbol{\alpha}_3$ 线性表示,且表示式唯一;

(2) $\boldsymbol{\beta}$ 能由 $\boldsymbol{\alpha}_1,\boldsymbol{\alpha}_2,\boldsymbol{\alpha}_3$ 线性表示,且表示式不唯一;

(3) $\boldsymbol{\beta}$ 不能由 $\boldsymbol{\alpha}_1,\boldsymbol{\alpha}_2,\boldsymbol{\alpha}_3$ 线性表示.

解　考虑方程组 $\boldsymbol{\alpha}_1x_1+\boldsymbol{\alpha}_2x_2+\boldsymbol{\alpha}_3x_3=\boldsymbol{\beta}$,

$$\overline{\boldsymbol{A}}=(\boldsymbol{\alpha}_1,\boldsymbol{\alpha}_2,\boldsymbol{\alpha}_3,\boldsymbol{\beta})=\begin{pmatrix}1+\lambda&1&1&0\\1&1+\lambda&1&\lambda\\1&1&1+\lambda&\lambda^2\end{pmatrix}\longrightarrow\begin{pmatrix}1&1+\lambda&1&\lambda\\1+\lambda&1&1&0\\1&1&1+\lambda&\lambda^2\end{pmatrix}$$

$$\longrightarrow\begin{pmatrix}1&1+\lambda&1&\lambda\\0&-\lambda(2+\lambda)&-\lambda&-\lambda(1+\lambda)\\0&-\lambda&\lambda&\lambda^2-\lambda\end{pmatrix}\longrightarrow\begin{pmatrix}1&1+\lambda&1&\lambda\\0&-\lambda&\lambda&\lambda(\lambda-1)\\0&-\lambda(2+\lambda)&-\lambda&-\lambda(1+\lambda)\end{pmatrix}$$

$$\longrightarrow\begin{pmatrix}1&1+\lambda&1&\lambda\\0&-\lambda&\lambda&\lambda(\lambda-1)\\0&0&-\lambda(3+\lambda)&-\lambda(\lambda^2+2\lambda-1)\end{pmatrix}$$

(1) 当 $\lambda\neq0$ 且 $\lambda\neq-3$ 时,方程组有唯一解,$\boldsymbol{\beta}$ 能由 $\boldsymbol{\alpha}_1,\boldsymbol{\alpha}_2,\boldsymbol{\alpha}_3$ 线性表示,且表达式唯一;

(2) 当 $\lambda=0$ 时,$R(\boldsymbol{\alpha}_1,\boldsymbol{\alpha}_2,\boldsymbol{\alpha}_3)=R(\boldsymbol{\alpha}_1,\boldsymbol{\alpha}_2,\boldsymbol{\alpha}_3,\boldsymbol{\beta})=1$,方程组有无穷多解,即 $\boldsymbol{\beta}$ 能由 $\boldsymbol{\alpha}_1$,$\boldsymbol{\alpha}_2,\boldsymbol{\alpha}_3$线性表示,且表达式不唯一;

(3) 当 $\lambda=-3$ 时,方程组无解,$\boldsymbol{\beta}$ 不能由 $\boldsymbol{\alpha}_1,\boldsymbol{\alpha}_2,\boldsymbol{\alpha}_3$ 线性表示.

2.1.3　向量组间的线性表示

定义 2.1.7　设有两向量组

$$\boldsymbol{A}:\boldsymbol{\alpha}_1,\boldsymbol{\alpha}_2,\cdots,\boldsymbol{\alpha}_s;\quad \boldsymbol{B}:\boldsymbol{\beta}_1,\boldsymbol{\beta}_2,\cdots,\boldsymbol{\beta}_t$$

若向量组 $\boldsymbol{B}$ 中的每一个向量都能由向量组 $\boldsymbol{A}$ 线性表示,则称向量组 $\boldsymbol{B}$ 能由向量组 $\boldsymbol{A}$ 线性表示.若向量组 $\boldsymbol{A}$ 与向量组 $\boldsymbol{B}$ 能互相线性表示,则称这两个**向量组等价**.

注　向量组的等价也具有等价的三条性质,即满足:

(1) 自反性;(2) 对称性;(3) 传递性.

由定义,若向量组 $\boldsymbol{B}$ 能由向量组 $\boldsymbol{A}$ 线性表示,则存在

$$k_{1j},k_{2j},\cdots,k_{sj}\quad(j=1,2,\cdots,t)$$

使得

$$\boldsymbol{\beta}_j = k_{1j}\boldsymbol{\alpha}_1 + k_{2j}\boldsymbol{\alpha}_2 + \cdots + k_{sj}\boldsymbol{\alpha}_s = (\boldsymbol{\alpha}_1,\boldsymbol{\alpha}_2,\cdots,\boldsymbol{\alpha}_s)\begin{pmatrix} k_{1j} \\ k_{2j} \\ \vdots \\ k_{sj} \end{pmatrix} \tag{2.1.4}$$

所以

$$(\boldsymbol{\beta}_1,\boldsymbol{\beta}_2,\cdots,\boldsymbol{\beta}_t) = (\boldsymbol{\alpha}_1,\boldsymbol{\alpha}_2,\cdots,\boldsymbol{\alpha}_s)\begin{pmatrix} k_{11} & k_{12} & \cdots & k_{1t} \\ k_{21} & k_{22} & \cdots & k_{2t} \\ \vdots & \vdots & & \vdots \\ k_{s1} & k_{s2} & \cdots & k_{st} \end{pmatrix} \tag{2.1.5}$$

其中矩阵 $\boldsymbol{K}_{s\times t}=(k_{ij})_{s\times t}$ 称为这一线性表示的系数矩阵.

定理 2.1.2 向量组 $\boldsymbol{B}:\boldsymbol{\beta}_1,\boldsymbol{\beta}_2,\cdots,\boldsymbol{\beta}_t$ 能由向量组 $\boldsymbol{A}:\boldsymbol{\alpha}_1,\boldsymbol{\alpha}_2,\cdots,\boldsymbol{\alpha}_s$ 线性表示的充要条件是矩阵方程

$$(\boldsymbol{\beta}_1,\boldsymbol{\beta}_2,\cdots,\boldsymbol{\beta}_t) = (\boldsymbol{\alpha}_1,\boldsymbol{\alpha}_2,\cdots,\boldsymbol{\alpha}_s)\boldsymbol{X} \tag{2.1.6}$$

或

$$\boldsymbol{AX} = \boldsymbol{B} \tag{2.1.7}$$

有解.

由第1章的定理1.4.2可得:

推论 2.1.2 向量组 $\boldsymbol{B}:\boldsymbol{\beta}_1,\boldsymbol{\beta}_2,\cdots,\boldsymbol{\beta}_t$ 能由向量组 $\boldsymbol{A}:\boldsymbol{\alpha}_1,\boldsymbol{\alpha}_2,\cdots,\boldsymbol{\alpha}_s$ 线性表示的充要条件是矩阵 $\boldsymbol{A}=(\boldsymbol{\alpha}_1,\boldsymbol{\alpha}_2,\cdots,\boldsymbol{\alpha}_s)$ 的秩等于矩阵 $(\boldsymbol{A},\boldsymbol{B})=(\boldsymbol{\alpha}_1,\boldsymbol{\alpha}_2,\cdots,\boldsymbol{\alpha}_s,\boldsymbol{\beta}_1,\boldsymbol{\beta}_2,\cdots,\boldsymbol{\beta}_t)$ 的秩,即

$$R(\boldsymbol{A})=R(\boldsymbol{A},\boldsymbol{B})$$

由推论2.1.2及矩阵秩的性质,容易得出:

推论 2.1.3 若向量组 $\boldsymbol{B}:\boldsymbol{\beta}_1,\boldsymbol{\beta}_2,\cdots,\boldsymbol{\beta}_t$ 能由向量组 $\boldsymbol{A}:\boldsymbol{\alpha}_1,\boldsymbol{\alpha}_2,\cdots,\boldsymbol{\alpha}_s$ 线性表示,则

$$R(\boldsymbol{B})\leqslant R(\boldsymbol{A})$$

推论 2.1.4 向量组 $\boldsymbol{A}:\boldsymbol{\alpha}_1,\boldsymbol{\alpha}_2,\cdots,\boldsymbol{\alpha}_s$ 与向量组 $\boldsymbol{B}:\boldsymbol{\beta}_1,\boldsymbol{\beta}_2,\cdots,\boldsymbol{\beta}_t$ 等价的充要条件是

$$R(\boldsymbol{A})=R(\boldsymbol{B})=R(\boldsymbol{A},\boldsymbol{B})$$

例 2.1.5 设有两个向量组

$$\boldsymbol{\alpha}_1=\begin{pmatrix}1\\-1\\1\\-1\end{pmatrix},\ \boldsymbol{\alpha}_2=\begin{pmatrix}3\\1\\1\\3\end{pmatrix};\ \boldsymbol{\beta}_1=\begin{pmatrix}2\\0\\1\\1\end{pmatrix},\ \boldsymbol{\beta}_2=\begin{pmatrix}1\\1\\0\\2\end{pmatrix},\ \boldsymbol{\beta}_3=\begin{pmatrix}3\\-1\\2\\0\end{pmatrix}$$

证明向量组 $\boldsymbol{\alpha}_1,\boldsymbol{\alpha}_2$ 与向量组 $\boldsymbol{\beta}_1,\boldsymbol{\beta}_2,\boldsymbol{\beta}_3$ 等价.

证明

$$(\boldsymbol{\alpha}_1,\boldsymbol{\alpha}_2,\boldsymbol{\beta}_1,\boldsymbol{\beta}_2,\boldsymbol{\beta}_3)=\begin{pmatrix}1&3&2&1&3\\-1&1&0&1&-1\\1&1&1&0&2\\-1&3&1&2&0\end{pmatrix}\longrightarrow\begin{pmatrix}1&3&2&1&3\\0&4&2&2&2\\0&-2&-1&-1&-1\\0&6&3&3&3\end{pmatrix}\longrightarrow\begin{pmatrix}1&3&2&1&3\\0&2&1&1&1\\0&0&0&0&0\\0&0&0&0&0\end{pmatrix}$$

可以看出

$$R(\boldsymbol{\alpha}_1,\boldsymbol{\alpha}_2)=R(\boldsymbol{\alpha}_1,\boldsymbol{\alpha}_2,\boldsymbol{\beta}_1,\boldsymbol{\beta}_2,\boldsymbol{\beta}_3)=2,\quad \text{易得 } R(\boldsymbol{\beta}_1,\boldsymbol{\beta}_2,\boldsymbol{\beta}_3)=2$$

由推论 2.1.4 知,向量组 $\boldsymbol{\alpha}_1,\boldsymbol{\alpha}_2$ 与向量组 $\boldsymbol{\beta}_1,\boldsymbol{\beta}_2,\boldsymbol{\beta}_3$ 等价.

2.2　向量组的线性相关性

2.2.1　线性相关的概念

定义 2.2.1　给定向量组 $\boldsymbol{A}:\boldsymbol{\alpha}_1,\boldsymbol{\alpha}_2,\cdots,\boldsymbol{\alpha}_m$,若存在不全为零的数 $k_1,k_2,\cdots,k_m$,使得

$$k_1\boldsymbol{\alpha}_1+k_2\boldsymbol{\alpha}_2+\cdots+k_m\boldsymbol{\alpha}_m=\boldsymbol{0} \tag{2.2.1}$$

则称向量组 $\boldsymbol{A}$ **线性相关**,否则称向量组 $\boldsymbol{A}$ **线性无关**.

例如,向量组

$$\boldsymbol{\alpha}_1=\begin{pmatrix}1\\0\\1\end{pmatrix},\quad \boldsymbol{\alpha}_2=\begin{pmatrix}-1\\2\\2\end{pmatrix},\quad \boldsymbol{\alpha}_3=\begin{pmatrix}1\\2\\4\end{pmatrix}$$

不难验证 $2\boldsymbol{\alpha}_1+\boldsymbol{\alpha}_2-\boldsymbol{\alpha}_3=\boldsymbol{0}$,因此 $\boldsymbol{\alpha}_1,\boldsymbol{\alpha}_2,\boldsymbol{\alpha}_3$ 线性相关.

注　(1) 包含零向量的任何向量组都是线性相关的;

(2) 仅含有一个向量 $\boldsymbol{\alpha}$ 的向量组线性相关的充要条件是 $\boldsymbol{\alpha}=\boldsymbol{0}$;

(3) 仅含有两个向量的向量组线性相关的充要条件是两向量的分量对应成比例.

两个向量线性相关的几何意义是两个向量共线,三个向量线性相关的几何意义是三个向量共面.

例 2.2.1　证明:若向量组 $\boldsymbol{\alpha},\boldsymbol{\beta},\boldsymbol{\gamma}$ 线性无关,则向量组 $\boldsymbol{\alpha}+\boldsymbol{\beta},\boldsymbol{\beta}+\boldsymbol{\gamma},\boldsymbol{\gamma}+\boldsymbol{\alpha}$ 亦线性无关.

证明　设有一组数 k_1,k_2,k_3,使得

$$k_1(\boldsymbol{\alpha}+\boldsymbol{\beta})+k_2(\boldsymbol{\beta}+\boldsymbol{\gamma})+k_3(\boldsymbol{\gamma}+\boldsymbol{\alpha})=\boldsymbol{0}$$

成立,则

$$(k_1+k_3)\boldsymbol{\alpha}+(k_1+k_2)\boldsymbol{\beta}+(k_2+k_3)\boldsymbol{\gamma}=\boldsymbol{0}$$

由 $\boldsymbol{\alpha},\boldsymbol{\beta},\boldsymbol{\gamma}$ 线性无关,得

$$\begin{cases}k_1+k_3=0\\k_1+k_2=0\\k_2+k_3=0\end{cases}$$

此方程组仅有零解,即 k_1,k_2,k_3 全部为 0,因而向量组 $\boldsymbol{\alpha}+\boldsymbol{\beta},\boldsymbol{\beta}+\boldsymbol{\gamma},\boldsymbol{\gamma}+\boldsymbol{\alpha}$ 线性无关.

2.2.2　线性相关的判定

若记

$$\boldsymbol{\alpha}_1=\begin{pmatrix}a_{11}\\a_{21}\\\vdots\\a_{n1}\end{pmatrix},\quad \boldsymbol{\alpha}_2=\begin{pmatrix}a_{12}\\a_{22}\\\vdots\\a_{n2}\end{pmatrix},\quad \cdots,\quad \boldsymbol{\alpha}_m=\begin{pmatrix}a_{1m}\\a_{2m}\\\vdots\\a_{nm}\end{pmatrix}$$

则式(2.2.1)等价于

$$\begin{cases}a_{11}k_1+a_{12}k_2+\cdots+a_{1m}k_m=0\\a_{21}k_1+a_{22}k_2+\cdots+a_{2m}k_m=0\\\cdots\cdots\\a_{n1}k_1+a_{n2}k_2+\cdots+a_{nm}k_m=0\end{cases}\tag{2.2.2}$$

定理 2.2.1 向量组 $\boldsymbol{A}:\boldsymbol{\alpha}_1,\boldsymbol{\alpha}_2,\cdots,\boldsymbol{\alpha}_m$ 线性相关的充要条件是齐次线性方程组

$$x_1\boldsymbol{\alpha}_1+x_2\boldsymbol{\alpha}_2+\cdots+x_m\boldsymbol{\alpha}_m=\boldsymbol{0}\tag{2.2.3}$$

有非零解;线性无关的充要条件是齐次线性方程组只有零解.

结合第1章推论1.4.1的结论,可以得到:

推论 2.2.1 设矩阵

$$\boldsymbol{A}=(\boldsymbol{\alpha}_1,\boldsymbol{\alpha}_2,\cdots,\boldsymbol{\alpha}_m)=\begin{pmatrix}a_{11}&a_{12}&\cdots&a_{1m}\\a_{21}&a_{22}&\cdots&a_{2m}\\\vdots&\vdots&&\vdots\\a_{n1}&a_{n2}&\cdots&a_{nm}\end{pmatrix}$$

则向量组 $\boldsymbol{A}:\boldsymbol{\alpha}_1,\boldsymbol{\alpha}_2,\cdots,\boldsymbol{\alpha}_m$ 线性相关的充要条件是 $R(\boldsymbol{A})<m$,线性无关的充要条件是 $R(\boldsymbol{A})=m$.

例 2.2.2 证明:n 维单位坐标向量组

$$\boldsymbol{e}_1=\begin{pmatrix}1\\0\\\vdots\\0\end{pmatrix},\quad \boldsymbol{e}_2=\begin{pmatrix}0\\1\\\vdots\\0\end{pmatrix},\quad \cdots,\quad \boldsymbol{e}_n=\begin{pmatrix}0\\0\\\vdots\\1\end{pmatrix}$$

一定线性无关.

证明 n 维单位坐标向量组构成的矩阵

$$\boldsymbol{E}=(\boldsymbol{e}_1,\boldsymbol{e}_2,\cdots,\boldsymbol{e}_n)=\begin{pmatrix}1&0&\cdots&0\\0&1&\cdots&0\\\vdots&\vdots&&\vdots\\0&0&\cdots&1\end{pmatrix}$$

是 n 阶单位矩阵,故 $R(\boldsymbol{E})=n$,即秩等于向量组中向量的个数,故由推论2.2.1知此向量组是线性无关的.

例 2.2.3 已知

$$\boldsymbol{\alpha}_1=\begin{pmatrix}1\\1\\1\end{pmatrix},\quad \boldsymbol{\alpha}_2=\begin{pmatrix}0\\2\\5\end{pmatrix},\quad \boldsymbol{\alpha}_3=\begin{pmatrix}2\\4\\7\end{pmatrix},\quad \boldsymbol{\alpha}_4=\begin{pmatrix}3\\7\\8\end{pmatrix}$$

试讨论向量组 $\boldsymbol{\alpha}_1,\boldsymbol{\alpha}_2,\boldsymbol{\alpha}_3$ 及 $\boldsymbol{\alpha}_1,\boldsymbol{\alpha}_2,\boldsymbol{\alpha}_4$ 的线性相关性.

解

$$(\boldsymbol{\alpha}_1,\boldsymbol{\alpha}_2,\boldsymbol{\alpha}_3,\boldsymbol{\alpha}_4)=\begin{pmatrix}1&0&2&3\\1&2&4&7\\1&5&7&8\end{pmatrix}\xrightarrow[r_3-r_1]{r_2-r_1}\begin{pmatrix}1&0&2&3\\0&2&2&4\\0&5&5&5\end{pmatrix}\xrightarrow{r_3-\frac{5}{2}r_2}\begin{pmatrix}1&0&2&3\\0&2&2&4\\0&0&0&-5\end{pmatrix}$$

可见,$R(\boldsymbol{\alpha}_1,\boldsymbol{\alpha}_2,\boldsymbol{\alpha}_3)=2<3$,故向量组 $\boldsymbol{\alpha}_1,\boldsymbol{\alpha}_2,\boldsymbol{\alpha}_3$ 线性相关,而 $R(\boldsymbol{\alpha}_1,\boldsymbol{\alpha}_2,\boldsymbol{\alpha}_4)=3$,故向量组 $\boldsymbol{\alpha}_1,\boldsymbol{\alpha}_2,\boldsymbol{\alpha}_4$ 线性无关.

推论 2.2.2 当向量组 $\boldsymbol{A}:\boldsymbol{\alpha}_1,\boldsymbol{\alpha}_2,\cdots,\boldsymbol{\alpha}_m$ 中向量的个数 m 大于向量维数 n 时,此向量组一定线性相关.

证明 由 $R(\boldsymbol{A})\leqslant n<m$ 及推论 2.2.1 可知.

例 2.2.3 中的向量组由 4 个 3 维向量组成,所以一定线性相关.

定理 2.2.2 设有两向量组

$$\boldsymbol{A}:\boldsymbol{\alpha}_1,\boldsymbol{\alpha}_2,\cdots,\boldsymbol{\alpha}_s;\quad \boldsymbol{B}:\boldsymbol{\beta}_1,\boldsymbol{\beta}_2,\cdots,\boldsymbol{\beta}_t$$

若向量组 $\boldsymbol{B}$ 能由向量组 $\boldsymbol{A}$ 线性表示,且 $s<t$,则向量组 $\boldsymbol{B}$ 线性相关.

证明 由推论 2.1.3 知,若向量组 $\boldsymbol{B}$ 能由向量组 $\boldsymbol{A}$ 线性表示,$R(\boldsymbol{B})\leqslant R(\boldsymbol{A})$,又 $R(\boldsymbol{A})\leqslant s<t$,则 $R(\boldsymbol{B})<t$,再由推论 2.2.1 知,向量组 $\boldsymbol{B}$ 线性相关.

由定理 2.2.2 容易得到:

推论 2.2.3 若向量组 $\boldsymbol{B}:\boldsymbol{\beta}_1,\boldsymbol{\beta}_2,\cdots,\boldsymbol{\beta}_t$,$\boldsymbol{B}$ 能由向量组 $\boldsymbol{A}:\boldsymbol{\alpha}_1,\boldsymbol{\alpha}_2,\cdots,\boldsymbol{\alpha}_s$ 线性表示,且向量组 $\boldsymbol{B}$ 线性无关,则 $s\geqslant t$.

推论 2.2.4 若向量组 $\boldsymbol{A}:\boldsymbol{\alpha}_1,\boldsymbol{\alpha}_2,\cdots,\boldsymbol{\alpha}_s$ 与 $\boldsymbol{B}:\boldsymbol{\beta}_1,\boldsymbol{\beta}_2,\cdots,\boldsymbol{\beta}_t$ 等价,且 $\boldsymbol{A}$ 与 $\boldsymbol{B}$ 都是线性无关的,则 $s=t$.

2.2.3 线性相关的性质

由定理 2.2.1,容易得出如下的结论:

性质 2.2.1 若向量组的某一个部分向量组线性相关,则此向量组线性相关;若向量组线性无关,则它的任一个部分向量组也线性无关.

证明 设向量组 $\boldsymbol{\alpha}_1,\boldsymbol{\alpha}_2,\cdots,\boldsymbol{\alpha}_n$ 的一个部分向量组为 $\boldsymbol{\alpha}_1,\boldsymbol{\alpha}_2,\cdots,\boldsymbol{\alpha}_m(m<n)$,若 $\boldsymbol{\alpha}_1,\boldsymbol{\alpha}_2,\cdots,\boldsymbol{\alpha}_m$ 线性相关,则存在一组非零解 $k_1,k_2,\cdots,k_m$,使 $k_1\boldsymbol{\alpha}_1+k_2\boldsymbol{\alpha}_2+\cdots+k_m\boldsymbol{\alpha}_m=\boldsymbol{0}$,取 $k_{m+1}=k_{m+2}=\cdots=k_n=0$,则 $k_1\boldsymbol{\alpha}_1+k_2\boldsymbol{\alpha}_2+\cdots+k_n\boldsymbol{\alpha}_n=\boldsymbol{0}$,即向量组 $\boldsymbol{\alpha}_1,\boldsymbol{\alpha}_2,\cdots,\boldsymbol{\alpha}_n$ 线性相关.

性质 2.2.2 若 n 维向量组线性无关,则在每个向量的相同位置增加若干个分量后,得到的新向量组也线性无关;若 n 维向量组线性相关,则在每个向量的相同位置去掉若干个分量后,得到的新向量组也线性相关.

性质 2.2.3 向量组 $\boldsymbol{A}:\boldsymbol{\alpha}_1,\boldsymbol{\alpha}_2,\cdots,\boldsymbol{\alpha}_m$ 线性相关的充要条件是向量组 $\boldsymbol{A}$ 中至少有一个向量可由其余 $m-1$ 个向量线性表示.

证明 (必要性)设向量组 $\boldsymbol{A}:\boldsymbol{\alpha}_1,\boldsymbol{\alpha}_2,\cdots,\boldsymbol{\alpha}_m$ 线性相关,则存在不全为零的数 $k_1,k_2,\cdots,k_m$,使得

$$k_1\boldsymbol{\alpha}_1+k_2\boldsymbol{\alpha}_2+\cdots+k_m\boldsymbol{\alpha}_m=\boldsymbol{0}$$

不妨设 $k_1\neq0$,有

$$\boldsymbol{\alpha}_1=-\frac{k_2}{k_1}\boldsymbol{\alpha}_2-\frac{k_3}{k_1}\boldsymbol{\alpha}_3-\cdots-\frac{k_m}{k_1}\boldsymbol{\alpha}_m$$

即 $\boldsymbol{\alpha}_1$ 可由 $\boldsymbol{\alpha}_2,\cdots,\boldsymbol{\alpha}_m$ 线性表示.

（充分性）已知向量组 $\boldsymbol{A}$ 中至少有一个向量可由其余 $m-1$ 个向量线性表示，不妨设 $\boldsymbol{\alpha}_1$ 可由 $\boldsymbol{\alpha}_2,\cdots,\boldsymbol{\alpha}_m$ 线性表示.即存在 $k_2,k_3,\cdots,k_m$ 使得

$$\boldsymbol{\alpha}_1=k_2\boldsymbol{\alpha}_2+k_3\boldsymbol{\alpha}_3+\cdots+k_m\boldsymbol{\alpha}_m$$

从而有

$$\boldsymbol{\alpha}_1-k_2\boldsymbol{\alpha}_2-k_3\boldsymbol{\alpha}_3-\cdots-k_m\boldsymbol{\alpha}_m=\boldsymbol{0}$$

注意到 $k_1=1\neq0$，即向量组 $\boldsymbol{A}:\boldsymbol{\alpha}_1,\boldsymbol{\alpha}_2,\cdots,\boldsymbol{\alpha}_m$ 线性相关.

性质 2.2.4 设向量组 $\boldsymbol{A}:\boldsymbol{\alpha}_1,\boldsymbol{\alpha}_2,\cdots,\boldsymbol{\alpha}_s$ 线性无关，而向量组 $\boldsymbol{B}:\boldsymbol{\alpha}_1,\boldsymbol{\alpha}_2,\cdots,\boldsymbol{\alpha}_s,\boldsymbol{\beta}$ 线性相关，则向量 $\boldsymbol{\beta}$ 可由向量组 $\boldsymbol{A}$ 线性表示，且表示式唯一.

分析 证明方程组 $x_1\boldsymbol{\alpha}_1+x_2\boldsymbol{\alpha}_2+\cdots+x_s\boldsymbol{\alpha}_s=\boldsymbol{\beta}$ 有唯一解即可.

证明 记矩阵

$$\boldsymbol{A}=(\boldsymbol{\alpha}_1,\boldsymbol{\alpha}_2,\cdots,\boldsymbol{\alpha}_s),\quad \boldsymbol{B}=(\boldsymbol{\alpha}_1,\boldsymbol{\alpha}_2,\cdots,\boldsymbol{\alpha}_s,\boldsymbol{\beta})$$

因向量组 $\boldsymbol{A}:\boldsymbol{\alpha}_1,\boldsymbol{\alpha}_2,\cdots,\boldsymbol{\alpha}_s$ 线性无关，向量组 $\boldsymbol{B}:\boldsymbol{\alpha}_1,\boldsymbol{\alpha}_2,\cdots,\boldsymbol{\alpha}_s,\boldsymbol{\beta}$ 线性相关，由推论 2.2.1 知

$$R(\boldsymbol{A})=s,\quad R(\boldsymbol{B})<s+1$$

又因为 $R(\boldsymbol{A})\leqslant R(\boldsymbol{B})$，则 $R(\boldsymbol{A})=R(\boldsymbol{B})=s$，由线性方程组有解判别定理，方程组

$$x_1\boldsymbol{\alpha}_1+x_2\boldsymbol{\alpha}_2+\cdots+x_s\boldsymbol{\alpha}_s=\boldsymbol{\beta}$$

有唯一解.即向量 $\boldsymbol{\beta}$ 可由向量组 $\boldsymbol{A}$ 线性表示，且表示式唯一.

例 2.2.4 用观察法判定下列向量组是否线性相关：

(1) $\begin{pmatrix}2\\0\\0\end{pmatrix},\begin{pmatrix}0\\3\\0\end{pmatrix},\begin{pmatrix}4\\5\\6\end{pmatrix}$；(2) $\begin{pmatrix}1\\2\\-3\end{pmatrix},\begin{pmatrix}0\\0\\0\end{pmatrix},\begin{pmatrix}-4\\7\\1\end{pmatrix}$；(3) $\begin{pmatrix}1\\2\\3\end{pmatrix},\begin{pmatrix}2\\4\\6\end{pmatrix},\begin{pmatrix}1\\1\\1\end{pmatrix}$；

(4) $\begin{pmatrix}1\\7\\6\end{pmatrix},\begin{pmatrix}2\\0\\9\end{pmatrix},\begin{pmatrix}3\\1\\5\end{pmatrix},\begin{pmatrix}4\\1\\4\end{pmatrix}$；(5) $\begin{pmatrix}1\\2\\0\\0\end{pmatrix},\begin{pmatrix}0\\1\\1\\0\end{pmatrix},\begin{pmatrix}0\\3\\0\\1\end{pmatrix}$.

解 (1) $R\begin{pmatrix}2&0&4\\0&3&5\\0&0&6\end{pmatrix}=3$，由推论 2.2.1 知，向量组线性无关；

(2) 含有零向量的向量组都线性相关；

(3) 部分组 $\begin{pmatrix}1\\2\\3\end{pmatrix},\begin{pmatrix}2\\4\\6\end{pmatrix}$ 线性相关，由性质 2.2.1 知，向量组线性相关；

(4) 由推论 2.2.2 知，4 个 3 维向量一定线性相关；

(5) $\begin{pmatrix}1\\0\\0\end{pmatrix},\begin{pmatrix}0\\1\\0\end{pmatrix},\begin{pmatrix}0\\0\\1\end{pmatrix}$ 线性无关，根据性质 2.2.2，增加第 2 个分量后，向量组仍线性无关.

例 2.2.5 设向量组 $\boldsymbol{\alpha}_1,\boldsymbol{\alpha}_2,\boldsymbol{\alpha}_3$ 线性相关，向量组 $\boldsymbol{\alpha}_2,\boldsymbol{\alpha}_3,\boldsymbol{\alpha}_4$ 线性无关，证明：

(1) $\boldsymbol{\alpha}_1$ 能由 $\boldsymbol{\alpha}_2,\boldsymbol{\alpha}_3$ 线性表示；

(2) $\boldsymbol{\alpha}_4$ 不能由 $\boldsymbol{\alpha}_1,\boldsymbol{\alpha}_2,\boldsymbol{\alpha}_3$ 线性表示.

证明 (1) 因 $\boldsymbol{\alpha}_2,\boldsymbol{\alpha}_3,\boldsymbol{\alpha}_4$ 线性无关,故 $\boldsymbol{\alpha}_2,\boldsymbol{\alpha}_3$ 线性无关,而 $\boldsymbol{\alpha}_1,\boldsymbol{\alpha}_2,\boldsymbol{\alpha}_3$ 线性相关,从而 $\boldsymbol{\alpha}_1$ 能由 $\boldsymbol{\alpha}_2,\boldsymbol{\alpha}_3$ 线性表示.

(2) 用反证法. 假设 $\boldsymbol{\alpha}_4$ 能由 $\boldsymbol{\alpha}_1,\boldsymbol{\alpha}_2,\boldsymbol{\alpha}_3$ 线性表示,而由(1)知 $\boldsymbol{\alpha}_1$ 能由 $\boldsymbol{\alpha}_2,\boldsymbol{\alpha}_3$ 线性表示,因此 $\boldsymbol{\alpha}_4$ 能由 $\boldsymbol{\alpha}_2,\boldsymbol{\alpha}_3$ 表示,这与 $\boldsymbol{\alpha}_2,\boldsymbol{\alpha}_3,\boldsymbol{\alpha}_4$ 线性无关矛盾.

2.3 向量组的秩

2.3.1 向量组的极大无关组

定义 2.3.1 若向量组 $\boldsymbol{A}$ 的一个部分组$\boldsymbol{\alpha}_1,\boldsymbol{\alpha}_2,\cdots,\boldsymbol{\alpha}_r$ 满足:

(1) 向量 $\boldsymbol{\alpha}_1,\boldsymbol{\alpha}_2,\cdots,\boldsymbol{\alpha}_r$ 线性无关;

(2) 向量组 $\boldsymbol{A}$ 中任意一个向量都可由$\boldsymbol{\alpha}_1,\boldsymbol{\alpha}_2,\cdots,\boldsymbol{\alpha}_r$ 线性表示.

则称部分组 $\boldsymbol{\alpha}_1,\boldsymbol{\alpha}_2,\cdots,\boldsymbol{\alpha}_r$ 是向量组$\boldsymbol{A}$ 的一个**极(最)大线性无关组,简称极(最)大无关组**.

注 向量组的极大无关组还有另外一种常用的等价定义,即将条件(2)替换为向量组 $\boldsymbol{A}$ 中任意 $r+1$ 个向量(如果 $\boldsymbol{A}$ 中有 $r+1$ 个向量的话)都线性相关.

例 2.3.1 求向量组

$$\boldsymbol{\alpha}_1=\begin{pmatrix}1\\-1\\2\\1\end{pmatrix},\quad \boldsymbol{\alpha}_2=\begin{pmatrix}2\\2\\1\\-1\end{pmatrix},\quad \boldsymbol{\alpha}_3=\begin{pmatrix}3\\1\\3\\0\end{pmatrix}$$

的一个极大无关组.

解 显然 $\boldsymbol{\alpha}_1,\boldsymbol{\alpha}_2$ 线性无关,并且 $\boldsymbol{\alpha}_3=\boldsymbol{\alpha}_1+\boldsymbol{\alpha}_2$,所以 $\boldsymbol{\alpha}_1,\boldsymbol{\alpha}_2$ 是向量组 $\boldsymbol{\alpha}_1,\boldsymbol{\alpha}_2,\boldsymbol{\alpha}_3$ 的一个极大无关组.类似地,我们也可以证明 $\boldsymbol{\alpha}_1,\boldsymbol{\alpha}_3$ 或 $\boldsymbol{\alpha}_2,\boldsymbol{\alpha}_3$ 也是向量组 $\boldsymbol{\alpha}_1,\boldsymbol{\alpha}_2,\boldsymbol{\alpha}_3$ 的一个极大无关组.

由定义及例 2.3.1 可知:

注 (1) 向量组的极大无关组一般不是唯一的;

(2) 线性无关的向量组的极大无关组是其本身;

(3) 任一向量组和它的极大无关组等价,任一向量组的两个极大无关组等价.

我们知道初等行变换不改变线性方程组的解,即如果

$$(\boldsymbol{\alpha}_1,\boldsymbol{\alpha}_2,\cdots,\boldsymbol{\alpha}_n)\xrightarrow{\text{行}}(\boldsymbol{\beta}_1,\boldsymbol{\beta}_2,\cdots,\boldsymbol{\beta}_n)\quad(\text{行最简形})$$

则齐次线性方程组

$$x_1\boldsymbol{\alpha}_1+x_2\boldsymbol{\alpha}_2+\cdots+x_n\boldsymbol{\alpha}_n=\mathbf{0}$$

与

$$x_1\boldsymbol{\beta}_1+x_2\boldsymbol{\beta}_2+\cdots+x_n\boldsymbol{\beta}_n=\mathbf{0}$$

具有相同的解.换言之,若存在一组数 $k_1,k_2,\cdots,k_n$,使得

$$k_1\boldsymbol{\beta}_1+k_2\boldsymbol{\beta}_2+\cdots+k_n\boldsymbol{\beta}_n=\mathbf{0}$$

则

$$k_1\boldsymbol{\alpha}_1+k_2\boldsymbol{\alpha}_2+\cdots+k_n\boldsymbol{\alpha}_n=\mathbf{0}$$

这为我们提供了求极大无关组的一般方法.

例 2.3.2 设向量组

$$\boldsymbol{\alpha}_1=\begin{pmatrix}2\\1\\4\\3\end{pmatrix},\ \boldsymbol{\alpha}_2=\begin{pmatrix}-1\\1\\-6\\6\end{pmatrix},\ \boldsymbol{\alpha}_3=\begin{pmatrix}-1\\-2\\2\\-9\end{pmatrix},\ \boldsymbol{\alpha}_4=\begin{pmatrix}1\\1\\-2\\7\end{pmatrix},\ \boldsymbol{\alpha}_5=\begin{pmatrix}2\\4\\4\\9\end{pmatrix}$$

求它的一个极大无关组,并用它表示其余向量.

解 令 $\boldsymbol{A}=(\boldsymbol{\alpha}_1,\boldsymbol{\alpha}_2,\boldsymbol{\alpha}_3,\boldsymbol{\alpha}_4,\boldsymbol{\alpha}_5)$,对 $\boldsymbol{A}$ 作初等行变换,化为行最简形得

$$\boldsymbol{A}=\begin{pmatrix}2&-1&-1&1&2\\1&1&-2&1&4\\4&-6&2&-2&4\\3&6&-9&7&9\end{pmatrix}\xrightarrow{\text{参见第 1.4.2 节}}\begin{pmatrix}1&0&-1&0&4\\0&1&-1&0&3\\0&0&0&1&-3\\0&0&0&0&0\end{pmatrix}=(\boldsymbol{\beta}_1,\boldsymbol{\beta}_2,\boldsymbol{\beta}_3,\boldsymbol{\beta}_4,\boldsymbol{\beta}_5)$$

观察发现,$\boldsymbol{\beta}_1,\boldsymbol{\beta}_2,\boldsymbol{\beta}_4$ 线性无关,且

$$\boldsymbol{\beta}_5=4\boldsymbol{\beta}_1+3\boldsymbol{\beta}_2-3\boldsymbol{\beta}_4,\quad \boldsymbol{\beta}_3=-\boldsymbol{\beta}_1-\boldsymbol{\beta}_2$$

则 $\boldsymbol{\alpha}_1,\boldsymbol{\alpha}_2,\boldsymbol{\alpha}_4$ 也线性无关,且

$$\boldsymbol{\alpha}_5=4\boldsymbol{\alpha}_1+3\boldsymbol{\alpha}_2-3\boldsymbol{\alpha}_4,\quad \boldsymbol{\alpha}_3=-\boldsymbol{\alpha}_1-\boldsymbol{\alpha}_2$$

即 $\boldsymbol{\alpha}_1,\boldsymbol{\alpha}_2,\boldsymbol{\alpha}_4$ 是一个极大无关组.

注 容易验证,行阶梯形中非零首元所在的列一定是向量组的一个极大无关组.在本题中,还可以选取 $\boldsymbol{\alpha}_1,\boldsymbol{\alpha}_3,\boldsymbol{\alpha}_4$ 或 $\boldsymbol{\alpha}_1,\boldsymbol{\alpha}_2,\boldsymbol{\alpha}_5$ 或 $\boldsymbol{\alpha}_1,\boldsymbol{\alpha}_3,\boldsymbol{\alpha}_5$ 作为极大无关组.

2.3.2 向量组的秩及其性质

从例 2.3.1 和例 2.3.2 的讨论可知,虽然向量组的极大无关组不是唯一的,但不同极大无关组含有向量的个数却是相同的.这并非一种巧合,事实上,由上节的推论 2.2.4 可知:若向量组 $\boldsymbol{A}$ 与 $\boldsymbol{B}$ 等价,且 $\boldsymbol{A}$ 与 $\boldsymbol{B}$ 都是线性无关的,则 $s=t$.即任一向量组的两个极大无关组含有的向量个数相同.

定义 2.3.2 向量组 $\boldsymbol{A}:\boldsymbol{\alpha}_1,\boldsymbol{\alpha}_2,\cdots,\boldsymbol{\alpha}_n$ 的任一极大无关组含有向量的个数称为向量组 $\boldsymbol{A}$ 的**秩**,记作 $R(\boldsymbol{\alpha}_1,\boldsymbol{\alpha}_2,\cdots,\boldsymbol{\alpha}_n)$或 $R(\boldsymbol{A})$.

在例 2.3.1 中,$R(\boldsymbol{\alpha}_1,\boldsymbol{\alpha}_2,\boldsymbol{\alpha}_3)=2$,在例 2.3.2 中,$R(\boldsymbol{\alpha}_1,\boldsymbol{\alpha}_2,\boldsymbol{\alpha}_3,\boldsymbol{\alpha}_4,\boldsymbol{\alpha}_5)=3$.

定理 2.3.1 矩阵 $\boldsymbol{A}$ 的秩等于它的列向量组的秩,也等于它的行向量组的秩.

证明 先证明矩阵的秩等于其列向量组的秩.

矩阵的秩等于其行阶梯形或行最简形中非零行或非零首元的个数,又因为行阶梯形中非零首元所在的列一定是矩阵列向量组的一个极大无关组,即非零首元的个数也是矩阵列向量组的秩,所以矩阵 $\boldsymbol{A}$ 的秩等于它的列向量组的秩.

由 $R(\boldsymbol{A})=R(\boldsymbol{A}^{\mathrm{T}})$及 $\boldsymbol{A}^{\mathrm{T}}$ 的列向量组为 $\boldsymbol{A}$ 的行向量组可知,矩阵 $\boldsymbol{A}$ 的秩也等于 $\boldsymbol{A}$ 的行向量组的秩.

推论 2.3.1 矩阵 $\boldsymbol{A}$ 的列向量组和行向量组的秩相等.

例 2.3.3 求向量组

$$\boldsymbol{\alpha}_1=\begin{pmatrix}1\\1\\c\end{pmatrix},\quad \boldsymbol{\alpha}_2=\begin{pmatrix}b\\2b\\1\end{pmatrix},\quad \boldsymbol{\alpha}_3=\begin{pmatrix}1\\1\\1\end{pmatrix},\quad \boldsymbol{\alpha}_4=\begin{pmatrix}3\\4\\4\end{pmatrix}$$

的秩和一个极大无关组.

解

$$\boldsymbol{A}=(\boldsymbol{\alpha}_1,\boldsymbol{\alpha}_2,\boldsymbol{\alpha}_3,\boldsymbol{\alpha}_4)=\begin{pmatrix}1&b&1&3\\1&2b&1&4\\c&1&1&4\end{pmatrix}\longrightarrow\begin{pmatrix}1&b&1&3\\0&b&0&1\\0&1-bc&1-c&4-3c\end{pmatrix}$$

$$\longrightarrow\begin{pmatrix}1&0&1&2\\0&b&0&1\\0&1-bc&1-c&4-3c\end{pmatrix}\longrightarrow\begin{pmatrix}1&0&1&2\\0&b&0&1\\0&1&1-c&4-2c\end{pmatrix}$$

$$\longrightarrow\begin{pmatrix}1&0&1&2\\0&1&1-c&4-2c\\0&b&0&1\end{pmatrix}\longrightarrow\begin{pmatrix}1&0&1&2\\0&1&1-c&4-2c\\0&0&-b(1-c)&1-b(4-2c)\end{pmatrix}$$

(1) 当 $b(1-c)\neq0$ 即 $b\neq0$ 且 $c\neq1$ 时，$R(\boldsymbol{A})=3$，故向量组的秩为 3，且 $\boldsymbol{\alpha}_1,\boldsymbol{\alpha}_2,\boldsymbol{\alpha}_3$ 是一个极大无关组；

(2) 当 $\begin{cases}b(1-c)=0\\1-b(4-2c)\neq0\end{cases}$ 即 $b=0$ 或 $c=1$ 且 $b\neq\dfrac{1}{2}$ 时，$R(\boldsymbol{A})=3$，故向量组的秩为 3，且 $\boldsymbol{\alpha}_1,\boldsymbol{\alpha}_2,\boldsymbol{\alpha}_4$ 是一个极大无关组.

(3) 当 $\begin{cases}b(1-c)=0\\1-b(4-2c)=0\end{cases}$ 即 $c=1$ 且 $b=\dfrac{1}{2}$ 时，$R(\boldsymbol{A})=2$，故向量组的秩为 2，且 $\boldsymbol{\alpha}_1,\boldsymbol{\alpha}_2$ 是一个极大无关组.

注 (1) 在含有参数的初等行变换的过程中，不能随意将参数放在分母的位置上进行运算.

(2) 在化为行阶梯形后，一般先讨论含有参数的首元是否为 0，如在本例中的 $-b(1-c)$，当 $-b(1-c)\neq0$ 时，不需要考虑 $1-b(4-2c)$ 是否为 0 的情形.

最后，我们将 2.1，2.2 节中出现的，使用矩阵(向量组)“秩的语言”来刻画的向量及向量组之间的三种关系及其充要条件概括如下：

(1) 向量与向量组之间

向量 $\boldsymbol{\beta}$ 能被向量组 $\boldsymbol{\alpha}_1,\boldsymbol{\alpha}_2,\cdots,\boldsymbol{\alpha}_s$ 线性表示 $\Leftrightarrow R(\boldsymbol{\alpha}_1,\boldsymbol{\alpha}_2,\cdots,\boldsymbol{\alpha}_s)=R(\boldsymbol{\alpha}_1,\boldsymbol{\alpha}_2,\cdots,\boldsymbol{\alpha}_s,\boldsymbol{\beta})$.

(2) 向量组与向量组之间

向量组 $\boldsymbol{B}:\boldsymbol{\beta}_1,\boldsymbol{\beta}_2,\cdots,\boldsymbol{\beta}_t$ 能被向量组 $\boldsymbol{A}:\boldsymbol{\alpha}_1,\boldsymbol{\alpha}_2,\cdots,\boldsymbol{\alpha}_s$ 线性表示 $\Leftrightarrow R(\boldsymbol{A})=R(\boldsymbol{A},\boldsymbol{B})$；

向量组 $\boldsymbol{A}:\boldsymbol{\alpha}_1,\boldsymbol{\alpha}_2,\cdots,\boldsymbol{\alpha}_s$ 与向量组 $\boldsymbol{B}:\boldsymbol{\beta}_1,\boldsymbol{\beta}_2,\cdots,\boldsymbol{\beta}_t$ 等价 $\Leftrightarrow R(\boldsymbol{A})=R(\boldsymbol{B})=R(\boldsymbol{A},\boldsymbol{B})$.

(3) 向量组内部

向量组 $\boldsymbol{A}:\boldsymbol{\alpha}_1,\boldsymbol{\alpha}_2,\cdots,\boldsymbol{\alpha}_s$ 线性相关 $\Leftrightarrow R(\boldsymbol{A})<s$；

向量组 $\boldsymbol{A}:\boldsymbol{\alpha}_1,\boldsymbol{\alpha}_2,\cdots,\boldsymbol{\alpha}_s$ 线性无关 $\Leftrightarrow R(\boldsymbol{A})=s$.

2.4 线性方程组解的结构

在学习完向量及向量组的相关理论之后，我们再回到解线性方程组这个核心问题上来，本节着重讨论线性方程组有无穷多解时通解的结构.

2.4.1 齐次线性方程组解的结构

考虑 n 元齐次线性方程组：

$$\begin{cases} a_{11}x_1 + a_{12}x_2 + \cdots + a_{1n}x_n = 0 \\ a_{21}x_1 + a_{22}x_2 + \cdots + a_{2n}x_n = 0 \\ \cdots\cdots \\ a_{m1}x_1 + a_{m2}x_2 + \cdots + a_{mn}x_n = 0 \end{cases} \tag{2.4.1}$$

若记

$$\boldsymbol{A} = \begin{pmatrix} a_{11} & a_{12} & \cdots & a_{1n} \\ a_{21} & a_{22} & \cdots & a_{2n} \\ \vdots & \vdots & & \vdots \\ a_{m1} & a_{m2} & \cdots & a_{mn} \end{pmatrix}, \quad \boldsymbol{x} = \begin{pmatrix} x_1 \\ x_2 \\ \vdots \\ x_n \end{pmatrix}$$

则方程组(2.4.1)可以改写为

$$\boldsymbol{Ax} = \boldsymbol{0} \tag{2.4.2}$$

称矩阵方程(2.4.2)的解 $\boldsymbol{x} = \begin{pmatrix} x_1 \\ x_2 \\ \vdots \\ x_n \end{pmatrix}$ 为方程组(2.4.1)的解向量.

性质 2.4.1 若 $\boldsymbol{\xi}_1, \boldsymbol{\xi}_2$ 为 $\boldsymbol{Ax}=\boldsymbol{0}$ 的解，则 $\boldsymbol{\xi}_1+\boldsymbol{\xi}_2$ 也是 $\boldsymbol{Ax}=\boldsymbol{0}$ 的解.

证明 由 $\boldsymbol{A\xi}_1=\boldsymbol{0}, \boldsymbol{A\xi}_2=\boldsymbol{0}$ 得，$\boldsymbol{A}(\boldsymbol{\xi}_1+\boldsymbol{\xi}_2)=\boldsymbol{A\xi}_1+\boldsymbol{A\xi}_2=\boldsymbol{0}$，即 $\boldsymbol{\xi}_1+\boldsymbol{\xi}_2$ 是方程组的解.

性质 2.4.2 若 $\boldsymbol{\xi}$ 为 $\boldsymbol{Ax}=\boldsymbol{0}$ 的解，k 为实数，则 $k\boldsymbol{\xi}$ 也是 $\boldsymbol{Ax}=\boldsymbol{0}$ 的解.

证明 由 $\boldsymbol{A\xi}=\boldsymbol{0}$ 得，$\boldsymbol{A}(k\boldsymbol{\xi})=k\boldsymbol{A\xi}=\boldsymbol{0}$，即 $k\boldsymbol{\xi}$ 是方程组的解.

由性质 2.4.1 和 2.4.2 可得：

性质 2.4.3 设 $\boldsymbol{\xi}_1, \boldsymbol{\xi}_2, \cdots, \boldsymbol{\xi}_s$ 是 $\boldsymbol{Ax}=\boldsymbol{0}$ 的 s 个解向量，则对任意的常数 $c_1, c_2, \cdots, c_s$，向量

$$c_1\boldsymbol{\xi}_1 + c_2\boldsymbol{\xi}_2 + \cdots + c_s\boldsymbol{\xi}_s$$

也是 $\boldsymbol{Ax}=\boldsymbol{0}$ 的解.

由上述三条性质可知，齐次线性方程组若有非零解，则它就有无穷多个解. 这无穷多个解向量构成了一个解向量组，如果我们能够求出解向量组的极大无关组，就能用它的线性组合来表示方程组的全部解.

定义 2.4.1 若 $\boldsymbol{\xi}_1, \boldsymbol{\xi}_2, \cdots, \boldsymbol{\xi}_s$ 是 $\boldsymbol{Ax}=\boldsymbol{0}$ 的 s 个解向量，且满足

(1) $\boldsymbol{\xi}_1, \boldsymbol{\xi}_2, \cdots, \boldsymbol{\xi}_s$ 线性无关；

(2) $\boldsymbol{Ax}=\mathbf{0}$ 的任一解向量都可由 $\boldsymbol{\xi}_1,\boldsymbol{\xi}_2,\cdots,\boldsymbol{\xi}_s$ 线性表示.
则称 $\boldsymbol{\xi}_1,\boldsymbol{\xi}_2,\cdots,\boldsymbol{\xi}_s$ 为 $\boldsymbol{Ax}=\mathbf{0}$ 的一个**基础解系**.

注　由定义可知,方程组 $\boldsymbol{Ax}=\mathbf{0}$ 的一个基础解系即为其解向量组的一个极大无关组,两者间关系见表 2.4.1.由极大无关组的性质可知,基础解系不是唯一的,但它含有解向量的个数是唯一的.

表 2.4.1　基础解系与极大无关组的关系对照表

向量组	齐次方程组 $\boldsymbol{Ax}=\mathbf{0}$ 的所有解向量
极大无关组	基础解系
秩	自由未知量的个数/变量 $\boldsymbol{x}$ 的个数 n 减去 $R(\boldsymbol{A})$

定义 2.4.2　若 $\boldsymbol{\xi}_1,\boldsymbol{\xi}_2,\cdots,\boldsymbol{\xi}_s$ 是齐次线性方程组 $\boldsymbol{Ax}=\mathbf{0}$ 的一个基础解系,则 $\boldsymbol{Ax}=\mathbf{0}$ 的全部解可表示为

$$c_1\boldsymbol{\xi}_1+c_2\boldsymbol{\xi}_2+\cdots+c_s\boldsymbol{\xi}_s$$

称为齐次线性方程组的**通解**,其中 $c_1,c_2,\cdots,c_s$ 为任意常数.

例 2.4.1　已知 $\boldsymbol{\eta}_1,\boldsymbol{\eta}_2,\boldsymbol{\eta}_3$ 是齐次线性方程组 $\boldsymbol{Ax}=\mathbf{0}$ 的一个基础解系,证明

$$\boldsymbol{\eta}_1,\quad \boldsymbol{\eta}_1+\boldsymbol{\eta}_2,\quad \boldsymbol{\eta}_1+\boldsymbol{\eta}_2+\boldsymbol{\eta}_3$$

也是齐次线性方程组 $\boldsymbol{Ax}=\mathbf{0}$ 的一个基础解系.

证明　由性质 2.4.1 可知,

$$\boldsymbol{\eta}_1,\quad \boldsymbol{\eta}_1+\boldsymbol{\eta}_2,\quad \boldsymbol{\eta}_1+\boldsymbol{\eta}_2+\boldsymbol{\eta}_3$$

都是 $\boldsymbol{Ax}=\mathbf{0}$ 的解;由于 $\boldsymbol{Ax}=\mathbf{0}$ 的基础解系中一定只含有 3 个解向量,因此只要证明 $\boldsymbol{\eta}_1,\boldsymbol{\eta}_1+\boldsymbol{\eta}_2,\boldsymbol{\eta}_1+\boldsymbol{\eta}_2+\boldsymbol{\eta}_3$ 线性无关即可.

设存在数 k_1,k_2,k_3 使

$$k_1\boldsymbol{\eta}_1+k_2(\boldsymbol{\eta}_1+\boldsymbol{\eta}_2)+k_3(\boldsymbol{\eta}_1+\boldsymbol{\eta}_2+\boldsymbol{\eta}_3)=\mathbf{0}$$

成立,即

$$(k_1+k_2+k_3)\boldsymbol{\eta}_1+(k_2+k_3)\boldsymbol{\eta}_2+k_3\boldsymbol{\eta}_3=\mathbf{0}$$

已知 $\boldsymbol{\eta}_1,\boldsymbol{\eta}_2,\boldsymbol{\eta}_3$ 是齐次线性方程组 $\boldsymbol{Ax}=\mathbf{0}$ 的一个基础解系,所以 $\boldsymbol{\eta}_1,\boldsymbol{\eta}_2,\boldsymbol{\eta}_3$ 线性无关,则

$$\begin{cases} k_1+k_2+k_3=0 \\ \qquad k_2+k_3=0 \\ \qquad\qquad k_3=0 \end{cases}$$

解得 $k_1=k_2=k_3=0$,所以 $\boldsymbol{\eta}_1,\boldsymbol{\eta}_1+\boldsymbol{\eta}_2,\boldsymbol{\eta}_1+\boldsymbol{\eta}_2+\boldsymbol{\eta}_3$ 线性无关,即 $\boldsymbol{\eta}_1,\boldsymbol{\eta}_1+\boldsymbol{\eta}_2,\boldsymbol{\eta}_1+\boldsymbol{\eta}_2+\boldsymbol{\eta}_3$ 也是齐次线性方程组 $\boldsymbol{Ax}=\mathbf{0}$ 的一个基础解系.

定理 2.4.1　如果齐次线性 $\boldsymbol{Ax}=\mathbf{0}$ 的系数矩阵 $\boldsymbol{A}$ 的秩 $R(\boldsymbol{A})=r<n$,则其基础解系一定存在,且每个基础解系中含有 $n-r$ 个解.

证明　因为 $R(\boldsymbol{A})=r<n$,对系数矩阵 $\boldsymbol{A}$ 施以初等行变换,可化为如下形式:

$$\boldsymbol{A}\xrightarrow{\text{行变换}}\begin{pmatrix} 1 & & & b_{1,r+1} & \cdots & b_{1n} \\ & \ddots & & \cdots & \cdots & \cdots \\ & & 1 & b_{r,r+1} & \cdots & b_{rn} \\ 0 & \cdots & 0 & 0 & \cdots & 0 \\ \vdots & & \vdots & \vdots & & \vdots \\ \vdots & & \vdots & \vdots & & \vdots \\ 0 & \cdots & 0 & 0 & \cdots & 0 \end{pmatrix}$$

对应的方程组为

$$\begin{cases} x_1 = -b_{1,r+1}x_{r+1} - \cdots - b_{1n}x_n \\ x_2 = -b_{2,r+1}x_{r+1} - \cdots - b_{2n}x_n \\ \cdots\cdots \\ x_r = -b_{r,r+1}x_{r+1} - \cdots - b_{rn}x_n \end{cases} \tag{2.4.3}$$

其中 $x_{r+1},\cdots,x_n$ 为自由未知量，令

$$\begin{pmatrix} x_{r+1} \\ \vdots \\ x_n \end{pmatrix} \text{分别为} \underbrace{\begin{pmatrix} 1 \\ 0 \\ \vdots \\ 0 \end{pmatrix}, \begin{pmatrix} 0 \\ 1 \\ \vdots \\ 0 \end{pmatrix}, \cdots, \begin{pmatrix} 0 \\ 0 \\ \vdots \\ 1 \end{pmatrix}}_{n-r\text{项}}$$

代入方程组(2.4.3)可得齐次线性方程组的 $n-r$ 个解：

$$\boldsymbol{\xi}_1 = \begin{pmatrix} -b_{1,r+1} \\ -b_{2,r+1} \\ \vdots \\ -b_{r,r+1} \\ 1 \\ 0 \\ \vdots \\ 0 \end{pmatrix}, \quad \boldsymbol{\xi}_2 = \begin{pmatrix} -b_{1,r+2} \\ -b_{2,r+2} \\ \vdots \\ -b_{r,r+2} \\ 0 \\ 1 \\ \vdots \\ 0 \end{pmatrix}, \quad \cdots, \quad \boldsymbol{\xi}_{n-r} = \begin{pmatrix} -b_{1,n} \\ -b_{2,n} \\ \vdots \\ -b_{r,n} \\ 0 \\ 0 \\ \vdots \\ 1 \end{pmatrix}$$

下面证明 $\boldsymbol{\xi}_1,\boldsymbol{\xi}_2,\cdots,\boldsymbol{\xi}_{n-r}$是齐次线性方程组的一个基础解系，首先证明 $\boldsymbol{\xi}_1,\boldsymbol{\xi}_2,\cdots,\boldsymbol{\xi}_{n-r}$线性无关.因为向量组

$$\begin{pmatrix} 1 \\ 0 \\ \vdots \\ 0 \end{pmatrix}, \quad \begin{pmatrix} 0 \\ 1 \\ \vdots \\ 0 \end{pmatrix}, \quad \cdots, \quad \begin{pmatrix} 0 \\ 0 \\ \vdots \\ 1 \end{pmatrix}$$

线性无关，则由本章性质 2.2.2 知，$\boldsymbol{\xi}_1,\boldsymbol{\xi}_2,\cdots,\boldsymbol{\xi}_{n-r}$线性无关.

再证齐次线性方程组的任意一个解

$$\boldsymbol{\xi} = \begin{pmatrix} d_1 \\ d_2 \\ \vdots \\ d_n \end{pmatrix}$$

都可由向量组 $\boldsymbol{\xi}_1,\boldsymbol{\xi}_2,\cdots,\boldsymbol{\xi}_{n-r}$线性表示.因为

$$\begin{cases} d_1 = -b_{1,r+1}d_{r+1} - \cdots - b_{1n}d_n \\ d_2 = -b_{2,r+1}d_{r+1} - \cdots - b_{2n}d_n \\ \cdots\cdots \\ d_r = -b_{r,r+1}d_{r+1} - \cdots - b_{rn}d_n \end{cases}$$

所以

$$\boldsymbol{\xi}=\begin{pmatrix}d_1\\d_2\\\vdots\\d_n\end{pmatrix}=d_{r+1}\begin{pmatrix}-b_{1,r+1}\\-b_{2,r+1}\\\vdots\\-b_{r,r+1}\\1\\0\\\vdots\\0\end{pmatrix}+d_{r+2}\begin{pmatrix}-b_{1,r+2}\\-b_{2,r+2}\\\vdots\\-b_{r,r+2}\\0\\1\\\vdots\\0\end{pmatrix}+\cdots+d_n\begin{pmatrix}-b_{1n}\\-b_{2n}\\\vdots\\-b_{rn}\\0\\0\\\vdots\\1\end{pmatrix}$$

$$=d_{r+1}\boldsymbol{\xi}_1+d_{r+2}\boldsymbol{\xi}_2+\cdots+d_n\boldsymbol{\xi}_{n-r}$$

即 $\boldsymbol{\xi}$ 是 $\boldsymbol{\xi}_1,\boldsymbol{\xi}_2,\cdots,\boldsymbol{\xi}_{n-r}$ 的线性组合,所以 $\boldsymbol{\xi}_1,\boldsymbol{\xi}_2,\cdots,\boldsymbol{\xi}_{n-r}$ 是齐次线性方程组的一个基础解系,因此齐次线性方程组的全部解为

$$\boldsymbol{\xi}=c_1\boldsymbol{\xi}_1+c_2\boldsymbol{\xi}_2+\cdots+c_{n-r}\boldsymbol{\xi}_{n-r}$$

式中 $c_1,c_2,\cdots,c_{n-r}$ 为任意常数.

注 定理 2.4.1 的证明过程实际上已经给出了求解齐次线性方程组基础解系的方法.

例 2.4.2 求齐次线性方程组

$$\begin{cases}x_1+x_2-x_3-x_4=0\\2x_1-5x_2+3x_3+2x_4=0\\7x_1-7x_2+3x_3+x_4=0\end{cases}$$

的基础解系和通解.

解

$$\boldsymbol{A}=\begin{pmatrix}1&1&-1&-1\\2&-5&3&2\\7&-7&3&1\end{pmatrix}\longrightarrow\begin{pmatrix}1&1&-1&-1\\0&-7&5&4\\0&-14&10&8\end{pmatrix}\longrightarrow\begin{pmatrix}1&1&-1&-1\\0&-7&5&4\\0&0&0&0\end{pmatrix}$$

$$\longrightarrow\begin{pmatrix}1&1&-1&-1\\0&1&-\frac{5}{7}&-\frac{4}{7}\\0&0&0&0\end{pmatrix}\longrightarrow\begin{pmatrix}1&0&-\frac{2}{7}&-\frac{3}{7}\\0&1&-\frac{5}{7}&-\frac{4}{7}\\0&0&0&0\end{pmatrix}$$

对应的方程组为

$$\begin{cases}x_1=\frac{2}{7}x_3+\frac{3}{7}x_4\\x_2=\frac{5}{7}x_3+\frac{4}{7}x_4\end{cases}$$

令自由未知量

$$\begin{pmatrix}x_3\\x_4\end{pmatrix}=\begin{pmatrix}1\\0\end{pmatrix},\begin{pmatrix}0\\1\end{pmatrix}$$

对应解出

$$\begin{pmatrix}x_1\\x_2\end{pmatrix}=\begin{pmatrix}\frac{2}{7}\\\frac{5}{7}\end{pmatrix},\begin{pmatrix}\frac{3}{7}\\\frac{4}{7}\end{pmatrix}$$

即得基础解系

$$\boldsymbol{\xi}_1=\begin{pmatrix}\frac{2}{7}\\\frac{5}{7}\\1\\0\end{pmatrix},\quad \boldsymbol{\xi}_2=\begin{pmatrix}\frac{3}{7}\\\frac{4}{7}\\0\\1\end{pmatrix}$$

齐次线性方程组的通解为 $\boldsymbol{x}=c_1\boldsymbol{\xi}_1+c_2\boldsymbol{\xi}_2$,其中 c_1,c_2 为任意常数.

注　如果我们采取第1.4节中的做法,令 $x_3=c_1,x_4=c_2$,则齐次线性方程组的全部解为

$$\begin{cases}x_1=\frac{2}{7}c_1+\frac{3}{7}c_2\\x_2=\frac{5}{7}c_1+\frac{4}{7}c_2\\x_3=c_1\\x_4=c_2\end{cases}$$

写成向量形式,得

$$\begin{pmatrix}x_1\\x_2\\x_3\\x_4\end{pmatrix}=c_1\begin{pmatrix}\frac{2}{7}\\\frac{5}{7}\\1\\0\end{pmatrix}+c_2\begin{pmatrix}\frac{3}{7}\\\frac{4}{7}\\0\\1\end{pmatrix}$$

即为齐次线性方程组的通解,其中向量

$$\boldsymbol{\xi}_1=\begin{pmatrix}\frac{2}{7}\\\frac{5}{7}\\1\\0\end{pmatrix},\quad \boldsymbol{\xi}_2=\begin{pmatrix}\frac{3}{7}\\\frac{4}{7}\\0\\1\end{pmatrix}$$

为齐次线性方程组的基础解系.

例 2.4.3　求出一个齐次线性方程组 $\boldsymbol{Ax}=\boldsymbol{0}$,使得向量组

$$\boldsymbol{\xi}_1=\begin{pmatrix}1\\2\\3\\4\end{pmatrix},\quad \boldsymbol{\xi}_2=\begin{pmatrix}4\\3\\2\\1\end{pmatrix}$$

是它的一个基础解系.

解　由条件知 $n-r=2,n=4$,设矩阵 $\boldsymbol{A}$ 的任一行向量为 $\boldsymbol{\alpha}^{\mathrm{T}}=(a_1,a_2,a_3,a_4)$,则

$$\boldsymbol{\alpha}^{\mathrm{T}}\boldsymbol{\xi}_1=\boldsymbol{\alpha}^{\mathrm{T}}\boldsymbol{\xi}_2=0$$

即得

$$\begin{cases}a_1+2a_2+3a_3+4a_4=0\\4a_1+3a_2+2a_3+1a_4=0\end{cases}\tag{2.4.4}$$

由

$$\begin{pmatrix}1&2&3&4\\4&3&2&1\end{pmatrix}\longrightarrow\begin{pmatrix}1&2&3&4\\0&-5&-10&-15\end{pmatrix}\longrightarrow\begin{pmatrix}1&0&-1&-2\\0&1&2&3\end{pmatrix}$$

解得齐次线性方程组(2.4.4)的基础解系为

$$\begin{pmatrix}1\\-2\\1\\0\end{pmatrix},\quad\begin{pmatrix}2\\-3\\0\\1\end{pmatrix}$$

故所求的齐次线性方程组为

$$\begin{cases}x_1-2x_2+x_3=0\\2x_1-3x_2+x_4=0\end{cases}$$

2.4.2 非齐次线性方程组解的结构

在第1章例1.1.5中,我们已经学习了 n 元非齐次线性方程组

$$\begin{cases}a_{11}x_1+a_{12}x_2+\cdots+a_{1n}x_n=b_1\\a_{21}x_1+a_{22}x_2+\cdots+a_{2n}x_n=b_2\\\cdots\cdots\\a_{m1}x_1+a_{m2}x_2+\cdots+a_{mn}x_n=b_m\end{cases}$$

的矩阵形式为

$$\boldsymbol{Ax}=\boldsymbol{b}$$

称齐次线性方程组 $\boldsymbol{Ax}=\mathbf{0}$ 为非齐次线性方程组 $\boldsymbol{Ax}=\boldsymbol{b}$ 的**导出组**.

下面给出非齐次线性方程组的解和它的导出组解之间的关系.

性质 2.4.4 如果 $\boldsymbol{\eta}$ 是非齐次线性方程组 $\boldsymbol{Ax}=\boldsymbol{b}$ 的解,$\boldsymbol{\xi}$ 是其导出组 $\boldsymbol{Ax}=\mathbf{0}$ 的一个解,则 $\boldsymbol{\xi}+\boldsymbol{\eta}$ 是非齐次线性方程组 $\boldsymbol{Ax}=\boldsymbol{b}$ 的解.

证明 因为 $\boldsymbol{A\eta}=\boldsymbol{b}$,$\boldsymbol{A\xi}=\mathbf{0}$,所以 $\boldsymbol{A}(\boldsymbol{\xi}+\boldsymbol{\eta})=\boldsymbol{A\xi}+\boldsymbol{A\eta}=\mathbf{0}+\boldsymbol{b}=\boldsymbol{b}$,即 $\boldsymbol{\xi}+\boldsymbol{\eta}$ 是非齐次线性方程组 $\boldsymbol{Ax}=\boldsymbol{b}$ 的解.

性质 2.4.5 如果 $\boldsymbol{\eta}_1,\boldsymbol{\eta}_2$ 是非齐次线性方程组 $\boldsymbol{Ax}=\boldsymbol{b}$ 的两个解,则 $\boldsymbol{\eta}_1-\boldsymbol{\eta}_2$ 是其导出组 $\boldsymbol{Ax}=\mathbf{0}$ 的解.

证明 因为 $\boldsymbol{A\eta}_1=\boldsymbol{b}$,$\boldsymbol{A\eta}_2=\boldsymbol{b}$,所以 $\boldsymbol{A}(\boldsymbol{\eta}_1-\boldsymbol{\eta}_2)=\boldsymbol{A\eta}_1-\boldsymbol{A\eta}_2=\boldsymbol{b}-\boldsymbol{b}=\mathbf{0}$,即 $\boldsymbol{\eta}_1-\boldsymbol{\eta}_2$ 是其导出组 $\boldsymbol{Ax}=\mathbf{0}$ 的解.

定理 2.4.2 若 $\boldsymbol{\eta}^*$ 是非齐次线性方程组 $\boldsymbol{Ax}=\boldsymbol{b}$ 的一个特解,$\boldsymbol{\xi}$ 是其导出组 $\boldsymbol{Ax}=\mathbf{0}$ 的全部解,则 $\boldsymbol{\eta}^*+\boldsymbol{\xi}$ 是非齐次线性方程组 $\boldsymbol{Ax}=\boldsymbol{b}$ 的全部解.

证明 由性质2.4.4知,$\boldsymbol{\eta}^*+\boldsymbol{\xi}$ 是非齐次线性方程组 $\boldsymbol{Ax}=\boldsymbol{b}$ 的解.另一方面,设 $\boldsymbol{\eta}$ 是非齐次线性方程组 $\boldsymbol{Ax}=\boldsymbol{b}$ 的任一解,下证 $\boldsymbol{\eta}$ 一定是 $\boldsymbol{\eta}^*$ 和导出组的某个解 $\boldsymbol{\xi}_1$ 的和.取 $\boldsymbol{\xi}_1=\boldsymbol{\eta}-\boldsymbol{\eta}^*$,由性质2.4.5可知,$\boldsymbol{\xi}_1$ 是导出组 $\boldsymbol{Ax}=\mathbf{0}$ 的一个解,所以 $\boldsymbol{\eta}^*+\boldsymbol{\xi}$ 是非齐次线性方程组 $\boldsymbol{Ax}=\boldsymbol{b}$ 的全部解.

注 设 $\boldsymbol{\eta}^*$ 是非齐次线性方程组 $\boldsymbol{Ax}=\boldsymbol{b}$ 的一个特解,$\boldsymbol{\xi}_1,\boldsymbol{\xi}_2,\cdots,\boldsymbol{\xi}_{n-r}$ 是其导出组的一个基础解系,则非齐次线性方程组 $\boldsymbol{Ax}=\boldsymbol{b}$ 的通解为

$$\boldsymbol{\xi}=\boldsymbol{\eta}^*+c_1\boldsymbol{\xi}_1+c_2\boldsymbol{\xi}_2+\cdots+c_{n-r}\boldsymbol{\xi}_{n-r}$$

其中 $c_1, c_2, \cdots, c_{n-r}$ 为任意常数.

例 2.4.4　求非齐次线性方程组

$$\begin{cases} x_1 - 2x_2 + 3x_3 - 4x_4 = 4 \\ x_2 - x_3 + x_4 = -3 \\ x_1 + 3x_2 - 3x_4 = 1 \\ -7x_2 + 3x_3 + x_4 = -3 \end{cases}$$

的通解，并用其导出组的基础解系表示其全部解.

解

$$(\boldsymbol{A} \vdots \boldsymbol{b}) = \left(\begin{array}{cccc:c} 1 & -2 & 3 & -4 & 4 \\ 0 & 1 & -1 & 1 & -3 \\ 1 & 3 & 0 & -3 & 1 \\ 0 & -7 & 3 & 1 & -3 \end{array}\right) \longrightarrow \left(\begin{array}{cccc:c} 1 & -2 & 3 & -4 & 4 \\ 0 & 1 & -1 & 1 & -3 \\ 0 & 5 & -3 & 1 & -3 \\ 0 & -7 & 3 & 1 & -3 \end{array}\right)$$

$$\longrightarrow \left(\begin{array}{cccc:c} 1 & -2 & 3 & -4 & 4 \\ 0 & 1 & -1 & 1 & -3 \\ 0 & 0 & 2 & -4 & 12 \\ 0 & 0 & -4 & 8 & -24 \end{array}\right) \longrightarrow \left(\begin{array}{cccc:c} 1 & -2 & 3 & -4 & 4 \\ 0 & 1 & -1 & 1 & -3 \\ 0 & 0 & 1 & -2 & 6 \\ 0 & 0 & 0 & 0 & 0 \end{array}\right)$$

$$\longrightarrow \left(\begin{array}{cccc:c} 1 & -2 & 0 & 2 & -14 \\ 0 & 1 & 0 & -1 & 3 \\ 0 & 0 & 1 & -2 & 6 \\ 0 & 0 & 0 & 0 & 0 \end{array}\right) \longrightarrow \left(\begin{array}{cccc:c} 1 & 0 & 0 & 0 & -8 \\ 0 & 1 & 0 & -1 & 3 \\ 0 & 0 & 1 & -2 & 6 \\ 0 & 0 & 0 & 0 & 0 \end{array}\right)$$

对应的同解方程组为

$$\begin{cases} x_1 = -8 \\ x_2 = 3 + x_4 \\ x_3 = 6 + 2x_4 \end{cases}$$

其中 x_4 为自由未知量，令 $x_4 = 0$，得非齐次方程组的一个特解

$$\boldsymbol{\eta}^* = (-8, 3, 6, 0)^{\mathrm{T}}$$

又原方程组的导出组同解于

$$\begin{cases} x_1 = 0 \\ x_2 = x_4 \\ x_3 = 2x_4 \end{cases}$$

令 $x_4 = 1$，得导出组的基础解系

$$\boldsymbol{\xi} = (0, 1, 2, 1)^{\mathrm{T}}$$

则所求非齐次线性方程的通解为

$$\boldsymbol{x} = \boldsymbol{\eta}^* + c\boldsymbol{\xi} = \begin{pmatrix} -8 \\ 3 \\ 6 \\ 0 \end{pmatrix} + c\begin{pmatrix} 0 \\ 1 \\ 2 \\ 1 \end{pmatrix} \quad (c\text{ 为任意常数})$$

例 2.4.5　求非齐次线性方程组

$$\begin{cases} x_1+3x_2+3x_3-2x_4+x_5=3 \\ 2x_1+6x_2+x_3-3x_4=2 \\ x_1+3x_2-2x_3-x_4-x_5=-1 \\ 3x_1+9x_2+4x_3-5x_4+x_5=5 \end{cases}$$

的通解,并用其导出组的基础解系表示其全部解.

解

$$(\boldsymbol{A} \vdots \boldsymbol{b})=\left(\begin{array}{ccccc:c} 1 & 3 & 3 & -2 & 1 & 3 \\ 2 & 6 & 1 & -3 & 0 & 2 \\ 1 & 3 & -2 & -1 & -1 & -1 \\ 3 & 9 & 4 & -5 & 1 & 5 \end{array}\right) \to \left(\begin{array}{ccccc:c} 1 & 3 & 3 & -2 & 1 & 3 \\ 0 & 0 & -5 & 1 & -2 & -4 \\ 0 & 0 & -5 & 1 & -2 & -4 \\ 0 & 0 & -5 & 1 & -2 & -4 \end{array}\right)$$

$$\to \left(\begin{array}{ccccc:c} 1 & 3 & 3 & -2 & 1 & 3 \\ 0 & 0 & -5 & 1 & -2 & -4 \\ 0 & 0 & 0 & 0 & 0 & 0 \\ 0 & 0 & 0 & 0 & 0 & 0 \end{array}\right) \to \left(\begin{array}{ccccc:c} 1 & 3 & 0 & -\frac{7}{5} & -\frac{1}{5} & \frac{3}{5} \\ 0 & 0 & 1 & -\frac{1}{5} & \frac{2}{5} & \frac{4}{5} \\ 0 & 0 & 0 & 0 & 0 & 0 \\ 0 & 0 & 0 & 0 & 0 & 0 \end{array}\right)$$

对应的同解方程组为

$$\begin{cases} x_1=-3x_2+\frac{7}{5}x_4+\frac{1}{5}x_5+\frac{3}{5} \\ x_3=\frac{1}{5}x_4-\frac{2}{5}x_5+\frac{4}{5} \end{cases}$$

其中 x_2,x_4,x_5 为自由未知量,令其全部为 0,得原方程组的一个特解

$$\boldsymbol{\eta}^*=\left(\frac{3}{5},0,\frac{4}{5},0,0\right)^{\mathrm{T}}$$

又原方程的导出组同解于

$$\begin{cases} x_1=-3x_2+\frac{7}{5}x_4+\frac{1}{5}x_5 \\ x_3=\frac{1}{5}x_4-\frac{2}{5}x_5 \end{cases}$$

令自由未知量 x_2,x_4,x_5 分别取

$$\begin{pmatrix} 1 \\ 0 \\ 0 \end{pmatrix},\quad \begin{pmatrix} 0 \\ 1 \\ 0 \end{pmatrix},\quad \begin{pmatrix} 0 \\ 0 \\ 1 \end{pmatrix}$$

得到其导出组的一个基础解系为

$$\boldsymbol{\xi}_1=\begin{pmatrix} -3 \\ 1 \\ 0 \\ 0 \\ 0 \end{pmatrix},\quad \boldsymbol{\xi}_2=\begin{pmatrix} \frac{7}{5} \\ 0 \\ \frac{1}{5} \\ 1 \\ 0 \end{pmatrix},\quad \boldsymbol{\xi}_3=\begin{pmatrix} \frac{1}{5} \\ 0 \\ -\frac{2}{5} \\ 0 \\ 1 \end{pmatrix}$$

则原方程组的通解为 $\boldsymbol{\xi}=c_1\boldsymbol{\xi}_1+c_2\boldsymbol{\xi}_2+c_3\boldsymbol{\xi}_3+\boldsymbol{\eta}^*$($c_1,c_2,c_3$ 为任意常数).

2.5* 投入产出数学模型

投入产出分析是1936年由美国经济学家里昂惕夫最早提出.它是研究一个经济系统各部门的消耗(即投入)及产品的生产(即产出)之间关系的线性模型,因此也称之为投入产出模型.投入产出模型可应用于微观经济系统,也可用于宏观经济系统的综合平衡分析.投入产出模型主要通过投入产出表及平衡方程组来描述.

2.5.1 投入产出表

设一个经济系统由 n 个生产部门组成,每一个部门都担负着生产和消费的双重身份,就产品的分配来看,一方面将自己的产品分配给各部门作为生产资料,并提供最终产品,它们之和即为此部门的总产出;另一方面,作为消费者消耗各部门的产品即接收各部门的投入,同时创造价值,它们的和即为对此部门的总投入.所以该经济系统各部门之间就形成了一个错综复杂的关系.

为了清楚地表示这个关系,我们可以利用投入产出平衡表2.5.1来表示.

表2.5.1　投入产出平衡表

产出 / 投入		消费部门				最终产品	总产出
		部门1	部门2	…	部门 n		
生产部门	部门1	x_{11}	x_{12}	…	x_{1n}	y_1	x_1
	部门2	x_{21}	x_{22}	…	x_{2n}	y_2	x_2
	…	…	…	…	…	…	…
	部门 n	x_{n1}	x_{n2}	…	x_{nn}	y_n	x_n
创造价值		z_1	z_2	…	z_n		
总投入		x_1	x_2	…	x_n		

其中:x_i 为部门 i 的总产出 $(i=1,2,\cdots,n)$;x_{ij} 为部门 i 分配给部门 j 的产品量 $(i,j=1,2,\cdots,n)$;y_i 为外部对部门 i 的需求 $(i=1,2,\cdots,n)$;z_j 为部门 j 新创造的价值 $(j=1,2,\cdots,n)$.

投入产出模型按计量单位的不同,分为价值型和实物型,在价值型模型中,各部门的投入、产出均以货币单位表示;在实物型模型中,则按各产品的实物单位(如吨、米等)为单位.我们在这里仅讨论价值型模型.因此,本节提到的诸如“产品”“总产品”“最终产品”等,分别指“产品的价值”“总产品的价值”“最终产品的价值”等.

2.5.2 平衡方程组

在表2.5.1中的前 n 行中,每一行都反映了该部门作为生产者将自己的产品分配给各个部门,这些产品加上该部门的最终产品应该等于它的总产出,即

$$\begin{cases} x_1 = x_{11} + x_{12} + \cdots + x_{1n} + y_1 \\ x_2 = x_{21} + x_{22} + \cdots + x_{2n} + y_2 \\ \cdots\cdots \\ x_n = x_{n1} + x_{n2} + \cdots + x_{nn} + y_n \end{cases}$$

简记为

$$\sum_{j=1}^{n} x_{ij} + y_i = x_i \quad (i = 1,2,\cdots,n) \tag{2.5.1}$$

式(2.5.1)称为**产品分配平衡方程组**.

在表2.5.1的前 n 列中,每一列都反映了该部门作为消费者消耗各个部门的产品(接收各部门对它的投入),这些投入加上该部门的创造价值就是对它的总投入,应该等于它的总产出,即

$$\begin{cases} x_1 = x_{11} + x_{21} + \cdots + x_{n1} + z_1 \\ x_2 = x_{12} + x_{22} + \cdots + x_{n2} + z_2 \\ \cdots\cdots \\ x_n = x_{1n} + x_{2n} + \cdots + x_{nn} + z_n \end{cases}$$

简记为

$$\sum_{i=1}^{n} x_{ij} + z_j = x_j \quad (j = 1,2,\cdots,n) \tag{2.5.2}$$

式(2.5.2)称为**产品消耗平衡方程组**.

2.5.3 直接消耗系数

定义 2.5.1 第 j 部门每生产单位产品所消耗第 i 部门产品的单位消耗量,称第 j 部门对第 i 部门的**直接消耗系数**,记作

$$a_{ij} = \frac{x_{ij}}{x_j} \quad (i = 1,2,\cdots,n;j = 1,2,\cdots,n) \tag{2.5.3}$$

各个部门间的直接消耗系数构成了一个 n 阶矩阵

$$\boldsymbol{A} = \begin{pmatrix} a_{11} & a_{12} & \cdots & a_{1n} \\ a_{21} & a_{22} & \cdots & a_{2n} \\ \vdots & \vdots & & \vdots \\ a_{n1} & a_{n2} & \cdots & a_{nn} \end{pmatrix} \tag{2.5.4}$$

称为**直接消耗矩阵**,记作 $\boldsymbol{A} = (a_{ij})_{n\times n}$.

直接消耗系数具有以下性质:

性质 2.5.1 $0 \leqslant a_{ij} \leqslant 1(i=1,2,\cdots,n;j=1,2,\cdots n)$.

a_{ij}越大,说明第 j 部门对第 i 部门的直接依赖性越强;

a_{ij}越小,说明第 j 部门对第 i 部门的直接依赖性越弱;

$a_{ij} = 0$,则说明第 j 部门对第 i 部门没有直接的依赖关系.

性质 2.5.2 $|a_{1j}| + |a_{2j}| + \cdots + |a_{nj}| < 1(j=1,2,\cdots,n)$.

直接消耗系数是经济系统中生产一种产品对另一种产品的消耗定额,它充分反映了各部门之间在生产技术上的数量依存关系,当生产及管理技术无显著变化时,直接消耗系数是不会改变的,因此也可以称为技术系数.

例 2.5.1 经济系统的三个部门，在某生产周期内各部门的生产与分配如表 2.5.2 所示.(1) 求各部门的最终产品;(2) 求各部门新创造的价值;(3) 求直接消耗系数.

表 2.5.2 生产与分配表

部门间流量 / 消耗部门 / 投入	1	2	3	最终产品	总产出
1	100	25	30		400
2	80	50	30		250
3	40	25	60		300

解 (1) 由

$$\begin{cases} x_1 = x_{11} + x_{12} + x_{13} + y_1 \\ x_2 = x_{21} + x_{22} + x_{23} + y_2 \\ x_3 = x_{31} + x_{32} + x_{33} + y_3 \end{cases}$$

得各部门最终产品为

$$\begin{cases} y_1 = x_1 - x_{11} - x_{12} - x_{13} = 400 - 100 - 25 - 30 = 245 \\ y_2 = x_2 - x_{21} - x_{22} - x_{23} = 250 - 80 - 50 - 30 = 90 \\ y_3 = x_3 - x_{31} - x_{32} - x_{33} = 300 - 40 - 25 - 60 = 175 \end{cases}$$

(2) 由

$$\begin{cases} x_1 = x_{11} + x_{21} + x_{31} + z_1 \\ x_2 = x_{12} + x_{22} + x_{32} + z_2 \\ x_3 = x_{13} + x_{23} + x_{33} + z_3 \end{cases}$$

得各部门所创造价值为

$$\begin{cases} z_1 = x_1 - x_{11} - x_{21} - x_{31} = 400 - 100 - 80 - 40 = 180 \\ z_2 = x_2 - x_{12} - x_{22} - x_{32} = 250 - 25 - 50 - 25 = 150 \\ z_3 = x_3 - x_{13} - x_{23} - x_{33} = 300 - 30 - 30 - 60 = 180 \end{cases}$$

(3) 由

$$a_{ij} = \frac{x_{ij}}{x_j} \quad (i, j = 1, 2, \cdots, n)$$

得

$$a_{11} = \frac{x_{11}}{x_1} = \frac{100}{400} = 0.25, \quad a_{12} = \frac{x_{12}}{x_2} = \frac{25}{250} = 0.1, \quad a_{13} = \frac{x_{13}}{x_3} = \frac{30}{300} = 0.1$$

$$a_{21} = \frac{x_{21}}{x_1} = \frac{80}{400} = 0.2, \quad a_{22} = \frac{x_{22}}{x_2} = \frac{50}{250} = 0.2, \quad a_{23} = \frac{x_{23}}{x_3} = \frac{30}{300} = 0.1$$

$$a_{31} = \frac{x_{31}}{x_1} = \frac{40}{400} = 0.1, \quad a_{32} = \frac{x_{32}}{x_2} = \frac{25}{250} = 0.1, \quad a_{33} = \frac{x_{33}}{x_3} = \frac{60}{300} = 0.2$$

所以直接消耗矩阵为

$$\boldsymbol{A} = \begin{pmatrix} 0.25 & 0.1 & 0.1 \\ 0.2 & 0.2 & 0.1 \\ 0.1 & 0.1 & 0.2 \end{pmatrix}$$

2.5.4 投入产出数学模型

由式(2.5.3)得 $x_{ij} = a_{ij}x_j$,将其代入分配平衡方程组(2.5.1)得到

$$\begin{cases} x_1 = a_{11}x_1 + a_{12}x_2 + a_{13}x_3 + \cdots + a_{1n}x_n + y_1 \\ x_2 = a_{21}x_1 + a_{22}x_2 + a_{23}x_3 + \cdots + a_{2n}x_n + y_2 \\ \cdots\cdots \\ x_n = a_{n1}x_1 + a_{n2}x_2 + a_{n3}x_3 + \cdots + a_{nn}x_n + y_n \end{cases} \tag{2.5.5}$$

可简写为

$$x_i = \sum_{j=1}^{n} a_{ij}x_j + y_i \quad (i = 1,2,\cdots,n) \tag{2.5.6}$$

也可以记为矩阵形式

$$\boldsymbol{x} = \boldsymbol{A}\boldsymbol{x} + \boldsymbol{y} \quad 或 \quad (\boldsymbol{E} - \boldsymbol{A})\boldsymbol{x} = \boldsymbol{y} \tag{2.5.7}$$

其中 $\boldsymbol{A}$ 是直接消耗矩阵,$\boldsymbol{x} = (x_1, x_2, \cdots, x_n)^{\mathrm{T}}$ 称为**总投入列向量**,$\boldsymbol{y} = (y_1, y_2, \cdots, y_n)^{\mathrm{T}}$ 称为**最终需求向量**.式(2.5.7)就是最常用的矩阵形式的**投入产出数学模型**.

若将 $x_{ij} = a_{ij}x_j$ 代入消耗平衡方程组(2.5.2)得到

$$\begin{cases} x_1 = a_{11}x_1 + a_{21}x_1 + \cdots + a_{n1}x_1 + z_1 \\ x_2 = a_{12}x_2 + a_{22}x_2 + \cdots + a_{n2}x_2 + z_2 \\ \cdots\cdots \\ x_n = a_{1n}x_n + a_{2n}x_n + \cdots + a_{nn}x_n + z_n \end{cases} \tag{2.5.8}$$

可简写为

$$x_j = \sum_{i=1}^{n} a_{ij}x_j + z_j \quad (j = 1,2,\cdots,n) \tag{2.5.9}$$

也可以记为矩阵形式

$$\boldsymbol{x} = \boldsymbol{A}^{\mathrm{T}}\boldsymbol{x} + \boldsymbol{z} \quad 或 \quad \boldsymbol{z} = (\boldsymbol{E} - \boldsymbol{A}^{\mathrm{T}})\boldsymbol{x} \tag{2.5.10}$$

其中

$$\boldsymbol{z} = \begin{pmatrix} z_1 \\ z_2 \\ \vdots \\ z_n \end{pmatrix}$$

式(2.5.10)也是一类常用的矩阵形式的投入产出数学模型.

上述投入产出数学模型代表了应用投入产出方法所要解决的两类重要问题.我们以式(2.5.7)为例来进行分析,它表示:已知经济系统在报告期内的直接消耗系数矩阵 $\boldsymbol{A}$,各部门在计划期内的最终产品 $\boldsymbol{y}$,预测各部门在计划期内的总产出 $\boldsymbol{x}$.由于直接消耗系数 a_{ij} 在短期内变化很小,因而可以认为计划期内的直接消耗系数矩阵与报告期内的直接消耗系数矩阵式是一样的.所以这个问题就化为解计划期内的产品分配平衡的线性代数方程组

$$(\boldsymbol{E} - \boldsymbol{A})\boldsymbol{x} = \boldsymbol{y}$$

矩阵$(\boldsymbol{E} - \boldsymbol{A})$被称为**里昂惕夫矩阵**.上式两边同除$(\boldsymbol{E} - \boldsymbol{A})$,即可得

$$\boldsymbol{x} = (\boldsymbol{E} - \boldsymbol{A})^{-1}\boldsymbol{y} \tag{2.5.11}$$

式中 $(\boldsymbol{E} - \boldsymbol{A})^{-1}$称为**里昂惕夫逆矩阵**.由上式可知,若求出里昂惕夫逆矩阵,即可进行经济

预测和计划制定.

例 2.5.2 设某工厂有三个车间,在某一个生产周期内各车间之间的直接消耗系数及最终产品如表 2.5.3 所示,求各车间的总产出.

表 2.5.3 直接消耗系数及最终产品

直耗系数 车间 \ 车间	1	2	3	最终产品
1	0.25	0.1	0.1	235
2	0.2	0.2	0.1	125
3	0.1	0.1	0.2	210

解

$$\boldsymbol{E}-\boldsymbol{A}=\begin{pmatrix}0.75 & -0.1 & -0.1\\ -0.2 & 0.8 & -0.1\\ -0.1 & -0.1 & 0.8\end{pmatrix}$$

$$(\boldsymbol{E}-\boldsymbol{A},\boldsymbol{y})=\begin{pmatrix}-0.75 & -0.1 & -0.1 & 235\\ -0.2 & 0.8 & -0.1 & 125\\ -0.1 & -0.1 & 0.8 & 210\end{pmatrix}\longrightarrow\begin{pmatrix}1 & 0 & 0 & 400\\ 0 & 1 & 0 & 300\\ 0 & 0 & 1 & 350\end{pmatrix}$$

$$\boldsymbol{x}=(\boldsymbol{E}-\boldsymbol{A})^{-1}\boldsymbol{y}=\begin{pmatrix}400\\ 300\\ 350\end{pmatrix}$$

即三个车间的总产出分别为 400,300,350.

例 2.5.3 设有一个经济系统包括 3 个部门,在某一个生产周期内各部门间的消耗系数及最终产品如表 2.5.4 所示.求各部门的总产品及部门间的中间流量.

表 2.5.4 消耗系数及最终产品表

消耗系数 车间 \ 车间	1	2	3	最终产品
1	0.25	0.1	0.1	245
2	0.2	0.2	0.1	90
3	0.1	0.1	0.2	175

解 已知

$$\boldsymbol{A}=\begin{pmatrix}0.25 & 0.10 & 0.10\\ 0.20 & 0.20 & 0.10\\ 0.10 & 0.10 & 0.20\end{pmatrix},\quad \boldsymbol{y}=\begin{pmatrix}245\\ 90\\ 175\end{pmatrix}$$

由 $\boldsymbol{x}=(\boldsymbol{E}-\boldsymbol{A})^{-1}\boldsymbol{y}$,求得

$$x = \begin{pmatrix} 400 \\ 250 \\ 350 \end{pmatrix}$$

由 $x_{ij} = a_{ij}x_j (j = 1,2,\cdots,n)$ 可计算部门间的流量:

$$x_{11}=0.25\times 400 = 100,\quad x_{12}=0.1\times 250 = 25,\quad x_{13}=0.1\times 300 = 30$$

同理

$$x_{21} = 80,\ x_{22} = 50,\ x_{23} = 30,\ x_{31} = 40,\ x_{32} = 25,\ x_{33} = 60$$

例 2.5.4 假设某经济系统包括农业、工业、运输 3 个部门,这 3 个部门间的生产分配关系如表 2.5.5 所示.

试求:(1) 直接消耗系数矩阵 $\boldsymbol{A}$.

(2) 若各部门计划内的最终产品为 $y_1 = 280, y_2 = 190, y_3 = 90$,预测各部门在计划内的总产出 x_1, x_2, x_3.

表 2.5.5 生产分配关系表

投入 \ 产出		消费部门			最终产品	总产出
		农业	工业	运输		
生产部门	农业	30	40	15	215	300
	工业	30	20	30	120	200
	运输	30	20	30	70	150
创造价值		210	120	75		
总投入		300	200	150		

解 (1) 由定义 2.5.1 通过计算,得直接消耗系数矩阵 $\boldsymbol{A} = \begin{pmatrix} 0.1 & 0.2 & 0.1 \\ 0.1 & 0.1 & 0.2 \\ 0.1 & 0.1 & 0.2 \end{pmatrix}$.

(2) 因为各部门计划内的最终产品为 $y_1 = 280, y_2 = 190, y_3 = 90$,即 $\boldsymbol{y} = \begin{pmatrix} 280 \\ 190 \\ 90 \end{pmatrix}$.

又因为

$$\boldsymbol{E} - \boldsymbol{A} = \begin{pmatrix} 0.9 & -0.2 & -0.1 \\ -0.1 & 0.9 & 0.2 \\ -0.1 & -0.1 & -0.8 \end{pmatrix} \Rightarrow (\boldsymbol{E} - \boldsymbol{A})^{-1} = \begin{pmatrix} 1.1667 & 0.2833 & 0.2167 \\ 0.1667 & 1.1833 & 0.3167 \\ 0.1667 & 0.1833 & 1.3167 \end{pmatrix}$$

所以,由式(2.5.11)可知

$$\boldsymbol{x} = (\boldsymbol{E} - \boldsymbol{A})^{-1}\boldsymbol{y} = \begin{pmatrix} 400 \\ 300 \\ 200 \end{pmatrix}$$

即各部门在计划内总产出的预测值为 $x_1 = 400, x_2 = 300, x_3 = 200$. 这个结果说明:若各部门在计划期内向市场提供的商品量为 $y_1 = 280, y_2 = 190, y_3 = 90$,则应该向他们下达生产计划指标 $x_1 = 400, x_2 = 300, x_3 = 200$.

投入产出方法是研究一个经济系统各个部门联系平衡的一种科学方法,在经济领域内有着广泛的应用.

2.5.6 完全消耗系数

直接消耗系数是指第 j 部门每生产单位产品所消耗第 i 部门产品的单位消耗量,在生产过程中,除了部门间的这种直接联系外,各部门间还具有间接的联系.例如:飞机制造部门除需直接消耗电力外,还要消耗铝、钢等产品.而生产铝、钢等产品的部门也需要消耗电力.对于飞机制造部门而言,这类消耗是对电力的一次间接消耗.而对生产铝、钢等产品的部门也通过其他部门间接消耗电力.对于飞机制造部门来说,这类间接消耗是对电力的更高一级的间接消耗.依此类推,飞机制造部门对电力的消耗应包括直接消耗和多次的间接消耗.

一般地,部门 j 除直接消耗部门 i 的产品外,还要通过一系列中间环节形成对部门 i 产品的间接消耗,直接消耗和间接消耗的和,称为**完全消耗**.

设 $b_{ij}(i,j=1,2,\cdots,n)$ 表示生产过程中,生产单位产品 j 需要完全消耗的产品 i 的数量.根据完全消耗的意义,有

$$b_{ij} = a_{ij} + \sum_{k=1}^{n} b_{ik}a_{kj} \quad (i,j = 1,2,\cdots,n) \tag{2.5.12}$$

上式右端第一项为直接消耗,第二项为间接消耗.

记矩阵

$$\boldsymbol{B} = \begin{pmatrix} b_{11} & b_{12} & \cdots & b_{1n} \\ b_{21} & b_{22} & \cdots & b_{2n} \\ \vdots & \vdots & & \vdots \\ b_{n1} & b_{n2} & \cdots & b_{nn} \end{pmatrix}$$

则式(2.5.12)可以写成矩阵形式

$$\boldsymbol{B} = \boldsymbol{A} + \boldsymbol{BA}$$

或 $\boldsymbol{B}(\boldsymbol{E}-\boldsymbol{A})=\boldsymbol{A}$.两边右乘$(\boldsymbol{E}-\boldsymbol{A})^{-1}$,得

$$\boldsymbol{B} = \boldsymbol{A}(\boldsymbol{E}-\boldsymbol{A})^{-1} = [\boldsymbol{E}-(\boldsymbol{E}-\boldsymbol{A})](\boldsymbol{E}-\boldsymbol{A})^{-1}$$

即

$$\boldsymbol{B} = (\boldsymbol{E}-\boldsymbol{A})^{-1} - \boldsymbol{E} \tag{2.5.13}$$

矩阵 $\boldsymbol{B}$ 称为**完全消耗系数矩阵**.

利用上式以及 $\sum_{k=0}^{\infty} \boldsymbol{A}^k = (\boldsymbol{E}-\boldsymbol{A})^{-1}$,于是有

$$\boldsymbol{B} = \boldsymbol{A} + \boldsymbol{A}^2 + \boldsymbol{A}^3 + \cdots + \boldsymbol{A}^k + \cdots$$

这一等式右端的第一项 $\boldsymbol{A}$ 是直接消耗系数矩阵,以后的各项可以解释为各次间接消耗的和.

由于$(\boldsymbol{E}-\boldsymbol{A})\boldsymbol{x}=\boldsymbol{y}$,由式(2.5.13)可得

$$\boldsymbol{x} = (\boldsymbol{B}+\boldsymbol{E})\boldsymbol{y} \tag{2.5.14}$$

上式说明,如果已知完全消耗系数矩阵 $\boldsymbol{B}$ 和最终产品向量 $\boldsymbol{y}\geqslant 0$,就可以直接计算出总产出向量 $\boldsymbol{x}$.

例 2.5.5 求表 2.5.6 的完全消耗系数矩阵.

表 2.5.6　某经济系统投入产出平衡表

投入＼产出		消耗部门 甲	消耗部门 乙	消耗部门 丙	最终产品	总产出
生产部门	甲	196	102	70	192	560
	乙	84	68	42	146	340
	丙	112	34	28	106	280
净产值		168	136	140		
总投入		560	340	280		

解　直接消耗系数矩阵

$$\boldsymbol{A}=\begin{pmatrix}0.35 & 0.3 & 0.25\\0.15 & 0.2 & 0.15\\0.2 & 0.1 & 0.1\end{pmatrix}$$

$$\boldsymbol{E}-\boldsymbol{A}=\begin{pmatrix}0.65 & -0.3 & -0.25\\-0.15 & 0.8 & -0.15\\-0.2 & -0.1 & 0.9\end{pmatrix}$$

完全消耗系数矩阵

$$\boldsymbol{B}=(\boldsymbol{E}-\boldsymbol{A})^{-1}-\boldsymbol{E}=\begin{pmatrix}0.9315 & 0.8082 & 0.6712\\0.4521 & 0.4658 & 0.3699\\0.4795 & 0.3425 & 0.3014\end{pmatrix}$$

由式(2.5.13)知,完全消耗系数矩阵是由直接消耗系数矩阵决定的,因而也是由生产技术条件决定的.若经济系统各个部门的生产技术条件没有变化,则各部门之间直接消耗系数不变,从而各部门之间的完全消耗系数也不变.

下面再用一个简单的实例来说明完全消耗系数的计算公式.

假设国民经济只有农业(1)和工业(2)两个部门,并知它们之间的直接消耗矩阵,即为 $\boldsymbol{A}=\begin{pmatrix}a_{11} & a_{12}\\a_{21} & a_{22}\end{pmatrix}$.农业产品对农业产品的一次间接消耗为 $a_{11}^2+a_{12}a_{21}$,农业产品对工业产品的一次间接消耗为 $a_{11}a_{21}+a_{21}a_{22}$,工业产品对农业产品的一次间接消耗为 $a_{12}a_{11}+a_{22}a_{12}$,工业产品对工业产品的一次间接消耗 $a_{12}a_{21}+a_{22}^2$ 根据上面的分析和结果,我们就可以找到某种规律,由此得到这两个部门的一次间接消耗的系数矩阵为

$$\boldsymbol{A}^2=\begin{pmatrix}a_{11}{}^2+a_{12}a_{21} & a_{11}a_{12}+a_{12}a_{22}\\a_{11}a_{21}+a_{21}a_{22} & a_{12}a_{21}+a_{22}{}^2\end{pmatrix}$$

农业产品对农业产品的二次间接消耗为 $a_{11}^3+a_{11}a_{12}a_{21}+a_{12}a_{21}a_{11}+a_{12}a_{22}a_{21}+\cdots$,其他二次间接消耗的计算省略.同样,我们仍可找到某种规律性,并得到二次间接消耗系数矩阵为

$$\boldsymbol{A}^3=\begin{pmatrix}a_{11}^3+2a_{11}a_{12}a_{21}+a_{12}a_{21}a_{22} & \Delta\\\Delta & \Delta\end{pmatrix}$$

由此我们还可以类似地计算出 $\boldsymbol{A}^4,\boldsymbol{A}^5,\cdots$,等,得到三次、四次等间接消耗系数的结果.所以,我们最终得到完全消耗系数矩阵应为

$$\boldsymbol{B}=\boldsymbol{A}+\boldsymbol{A}^2+\boldsymbol{A}^3+\cdots+\boldsymbol{A}^k+\cdots$$

$$\boldsymbol{B}+\boldsymbol{E}=\boldsymbol{E}+\boldsymbol{A}+\boldsymbol{A}^2+\boldsymbol{A}^3+\cdots+\boldsymbol{A}^k+\cdots$$

而

$$(\boldsymbol{E}-\boldsymbol{A})(\boldsymbol{E}+\boldsymbol{A}+\boldsymbol{A}^2+\cdots+\boldsymbol{A}^k+\cdots)=\boldsymbol{E}-\boldsymbol{A}^k(k\to\infty)\approx\boldsymbol{E}$$

所以得到

$$\boldsymbol{B}+\boldsymbol{E}=(\boldsymbol{E}-\boldsymbol{A})^{-1}\Rightarrow\boldsymbol{B}=(\boldsymbol{E}-\boldsymbol{A})^{-1}-\boldsymbol{E}$$

这就是完全消耗系数的计算公式.

本章学习基本要求

(1) 理解向量、向量组、向量空间、线性组合和线性表示的概念;掌握向量的加、减、数乘以及乘法运算;理解向量组的线性表示与非齐次方程组、矩阵方程之间的关系;掌握向量组线性表示的充要条件.

(2) 理解向量组线性相关的概念;掌握向量组线性相关(无关)与齐次方程组的解之间的关系;理解向量组的秩和极大无关组的概念;掌握向量组的秩和极大无关组的求解方法.

(3) 理解齐次线性方程组的通解、基础解系等概念;理解非齐次方程组的解和对应齐次方程组的解之间的关系;掌握利用对应齐次方程组的基础解系表示非齐次方程组的通解的方法.

(4) 了解投入产出模型、平衡方程组、直接消耗系数、完全消耗系数.

习 题 2

A组

1. 已知向量 $\boldsymbol{\alpha}_1=(1,2,3)^{\mathrm{T}},\boldsymbol{\alpha}_2=(3,2,1)^{\mathrm{T}},\boldsymbol{\alpha}_3=(-2,0,2)^{\mathrm{T}},\boldsymbol{\alpha}_4=(1,2,4)^{\mathrm{T}}$.

(1) 求 $3\boldsymbol{\alpha}_1+2\boldsymbol{\alpha}_2-5\boldsymbol{\alpha}_3+4\boldsymbol{\alpha}_4$;

(2) 求 $5\boldsymbol{\alpha}_1+2\boldsymbol{\alpha}_2-\boldsymbol{\alpha}_3-\boldsymbol{\alpha}_4$;

(3) 若 $\boldsymbol{\beta}$ 满足 $4\boldsymbol{\alpha}_1+3\boldsymbol{\alpha}_2-2\boldsymbol{\alpha}_3+2\boldsymbol{\beta}=2\boldsymbol{\alpha}_1+\boldsymbol{\alpha}_4$,求 $\boldsymbol{\beta}$;

(4) 若 $\boldsymbol{\beta}$ 满足 $3(\boldsymbol{\alpha}_1-\boldsymbol{\beta})+2(\boldsymbol{\alpha}_2+2\boldsymbol{\beta})=3(\boldsymbol{\alpha}_4+\boldsymbol{\beta})-(2\boldsymbol{\alpha}_3+\boldsymbol{\beta})$,求 $\boldsymbol{\beta}$.

2. 将下列各题中向量 $\boldsymbol{\beta}$ 表示为其他向量的线性组合:

(1) $\boldsymbol{\beta}=(3,5,-6)^{\mathrm{T}},\boldsymbol{\alpha}_1=(1,0,1)^{\mathrm{T}},\boldsymbol{\alpha}_2=(1,1,1)^{\mathrm{T}},\boldsymbol{\alpha}_3=(0,-1,-1)^{\mathrm{T}}$;

(2) $\boldsymbol{\beta}=(2,-1,5,1)^{\mathrm{T}},\boldsymbol{\varepsilon}_1=(1,0,0,0)^{\mathrm{T}},\boldsymbol{\varepsilon}_2=(0,1,0,0)^{\mathrm{T}},\boldsymbol{\varepsilon}_3=(0,0,1,0)^{\mathrm{T}},\boldsymbol{\varepsilon}_4=(0,0,0,1)^{\mathrm{T}}$.

3. 已知向量 $\boldsymbol{\gamma}_1,\boldsymbol{\gamma}_2$ 由向量 $\boldsymbol{\beta}_1,\boldsymbol{\beta}_2,\boldsymbol{\beta}_3$ 线性表示式为

$$\boldsymbol{\gamma}_1=3\boldsymbol{\beta}_1-\boldsymbol{\beta}_2+\boldsymbol{\beta}_3$$

$$\boldsymbol{\gamma}_2=\boldsymbol{\beta}_1+2\boldsymbol{\beta}_2+4\boldsymbol{\beta}_3$$

向量 $\boldsymbol{\beta}_1,\boldsymbol{\beta}_2,\boldsymbol{\beta}_3$ 由向量 $\boldsymbol{\alpha}_1,\boldsymbol{\alpha}_2,\boldsymbol{\alpha}_3$ 的线性表示式为

$$\boldsymbol{\beta}_1 = 2\boldsymbol{\alpha}_1 + \boldsymbol{\alpha}_2 - 5\boldsymbol{\alpha}_3$$
$$\boldsymbol{\beta}_2 = \boldsymbol{\alpha}_1 + 3\boldsymbol{\alpha}_2 + \boldsymbol{\alpha}_3$$
$$\boldsymbol{\beta}_3 = -\boldsymbol{\alpha}_1 + 4\boldsymbol{\alpha}_2 - \boldsymbol{\alpha}_3$$

求向量 $\boldsymbol{\gamma}_1,\boldsymbol{\gamma}_2$ 由向量 $\boldsymbol{\alpha}_1,\boldsymbol{\alpha}_2,\boldsymbol{\alpha}_3$ 的线性表示式.

4. 已知向量组 $\boldsymbol{B}:\boldsymbol{\beta}_1,\boldsymbol{\beta}_2,\boldsymbol{\beta}_3$ 由向量组 $\boldsymbol{A}:\boldsymbol{\alpha}_1,\boldsymbol{\alpha}_2,\boldsymbol{\alpha}_3$ 的线性表示式为

$$\boldsymbol{\beta}_1 = \boldsymbol{\alpha}_1 - \boldsymbol{\alpha}_2 + \boldsymbol{\alpha}_3$$
$$\boldsymbol{\beta}_2 = \boldsymbol{\alpha}_1 + \boldsymbol{\alpha}_2 - \boldsymbol{\alpha}_3$$
$$\boldsymbol{\beta}_3 = -\boldsymbol{\alpha}_1 + \boldsymbol{\alpha}_2 + \boldsymbol{\alpha}_3$$

试验证向量组 $\boldsymbol{A}$ 与向量组 $\boldsymbol{B}$ 等价.

5. 判断下列向量组是线性相关还是线性无关:

(1) $\boldsymbol{\alpha}_1=(1,0,-1)^{\mathrm{T}},\boldsymbol{\alpha}_2=(-2,2,0)^{\mathrm{T}},\boldsymbol{\alpha}_3=(3,-5,2)^{\mathrm{T}}$;

(2) $\boldsymbol{\alpha}_1=(1,1,3,1)^{\mathrm{T}},\boldsymbol{\alpha}_2=(3,-1,2,4)^{\mathrm{T}},\boldsymbol{\alpha}_3=(2,2,7,-1)^{\mathrm{T}}$;

(3) $\boldsymbol{\alpha}_1=(1,1,0)^{\mathrm{T}},\boldsymbol{\alpha}_2=(1,3,-1)^{\mathrm{T}},\boldsymbol{\alpha}_3=(5,3,t)^{\mathrm{T}}$;

(4) $\boldsymbol{\alpha}_1=(1,1,1)^{\mathrm{T}},\boldsymbol{\alpha}_2=(1,2,3)^{\mathrm{T}},\boldsymbol{\alpha}_3=(1,3,t)^{\mathrm{T}}$.

6. 设三阶矩阵

$$\boldsymbol{A}=\begin{pmatrix}1 & 2 & -2\\ 2 & 1 & 2\\ 3 & 0 & 4\end{pmatrix}$$

及三维列向量 $\boldsymbol{\alpha}=(a,1,1)^{\mathrm{T}}$,求 a 取何值时,$\boldsymbol{A\alpha}$ 与 $\boldsymbol{\alpha}$ 线性相关.

7. 设 $\boldsymbol{\alpha}_1=(6,a+1,3)^{\mathrm{T}},\boldsymbol{\alpha}_2=(a,2,-2)^{\mathrm{T}},\boldsymbol{\alpha}_3=(a,1,0)^{\mathrm{T}},\boldsymbol{\alpha}_4=(0,1,a)^{\mathrm{T}}$,试问:

(1) a 分别为何值时,$\boldsymbol{\alpha}_1,\boldsymbol{\alpha}_2$ 线性相关?线性无关?

(2) a 分别为何值时,$\boldsymbol{\alpha}_1,\boldsymbol{\alpha}_2,\boldsymbol{\alpha}_3$ 线性相关?线性无关?

(3) a 分别为何值时,$\boldsymbol{\alpha}_1,\boldsymbol{\alpha}_2,\boldsymbol{\alpha}_3,\boldsymbol{\alpha}_4$ 线性相关?线性无关?

8. 求下列向量组的秩和一个极大无关组,并将其余向量用此极大无关组线性表示:

(1) $\boldsymbol{\alpha}_1=(1,1,3,1)^{\mathrm{T}},\boldsymbol{\alpha}_2=(-1,1,-1,3)^{\mathrm{T}},\boldsymbol{\alpha}_3=(5,-2,8,-9)^{\mathrm{T}},\boldsymbol{\alpha}_4=(-1,3,1,7)^{\mathrm{T}}$;

(2) $\boldsymbol{\alpha}_1=(1,1,2,3)^{\mathrm{T}},\boldsymbol{\alpha}_2=(1,-1,1,1)^{\mathrm{T}},\boldsymbol{\alpha}_3=(1,3,3,5)^{\mathrm{T}},\boldsymbol{\alpha}_4=(4,-2,5,6)^{\mathrm{T}}$,
$\boldsymbol{\alpha}_5=(-3,-1,-5,-7)^{\mathrm{T}}$.

9. 求下列齐次线性方程组的一个基础解系:

(1) $\begin{cases}x_1-2x_2+4x_3-7x_4=0\\ 2x_1+x_2-2x_3+x_4=0\\ 3x_1-x_2+2x_3-4x_4=0\end{cases}$;
(2) $\begin{cases}3x_1+2x_2-5x_3+4x_4=0\\ 3x_1-x_2+3x_3-3x_4=0\\ 3x_1+5x_2-13x_3+11x_4=0\end{cases}$;

(3) $\begin{cases}x_1-2x_2+x_3-x_4+x_5=0\\ 2x_1+x_2-x_3+2x_4-3x_5=0\\ 3x_1-2x_2-x_3+x_4-2x_5=0\\ 2x_1-5x_2+x_3-2x_4+2x_5=0\end{cases}$;
(4) $\begin{cases}x_1-2x_2+x_3+x_4-x_5=0\\ 2x_1+x_2-x_3-x_4+x_5=0\\ x_1+7x_2-5x_3-5x_4+5x_5=0\\ 3x_1-x_2-2x_3+x_4-x_5=0\end{cases}$;

(5) $\begin{cases}2x_1-x_2+x_3-x_4=0\\ 2x_1-x_2-3x_4=0\\ x_2+3x_3-6x_4=0\\ 2x_1-2x_2-2x_3+5x_4=0\end{cases}$;
(6) $\begin{cases}x_1-2x_2+3x_3-4x_4=0\\ x_2-x_3+x_4=0\\ x_1+3x_2-3x_4=0\\ x_1-4x_2+3x_3-2x_4=0\end{cases}$.

10. 设矩阵 $\boldsymbol{A}=(a_{ij})_{m\times n}$，$\boldsymbol{B}=(b_{ij})_{n\times s}$，证明：$\boldsymbol{AB}=\boldsymbol{O}$ 的充要条件是矩阵 $\boldsymbol{B}$ 的每一列向量都是齐次方程组 $\boldsymbol{Ax}=\boldsymbol{0}$ 的解.

11. 求下列线性方程组的全部解，并用对应导出组的基础解系表示：

(1) $\begin{cases} x_1+5x_2-x_3-x_4=-1 \\ x_1-2x_2+x_3+3x_4=3 \\ 3x_1+8x_2-x_3+x_4=1 \\ x_1-9x_2+3x_3+7x_4=7 \end{cases}$； (2) $\begin{cases} x_1+x_2+x_3+x_4+x_5=7 \\ 3x_1+2x_2+x_3+x_4-3x_5=-2 \\ x_2+2x_3+2x_4+6x_5=23 \\ 5x_1+4x_2-3x_3+3x_4-x_5=12 \end{cases}$；

(3) $\begin{cases} x_1+3x_2+5x_3-4x_4=1 \\ x_1+3x_2+2x_3-2x_4+x_5=-1 \\ x_1-2x_2+x_3-x_4-x_5=3 \\ x_1-4x_2+x_3+x_4-x_5=3 \\ x_1+2x_2+x_3-x_4+x_5=-1 \end{cases}$.

12. 某地区的支柱产业有4个，分别是制造、通信、服务与能源. 在过去一年内，产业间流量和总产出如表2.1所示. 求：各产业的最终产品的价值 $y_i(i=1,2,3,4)$；各产业新创造的价值 $z_j(j=1,2,3,4)$.

表 2.1 产业间流量和总结表

投入 \ 产出		消耗部门				最终产品	总产出
		制造	通信	服务	能源		
生产部门	制造	360	480	400	200		2 000
	通信	200	240	160	280		1 700
	服务	240	180	320	300		1 800
	能源	350	320	260	220		1 600
新创造价值							
总产品价值		2 000	1 700	1 800	1 600		

13. 已知某经济系统在一个生产周期内投入产出情况如表2.2所示，试求直接消耗系数矩阵.

表 2.2 投入产生平衡表

投入 \ 产出		中间消耗			最终需求	总产出
		1	2	3		
中间投入	1	100	25	30		400
	2	80	50	30		250
	3	40	25	60		300
净产值						
总投入		400	250	300		

14. 假设某经济系统包括 3 个部门,报告期的投入产出平衡表如表 2.3 所示.

表 2.3　投入产出平衡表

投入＼产出		消费部门			最终产品	总产出
		农业	工业	运输		
生产部门	农业	32	10	10	28	80
	工业	8	40	5	47	100
	运输	8	10	15	17	50
创造价值		32	40	20		
总投入		80	100	50		

试求:

(1) 直接消耗系数矩阵 $\boldsymbol{A}$;

(2) 若各部门计划内的最终产品为 $y_1=20, y_2=100, y_3=40$,预测各部门在计划内的总产出 x_1, x_2, x_3.

B 组

1. 设 $\boldsymbol{\alpha}_1=(1,2,0)^{\mathrm{T}}$, $\boldsymbol{\alpha}_2=(1,2+a,-3a)^{\mathrm{T}}$, $\boldsymbol{\alpha}_3=(-1,-b-2,a+2b)^{\mathrm{T}}$, $\boldsymbol{\beta}=(1,3,-3)^{\mathrm{T}}$,试讨论当 a, b 为分别何值时,

(1) $\boldsymbol{\beta}$ 不能由 $\boldsymbol{\alpha}_1, \boldsymbol{\alpha}_2, \boldsymbol{\alpha}_3$ 线性表示;

(2) $\boldsymbol{\beta}$ 可由 $\boldsymbol{\alpha}_1, \boldsymbol{\alpha}_2, \boldsymbol{\alpha}_3$ 唯一线性表示,并求出表达式;

(3) $\boldsymbol{\beta}$ 可由 $\boldsymbol{\alpha}_1, \boldsymbol{\alpha}_2, \boldsymbol{\alpha}_3$ 线性表示,但表示不唯一,并求出表达式.

2. 设向量组 $\boldsymbol{\alpha}_1=(a,2,10)^{\mathrm{T}}, \boldsymbol{\alpha}_2=(-2,1,5)^{\mathrm{T}}, \boldsymbol{\alpha}_3=(-1,1,4)^{\mathrm{T}}, \boldsymbol{\beta}=(1,b,c)^{\mathrm{T}}$,试问:当 a, b, c 分别满足什么条件时,

(1) $\boldsymbol{\beta}$ 可由 $\boldsymbol{\alpha}_1, \boldsymbol{\alpha}_2, \boldsymbol{\alpha}_3$ 线性表示,且表示唯一?

(2) $\boldsymbol{\beta}$ 不能由 $\boldsymbol{\alpha}_1, \boldsymbol{\alpha}_2, \boldsymbol{\alpha}_3$ 线性表示?

(3) $\boldsymbol{\beta}$ 可由 $\boldsymbol{\alpha}_1, \boldsymbol{\alpha}_2, \boldsymbol{\alpha}_3$ 线性表示,但表示不唯一?并求出一般表达式.

3. 设四维向量组

$\boldsymbol{\alpha}_1=(1+a,1,1,1)^{\mathrm{T}}, \boldsymbol{\alpha}_2=(2,2+a,2,2)^{\mathrm{T}}, \boldsymbol{\alpha}_3=(3,3,3+a,3)^{\mathrm{T}}, \boldsymbol{\alpha}_4=(4,4,4,4+a)^{\mathrm{T}}$

问 a 为何值时, $\boldsymbol{\alpha}_1, \boldsymbol{\alpha}_2, \boldsymbol{\alpha}_3, \boldsymbol{\alpha}_4$ 线性相关?当 $\boldsymbol{\alpha}_1, \boldsymbol{\alpha}_2, \boldsymbol{\alpha}_3, \boldsymbol{\alpha}_4$ 线性相关时,求其一个极大无关组,并将其余向量用该极大无关组线性表示.

4. 已知向量组

$$\boldsymbol{A}_1: \boldsymbol{\alpha}_1, \boldsymbol{\alpha}_2, \boldsymbol{\alpha}_3; \quad \boldsymbol{A}_2: \boldsymbol{\alpha}_1, \boldsymbol{\alpha}_2, \boldsymbol{\alpha}_3, \boldsymbol{\alpha}_4; \quad \boldsymbol{A}_3: \boldsymbol{\alpha}_1, \boldsymbol{\alpha}_2, \boldsymbol{\alpha}_3, \boldsymbol{\alpha}_4, \boldsymbol{\alpha}_5$$

若各向量组的秩分别是 $R(\boldsymbol{A}_1)=R(\boldsymbol{A}_2)=3, R(\boldsymbol{A}_3)=4$,试证明向量组 $\boldsymbol{\alpha}_1, \boldsymbol{\alpha}_2, \boldsymbol{\alpha}_3, \boldsymbol{\alpha}_5-\boldsymbol{\alpha}_4$ 的秩为 4.

5. 设齐次线性方程组

$$\begin{cases} x_1+2x_2+3x_3=0 \\ 2x_1+3x_2+5x_3=0 \\ x_1+x_2+ax_3=0 \end{cases}$$

和

$$\begin{cases} x_1 + bx_2 + cx_3 = 0 \\ 2x_1 + b^2 x_2 + (c+1)x_3 = 0 \end{cases}$$

同解，求 a,b,c 的值.

6. 设

$$\boldsymbol{A} = \begin{pmatrix} 1 & a \\ 1 & 0 \end{pmatrix}, \quad \boldsymbol{B} = \begin{pmatrix} 0 & 1 \\ 1 & b \end{pmatrix}$$

当 a,b 为何值时，存在矩阵 $\boldsymbol{C}$ 使得

$$\boldsymbol{AC} - \boldsymbol{CA} = \boldsymbol{B}$$

并求所求矩阵 $\boldsymbol{C}$.

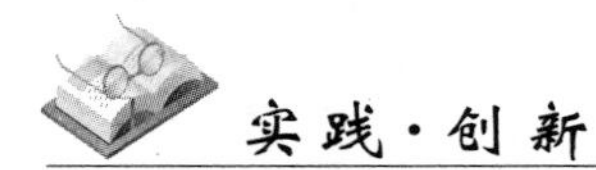

实践·创新

【目的要求】 掌握利用 MATLAB 判断向量组的线性相关性，求解向量组的极大无关组和齐次线性方程组的方法.

例 1 已知向量组 $\boldsymbol{\alpha}_1,\boldsymbol{\alpha}_2,\boldsymbol{\alpha}_3$ 线性无关，且 $\boldsymbol{b}_1=\boldsymbol{\alpha}_1+\boldsymbol{\alpha}_2,\boldsymbol{b}_2=\boldsymbol{\alpha}_2+\boldsymbol{\alpha}_3,\boldsymbol{b}_3=\boldsymbol{\alpha}_3+\boldsymbol{\alpha}_1$，试问 $\boldsymbol{b}_1,\boldsymbol{b}_2,\boldsymbol{b}_3$ 是否线性相关?

解 不妨取

$$\boldsymbol{\alpha}_1 = \begin{pmatrix} 1 \\ 0 \\ 0 \end{pmatrix}, \quad \boldsymbol{\alpha}_2 = \begin{pmatrix} 0 \\ 1 \\ 0 \end{pmatrix}, \quad \boldsymbol{\alpha}_3 = \begin{pmatrix} 0 \\ 0 \\ 1 \end{pmatrix}$$

则输入语句

```
a1=[1;0;0];
a2=[0;1;0];
a3=[0;0;1];
B=[a1+a2 a2+a3 a3+a1];
r=rank(B)
```

得到结果

```
r=
    3
```

故线性无关.

例 2 已知矩阵

$$\boldsymbol{A} = \begin{pmatrix} 2 & -1 & -1 & 1 & 2 \\ 1 & 1 & -2 & 1 & 4 \\ 4 & -6 & 2 & -2 & 4 \\ 3 & 6 & -9 & 7 & 9 \end{pmatrix}$$

求它的一个极大无关组，并把其他向量用该极大无关组线性表示.

解 输入语句

```
A=[2 -1 -1 1 2; 1 1 -2 1 4; 4 -6 2 -2 4;3 6 -9 7 9];
rref(A)
```

得到结果

```
ans=
     1          0          -1          0          4
     0          1          -1          0          3
     0          0           0          1         -3
     0          0           0          0          0
```

根据计算结果,可以明显地找到一个极大无关组 $\boldsymbol{\alpha}_1,\boldsymbol{\alpha}_2,\boldsymbol{\alpha}_4$,且有 $\boldsymbol{\alpha}_3=-\boldsymbol{\alpha}_1-\boldsymbol{\alpha}_2,\boldsymbol{\alpha}_5=4\boldsymbol{\alpha}_1+3\boldsymbol{\alpha}_2-3\boldsymbol{\alpha}_4$.

例 3 求齐次线性方程组

$$\begin{cases}x_1+x_2-x_3-x_4=0\\2x_1-5x_2+3x_3+2x_4=0\\7x_1-7x_2+3x_3+x_4=0\end{cases}$$

的基础解系和通解.

解 输入语句

```
A=[1 1 -1 -1; 2 -5 3 2;7 -7 3 1];
format rat;
rref(A)
```

得到结果

```
ans=
     1          0          -2/7          -3/7
     0          1          -5/7          -4/7
     0          0            0             0
```

从结果中可以看出

$$\begin{cases}x_1-\dfrac{2}{7}x_3-\dfrac{3}{7}x_4=0\\x_2-\dfrac{5}{7}x_3-\dfrac{4}{7}x_4=0\end{cases}$$

因此,基础解系为

$$\boldsymbol{\xi}_1=\begin{pmatrix}\dfrac{2}{7}\\\dfrac{5}{7}\\1\\0\end{pmatrix},\quad \boldsymbol{\xi}_2=\begin{pmatrix}\dfrac{3}{7}\\\dfrac{4}{7}\\0\\1\end{pmatrix}$$

通解为 $k_1\boldsymbol{\xi}_1+k_2\boldsymbol{\xi}_2$($k_1,k_2$ 为任意常数).

【目的要求】 在理论学习和实践创新的基础上进一步探究向量的应用.

(1)利用向量组线性相关性的知识,结合实际问题中的配方问题、生产替代问题构建关系模型,并用 MATLAB 软件给予求解. 例如:在化工、医药、日常膳食等方面涉及的配方比例问题和配料替代问题.

(2)查阅相关资料,结合实际问题进一步学习在生产活动中多个经济部门之间的投入产出关系以及由此构建的投入产出模型,并利用 MATLAB 软件对于该问题给予求解.

第 3 章　矩阵对角化及应用

本章是矩阵理论的重要部分，主要解决以下两个问题：一是相似矩阵的对角化问题；二是二次型化标准形及分类问题. 上述两个问题不仅在数学的各个分支中有着重要的作用，而且在工程技术、科学研究中也有着大量应用. 为了解决这两个问题，我们首先介绍一些基础知识，包括行列式、向量内积及正交化的概念.

3.1　行列式及其运算

行列式是线性代数中的一个重要的概念，它广泛用于数学、工程技术及经济学等众多领域. 本节从二元线性方程组的求解公式出发给出了二阶、三阶行列式的定义，并由此引出 n 阶行列式的定义. 在此基础上，通过讨论其性质，得到了两种重要的行列式计算方法.

3.1.1　行列式的定义

线性方程组是线性代数的主要研究对象之一，对于最简单的二元线性方程组

$$\begin{cases} a_{11}x_1 + a_{12}x_2 = b_1 \\ a_{21}x_1 + a_{22}x_2 = b_2 \end{cases} \tag{3.1.1}$$

利用加减消元法，可得

$$\begin{cases} (a_{11}a_{22} - a_{12}a_{21})x_1 = b_1a_{22} - a_{12}b_2 \\ (a_{11}a_{22} - a_{12}a_{21})x_2 = a_{11}b_2 - a_{21}b_1 \end{cases}$$

当 $a_{11}a_{22} - a_{12}a_{21} \neq 0$ 时，方程组的解为

$$x_1 = \frac{b_1a_{22} - a_{12}b_2}{a_{11}a_{22} - a_{12}a_{21}}, \quad x_2 = \frac{a_{11}b_2 - b_1a_{21}}{a_{11}a_{22} - a_{12}a_{21}} \tag{3.1.2}$$

为了方便记忆上述结果，我们引入二阶行列式的概念.

定义 3.1.1　记

$$\begin{vmatrix} a_{11} & a_{12} \\ a_{21} & a_{22} \end{vmatrix} = a_{11}a_{22} - a_{12}a_{21}$$

上式左端称为**二阶行列式**，其中数 $a_{ij}(i=1,2;j=1,2)$ 称为行列式的元素. i 称为行标，j 称为列标，表明该元素位于第 i 行、第 j 列.

二阶行列式的计算可以用对角线法则来记忆，即

$$\begin{vmatrix} a_{11} & a_{12} \\ a_{21} & a_{22} \end{vmatrix} = a_{11}a_{22} - a_{12}a_{21}$$

实线(主对角线)上两元素乘积取正号,虚线(副对角线)上两元素乘积取负号.

这样,当 $a_{11}a_{22} - a_{12}a_{21} \neq 0$ 时,方程组的解式(3.1.2)可记为

$$x_1 = \frac{\begin{vmatrix} b_1 & a_{12} \\ b_2 & a_{22} \end{vmatrix}}{\begin{vmatrix} a_{11} & a_{12} \\ a_{21} & a_{22} \end{vmatrix}}, \quad x_2 = \frac{\begin{vmatrix} a_{11} & b_1 \\ a_{21} & b_2 \end{vmatrix}}{\begin{vmatrix} a_{11} & a_{12} \\ a_{21} & a_{22} \end{vmatrix}} \tag{3.1.3}$$

记 $D = \begin{vmatrix} a_{11} & a_{12} \\ a_{21} & a_{22} \end{vmatrix}$,称 D 为方程组(3.1.1)的**系数行列式**,又记

$$D_1 = \begin{vmatrix} b_1 & a_{12} \\ b_2 & a_{22} \end{vmatrix} = b_1a_{22} - b_2a_{12}, \quad D_2 = \begin{vmatrix} a_{11} & b_1 \\ a_{21} & b_2 \end{vmatrix} = a_{11}b_2 - a_{21}b_1$$

则当 $D \neq 0$ 时,二元线性方程组(3.1.1)有唯一解

$$x_1 = \frac{D_1}{D}, \quad x_2 = \frac{D_2}{D} \tag{3.1.4}$$

事实上,三元线性方程组

$$\begin{cases} a_{11}x_1 + a_{12}x_2 + a_{13}x_3 = b_1 \\ a_{21}x_1 + a_{22}x_2 + a_{23}x_3 = b_2 \\ a_{31}x_1 + a_{32}x_2 + a_{33}x_3 = b_3 \end{cases} \tag{3.1.5}$$

的解也具有类似式(3.1.2)的结论.

为了将三元线性方程组的解表示成式(3.1.4)的形式,我们先给出三阶行列式的定义.

定义 3.1.2　记

$$\begin{vmatrix} a_{11} & a_{12} & a_{13} \\ a_{21} & a_{22} & a_{23} \\ a_{31} & a_{32} & a_{33} \end{vmatrix} = a_{11}a_{22}a_{33} + a_{12}a_{23}a_{31} + a_{13}a_{21}a_{32} - a_{11}a_{23}a_{32} - a_{12}a_{21}a_{33} - a_{13}a_{22}a_{31}$$

上式左端称为**三阶行列式**.三阶行列式的值是 6 个乘积项的代数和,可以用下面的对角线法则来记忆:

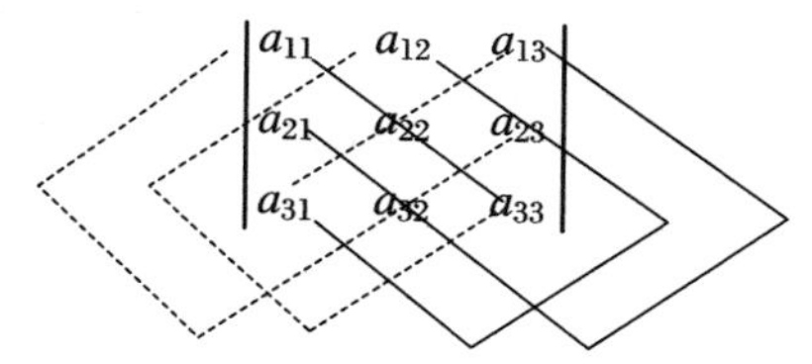

其中实线连接的三个元素的乘积取正号,而虚线连接的三个元素的乘积则取负号.

对于三元线性方程组(3.1.5),记

$$D = \begin{vmatrix} a_{11} & a_{12} & a_{13} \\ a_{21} & a_{22} & a_{23} \\ a_{31} & a_{32} & a_{33} \end{vmatrix}$$

则称 D 为方程组(3.1.5)的**系数行列式**.又记

$$D_1=\begin{vmatrix} b_1 & a_{12} & a_{13} \\ b_2 & a_{22} & a_{23} \\ b_3 & a_{32} & a_{33} \end{vmatrix},\ D_2=\begin{vmatrix} a_{11} & b_1 & a_{13} \\ a_{21} & b_2 & a_{23} \\ a_{31} & b_3 & a_{33} \end{vmatrix},\ D_3=\begin{vmatrix} a_{11} & a_{12} & b_1 \\ a_{21} & a_{22} & b_2 \\ a_{31} & a_{32} & b_3 \end{vmatrix}$$

可以验证,当 $D\neq 0$ 时,方程组(3.1.5)有唯一解

$$x_1=\frac{D_1}{D},\quad x_2=\frac{D_2}{D},\quad x_3=\frac{D_3}{D} \tag{3.1.6}$$

注　行列式 D_1,D_2,D_3 分别是用常数项 b_1,b_2,b_3 代替 D 中的第 1,2,3 列元素得到.

对于 n 元线性方程组是否也具有上述类似的结果呢? 答案是肯定的,在本章 3.6 节中我们将对这个问题的原理“克拉姆法则”进行详细的描述.

以上我们介绍了二、三阶行列式,其计算方法可以采用对角线法则来处理,但对角线法则并不适用于四阶及以上的行列式的定义与运算,为此我们给出更加一般的行列式的定义.在介绍 n 阶行列式的概念之前,我们先来了解几个辅助的概念.

定义 3.1.3　由自然数 $1,2,\cdots,n$ 组成的不重复的有序数组 $i_1i_2\cdots i_n$,称为一个 **n 级全排列**,简称**排列**.

例如 2341 和 2431 是两个不同的 4 级排列,而 234 则不是一个 3 级排列.由中学里面的排列组合知识可知,n 级排列共有 $n!$ 个.

定义 3.1.4　在一个 n 级排列 $i_1i_2\cdots i_n$ 中,如果有较大的数 i_t 排在较小的数 i_s 前面($t<s$),则称 i_t 与 i_s 构成一个**逆序**.一个排列中逆序的总数称为该排列的**逆序数**,记为 $\tau(i_1i_2\cdots i_n)$.逆序数为奇数的排列称为**奇排列**,逆序数为偶数的排列称为**偶排列**.逆序数为 0 的排列又称为**自然排列**,即 $12\cdots n$.

在一个 n 级排列 $i_1i_2\cdots i_n$ 中,设比 $i_k(k=1,2,\cdots,n)$ 大的且排在 i_k 前面的数共有 t_k 个,则称 t_k 为元素 i_k 的逆序数,全体元素的逆序数之和即为该排列的逆序数,即

$$\tau(i_1i_2\cdots i_n)=t_1+t_2+\cdots+t_n=\sum_{k=1}^{n}t_k \tag{3.1.7}$$

例 3.1.1　计算排列 31425 的逆序数.

解　元素 3,1,4,2,5 的逆序数分别为 0,1,0,2,0,则 $\tau(31425)=0+1+0+2+0=3$.

观察二阶及三阶行列式的定义:

$$\begin{vmatrix} a_{11} & a_{12} \\ a_{21} & a_{22} \end{vmatrix}=a_{11}a_{22}-a_{12}a_{21}$$

$$\begin{vmatrix} a_{11} & a_{12} & a_{13} \\ a_{21} & a_{22} & a_{23} \\ a_{31} & a_{32} & a_{33} \end{vmatrix}=a_{11}a_{22}a_{33}+a_{12}a_{23}a_{31}+a_{13}a_{21}a_{32}-a_{11}a_{23}a_{32}-a_{12}a_{21}a_{33}-a_{13}a_{22}a_{31}$$

我们不难发现其规律:

(1) 二阶行列式有 $2!=2$ 项,三阶行列式有 $3!=6$ 项;

(2) 每项都是取自不同行不同列的元素的乘积;将每个乘积项的元素按行标为自然排列排序后,列标分别遍取所有的 2 级和 3 级排列;

(3) 每项的符号是:当行标固定为自然排列后,若对应的列标构成的排列是偶排列,则取正号,是奇排列则取负号.

即二阶、三阶行列式可以写成

$$\begin{vmatrix} a_{11} & a_{12} \\ a_{21} & a_{22} \end{vmatrix} = \sum_{j_1 j_2} (-1)^{\tau(j_1 j_2)} a_{1j_1} a_{2j_2}, \quad \begin{vmatrix} a_{11} & a_{12} & a_{13} \\ a_{21} & a_{22} & a_{23} \\ a_{31} & a_{32} & a_{33} \end{vmatrix} = \sum_{j_1 j_2 j_3} (-1)^{\tau(j_1 j_2 j_3)} a_{1j_1} a_{2j_2} a_{3j_3}$$

根据这个规律，我们延伸出 n 阶行列式的定义.

定义 3.1.5　由 n^2 个元素 $a_{ij}(i,j=1,2,\cdots,n)$ 组成的记号

$$\begin{vmatrix} a_{11} & a_{12} & \cdots & a_{1n} \\ a_{21} & a_{22} & \cdots & a_{2n} \\ \vdots & \vdots & & \vdots \\ a_{n1} & a_{n2} & \cdots & a_{nn} \end{vmatrix}$$

称为 **n 阶行列式**，其中横排为行，竖排为列，a_{ij} 为第 i 行、第 j 列位置上的元素. n 阶行列式表示所有取自不同行不同列的 n 个元素乘积的代数和，且各项的符号满足：当行标按自然数顺序排列后，若对应的列标构成的排列是偶排列，则取正号，反之取负号. 即

$$D = \begin{vmatrix} a_{11} & a_{12} & \cdots & a_{1n} \\ a_{21} & a_{22} & \cdots & a_{2n} \\ \vdots & \vdots & & \vdots \\ a_{n1} & a_{n2} & \cdots & a_{nn} \end{vmatrix} = \sum_{j_1 j_2 \cdots j_n} (-1)^{\tau(j_1 j_2 \cdots j_n)} a_{1j_1} a_{2j_2} \cdots a_{nj_n} \tag{3.1.8}$$

其中 $\sum\limits_{j_1 j_2 \cdots j_n}$ 表示对所有的 n 级排列 $j_1 j_2 \cdots j_n$ 求和.

行列式也简记作 $\det(a_{ij})$ 或 $|a_{ij}|$，a_{ij} 称为行列式的**元素**，式(3.1.8)中的

$$(-1)^{\tau(j_1 j_2 \cdots j_n)} a_{1j_1} a_{2j_2} \cdots a_{nj_n}$$

称为行列式的**一般项**.

注　(1) 行列式本质上是一种算式，它的值是一个数，表示 $n!$ 个一般项的代数和. 一般情况下，不严格区分行列式和行列式的值这两个概念；

(2) 特别地，一阶行列式 $|a| = a$，不要与绝对值记号相混淆.

以 3 阶行列式为例，若将每个乘积项的元素按列标为自然排列排序后，即

$$\begin{vmatrix} a_{11} & a_{12} & a_{13} \\ a_{21} & a_{22} & a_{23} \\ a_{31} & a_{32} & a_{33} \end{vmatrix} = a_{11}a_{22}a_{33} + a_{31}a_{12}a_{23} + a_{21}a_{32}a_{13} - a_{11}a_{32}a_{23} - a_{21}a_{12}a_{33} - a_{31}a_{22}a_{13}$$

上式各项的行标遍取了所有的 3 级排列，且当行标构成的排列是偶排列时该项取正号，否则取负号. 这个规律告诉我们，n 阶行列式也可以有如下定义：

定义 3.1.6

$$D = \begin{vmatrix} a_{11} & a_{12} & \cdots & a_{1n} \\ a_{21} & a_{22} & \cdots & a_{2n} \\ \vdots & \vdots & & \vdots \\ a_{n1} & a_{n2} & \cdots & a_{nn} \end{vmatrix} = \sum_{i_1 i_2 \cdots i_n} (-1)^{\tau(i_1 \cdots i_n)} a_{i_1 1} \cdots a_{i_n n} \tag{3.1.9}$$

其中 $\sum\limits_{i_1 i_2 \cdots i_n}$ 表示对所有的 n 级排列 $i_1 i_2 \cdots i_n$ 求和.

下面给出几类特殊的行列式：

(1) **对角行列式**(主对角线以外的元素全为 0)

$$\begin{vmatrix} a_{11} & 0 & \cdots & 0 \\ 0 & a_{22} & \cdots & 0 \\ \vdots & \vdots & & \vdots \\ 0 & 0 & \cdots & a_{nn} \end{vmatrix} = a_{11}a_{22}\cdots a_{nn} \tag{3.1.10}$$

(2) **上三角形行列式**(主对角线以下的元素全部为 0)

$$\begin{vmatrix} a_{11} & a_{12} & \cdots & a_{1n} \\ & a_{22} & \cdots & a_{2n} \\ & & \ddots & \vdots \\ & & & a_{nn} \end{vmatrix} = a_{11}a_{22}\cdots a_{nn} \tag{3.1.11}$$

(3) **下三角形行列式**(主对角线以上的元素全部为 0)

$$D = \begin{vmatrix} a_{11} & & & \\ a_{21} & a_{22} & & \\ \vdots & \vdots & \ddots & \\ a_{n1} & a_{n2} & \cdots & a_{nn} \end{vmatrix} = a_{11}a_{22}\cdots a_{nn} \tag{3.1.12}$$

利用行列式的定义虽然可以计算一些特殊的(较多的元素为 0)行列式,但对于一般的行列式,特别是阶数较高时,依据定义穷举一般项来计算显然不切实际.为了简化计算,我们需要研究行列式运算的性质.

3.1.2 行列式的性质

定义 3.1.7 将行列式

$$D = \begin{vmatrix} a_{11} & a_{12} & \cdots & a_{1n} \\ a_{21} & a_{22} & \cdots & a_{2n} \\ \vdots & \vdots & & \vdots \\ a_{n1} & a_{n2} & \cdots & a_{nn} \end{vmatrix}$$

的行列互换,得到的新行列式称为 D 的**转置行列式**,记为 D^{T},即

$$D^{\mathrm{T}} = \begin{vmatrix} a_{11} & a_{21} & \cdots & a_{n1} \\ a_{12} & a_{22} & \cdots & a_{n2} \\ \vdots & \vdots & & \vdots \\ a_{1n} & a_{2n} & \cdots & a_{nn} \end{vmatrix}$$

性质 3.1.1 将行列式的行列互换,其值不变,即 $D^{\mathrm{T}} = D$.

证明 设 D 的一般项为

$$(-1)^{\tau(j_1 j_2 \cdots j_n)} a_{1j_1} a_{2j_2} \cdots a_{nj_n}$$

它的元素在 D 中位于不同的行不同的列,因而在 D^{T} 中位于不同的列不同的行,所以这 n 个元素的乘积在 D^{T} 中为 $a_{j_1 1} a_{j_2 2} \cdots a_{j_n n}$,且符号也是 $(-1)^{\tau(j_1 j_2 \cdots j_n)}$,因此,$D$ 与 D^{T} 是具有相同项的行列式.

注 此性质表明,在行列式中的行与列具有同等的地位,对行成立的运算性质,对列也成立,反之亦然.

性质 3.1.2 互换行列式的两行(列),行列式变号.

证明略.

推论 3.1.1 如果行列式有两行(列)完全相同,则此行列式的值等于零.

证明 将这相同的两行(列)互换,有 $D=-D$,即 $D=0$.

性质 3.1.3 行列式的某一行(列)中所有的元素都乘以同一常数 k,等于用常数 k 乘此行列式,即

$$D_1=\begin{vmatrix} a_{11} & a_{12} & \cdots & \cdots & a_{1n} \\ \vdots & \vdots & & & \vdots \\ ka_{i1} & ka_{i2} & \cdots & \cdots & ka_{in} \\ \vdots & \vdots & & & \vdots \\ a_{n1} & a_{n2} & \cdots & \cdots & a_{nn} \end{vmatrix}=k\begin{vmatrix} a_{11} & a_{12} & \cdots & \cdots & a_{1n} \\ \vdots & \vdots & & & \vdots \\ a_{i1} & a_{i2} & \cdots & \cdots & a_{in} \\ \vdots & \vdots & & & \vdots \\ a_{n1} & a_{n2} & \cdots & \cdots & a_{nn} \end{vmatrix}=kD$$

证明略.

注 常用 r_i,c_i 来分别表示行列式的第 i 行和第 i 列.交换 i,j 两行(列)的运算记作 $r_i\leftrightarrow r_j(c_i\leftrightarrow c_j)$,第 i 行(列)乘以常数 k 记作 $r_i\times k(c_i\times k)$.

推论 3.1.2 行列式中某一行(列)的所有元素的公因子可以提到行列式记号的外面.

由推论 3.1.1 与 3.1.2,容易推得:

推论 3.1.3 若行列式中有某两行(列)对应元素成比例,则此行列式值为零.

例如,三阶行列式 $D=\begin{vmatrix} 2 & -4 & 1 \\ 3 & -6 & 3 \\ -5 & 10 & 4 \end{vmatrix}$ 的第一列与第二列对应元素成比例,由推论 3.1.3 知,$D=0$.

性质 3.1.4 若行列式的某一行(列)的元素都是两数之和,则此行列式可以写成两个行列式的和,即

$$D=\begin{vmatrix} a_{11} & a_{12} & \cdots & a_{1n} \\ \vdots & \vdots & & \vdots \\ b_{i1}+c_{i1} & b_{i2}+c_{i2} & \cdots & b_{in}+c_{in} \\ \vdots & \vdots & & \vdots \\ a_{n1} & a_{n2} & \cdots & a_{nn} \end{vmatrix}$$

$$=\begin{vmatrix} a_{11} & a_{12} & \cdots & a_{1n} \\ \vdots & \vdots & & \vdots \\ b_{i1} & b_{i2} & \cdots & b_{in} \\ \vdots & \vdots & & \vdots \\ a_{n1} & a_{n2} & \cdots & a_{nn} \end{vmatrix}+\begin{vmatrix} a_{11} & a_{12} & \cdots & a_{1n} \\ \vdots & \vdots & & \vdots \\ c_{i1} & c_{i2} & \cdots & c_{in} \\ \vdots & \vdots & & \vdots \\ a_{n1} & a_{n2} & \cdots & a_{nn} \end{vmatrix}=D_1+D_2$$

证明略.

性质 3.1.5 行列式的某一行(列)元素加上另一行(列)对应元素的 k 倍,行列式的值不变.即

$$D_1=\begin{vmatrix} a_{11} & a_{12} & \cdots & a_{1n} \\ \vdots & \vdots & & \vdots \\ a_{i1}+ka_{j1} & a_{i2}+ka_{j2} & \cdots & a_{in}+ka_{jn} \\ \vdots & \vdots & & \vdots \\ a_{j1} & a_{j2} & \cdots & a_{jn} \\ \vdots & \vdots & & \vdots \\ a_{n1} & a_{n2} & \cdots & a_{nn} \end{vmatrix}=\begin{vmatrix} a_{11} & a_{12} & \cdots & a_{1n} \\ \vdots & \vdots & & \vdots \\ a_{i1} & a_{i2} & \cdots & a_{in} \\ \vdots & \vdots & & \vdots \\ a_{j1} & a_{j2} & \cdots & a_{jn} \\ \vdots & \vdots & & \vdots \\ a_{n1} & a_{n2} & \cdots & a_{nn} \end{vmatrix}=D$$

证明略.

注 以数 k 乘以第 j 行(列)加到第 i 行(列)上的运算,记作 $r_i+kr_j(c_i+kc_j)$.

3.1.3 行列式的计算

行列式的计算是本节的主要内容.计算行列式的方法有很多,包括定义法、化为上三角形行列式法、按行(列)展开法、递推公式法等多种方法.在计算具体的行列式时,应通过认真观察该行列式的特征来选取合适的方法,从而简化计算过程.本节中我们主要介绍化为上三角形行列式法、按行(列)展开法这两种主要的方法.

1. 化为上三角形行列式法

计算行列式时,常利用行列式的性质,将行列式化为上(下)三角形行列式来计算.以化为上三角形行列式为例,可以采用如下步骤:

(1) 若元素 $a_{11}=0$,且在第一列中存在元素 $a_{i1}\neq 0(i>1)$,则互换行列式的第 1 行和第 i 行;

(2) 若元素 $a_{11}\neq 0$,可以将第 1 行乘以 $-\dfrac{a_{i1}}{a_{11}}$加到第 $i(i=2,3,\cdots,n)$行,得

$$D=\begin{vmatrix} a_{11} & a_{12} & \cdots & a_{1n} \\ a_{21} & a_{22} & \cdots & a_{2n} \\ \vdots & \vdots & & \vdots \\ a_{n1} & a_{n2} & \cdots & a_{nn} \end{vmatrix}=\begin{vmatrix} a_{11} & a_{12} & \cdots & a_{1n} \\ 0 & a'_{22} & \cdots & a'_{2n} \\ \vdots & \vdots & & \vdots \\ 0 & a'_{n2} & \cdots & a'_{nn} \end{vmatrix}$$

元素 a_{11}下方全部元素为 0;再将元素 a'_{22}看作 a_{11},继续步骤(1),若 $a'_{22}\neq 0$,将第 2 行乘以 $-\dfrac{a'_{i2}}{a'_{22}}$加到第 i $(i=3,\cdots,n)$行,依此类推,即可化为上三角形行列式.

例 3.1.2 计算四阶行列式 $D=\begin{vmatrix} 1 & -9 & 13 & 7 \\ -2 & 5 & -1 & 3 \\ 3 & -1 & 5 & -5 \\ 2 & 8 & -7 & -10 \end{vmatrix}$.

解

$$D\xlongequal[r_4-2r_1]{\substack{r_2+2r_1\\ r_3-3r_1}}\begin{vmatrix} 1 & -9 & 13 & 7 \\ 0 & -13 & 25 & 17 \\ 0 & 26 & -34 & -26 \\ 0 & 26 & -33 & -24 \end{vmatrix}\xlongequal[r_4+2r_2]{r_3+2r_2}\begin{vmatrix} 1 & -9 & 13 & 7 \\ 0 & -13 & 25 & 17 \\ 0 & 0 & 16 & 8 \\ 0 & 0 & 17 & 10 \end{vmatrix}\xlongequal{r_3\times\frac{1}{16}}16\begin{vmatrix} 1 & -9 & 13 & 7 \\ 0 & -13 & 25 & 17 \\ 0 & 0 & 1 & \frac{1}{2} \\ 0 & 0 & 17 & 10 \end{vmatrix}$$

$$\xlongequal{r_4-17r_3} 16\begin{vmatrix} 1 & -9 & 13 & 7 \\ 0 & -13 & 25 & 17 \\ 0 & 0 & 1 & \frac{1}{2} \\ 0 & 0 & 0 & \frac{3}{2} \end{vmatrix} = 16\times1\times(-13)\times1\times\frac{3}{2} = -312$$

利用上述化简步骤，可以设计计算机程序来实现高阶行列式的计算，可以证明，化为上三角形行列式法计算 n 阶行列式大约需要$\frac{2n^3}{3}$次算术运算，以计算 50 阶行列式为例，大约需要 83 300 次，任何一台现代计算机都可以在一秒钟以内计算出行列式的值，但如果按行列式的定义来计算，则需要计算大约 $49\times50!$ 次，这是非常大的一个数值.

对于元素为字母的字母型行列式，我们也可以采用化为上三角形的办法来计算.

例 3.1.3　计算行列式

$$D=\begin{vmatrix} a & b & c & d \\ a & a+b & a+b+c & a+b+c+d \\ a & 2a+b & 3a+2b+c & 4a+3b+2c+d \\ a & 3a+b & 6a+3b+c & 10a+6b+3c+d \end{vmatrix}$$

解

$$D\xlongequal[r_4-r_1]{\substack{r_2-r_1\\ r_3-r_1}}\begin{vmatrix} a & b & c & d \\ 0 & a & a+b & a+b+c \\ 0 & 2a & 3a+2b & 4a+3b+2c \\ 0 & 3a & 6a+3b & 10a+6b+3c \end{vmatrix}\xlongequal[r_4-3r_2]{r_3-2r_2}\begin{vmatrix} a & b & c & d \\ 0 & a & a+b & a+b+c \\ 0 & 0 & a & 2a+b \\ 0 & 0 & 3a & 7a+3b \end{vmatrix}$$

$$\xlongequal{r_4-3r_3}\begin{vmatrix} a & b & c & d \\ 0 & a & a+b & a+b+c \\ 0 & 0 & a & 2a+b \\ 0 & 0 & 0 & a \end{vmatrix}=a^4$$

化行列式为上三角形行列式的化简过程并不唯一，如在本例中

$$D\xlongequal[r_2-r_1]{\substack{r_4-r_3\\ r_3-r_2}}\begin{vmatrix} a & b & c & d \\ 0 & a & a+b & a+b+c \\ 0 & a & 2a+b & 3a+2b+c \\ 0 & a & 3a+b & 6a+3b+c \end{vmatrix}\xlongequal[r_3-r_2]{r_4-r_3}\begin{vmatrix} a & b & c & d \\ 0 & a & a+b & a+b+c \\ 0 & 0 & a & 2a+b \\ 0 & 0 & a & 3a+b \end{vmatrix}$$

$$\xlongequal{r_4-r_3}\begin{vmatrix} a & b & c & d \\ 0 & a & a+b & a+b+c \\ 0 & 0 & a & 2a+b \\ 0 & 0 & 0 & a \end{vmatrix}=a^4$$

对于一些具有特殊特征的行列式，我们还可以结合其他方法来求解行列式.

例 3.1.4　计算四阶行列式 $D=\begin{vmatrix} a & b & b & b \\ b & a & b & b \\ b & b & a & b \\ b & b & b & a \end{vmatrix}$.

分析　本例如果直接化为上三角形运算会比较麻烦，且第一行第一列的元素 a 可能为

0.注意到该行列式的特点是主对角线上的元素同为 a,且其他元素同为 b,行列式每行或每列都有1个 a 和3个 b,可以先将其余行都加到第1行,提公因子后再三角化.

解

$$D=\begin{vmatrix} a+3b & a+3b & a+3b & a+3b \\ b & a & b & b \\ b & b & a & b \\ b & b & b & a \end{vmatrix}=(a+3b)\begin{vmatrix} 1 & 1 & 1 & 1 \\ b & a & b & b \\ b & b & a & b \\ b & b & b & a \end{vmatrix}$$

$$=(a+3b)\begin{vmatrix} 1 & 1 & 1 & 1 \\ 0 & a-b & 0 & 0 \\ 0 & 0 & a-b & 0 \\ 0 & 0 & 0 & a-b \end{vmatrix}=(a+3b)(a-b)^3$$

本例的结果可以推广到 n 阶行列式情形,即

$$\begin{vmatrix} a & b & b & \cdots & b \\ b & a & b & \cdots & b \\ b & b & a & \cdots & b \\ \vdots & \vdots & \vdots & & \vdots \\ b & b & b & \cdots & a \end{vmatrix}=[a+(n-1)b](a-b)^{n-1}$$

例 3.1.5　设

$$D=\begin{vmatrix} a_{11} & \cdots & a_{1k} & 0 & \cdots & 0 \\ \vdots & & \vdots & \vdots & & \vdots \\ a_{k1} & \cdots & a_{kk} & 0 & \cdots & 0 \\ c_{11} & \cdots & c_{1k} & b_{11} & \cdots & b_{1n} \\ \vdots & & \vdots & \vdots & & \vdots \\ c_{n1} & \cdots & c_{nk} & b_{n1} & \cdots & b_{nn} \end{vmatrix},D_1=\begin{vmatrix} a_{11} & \cdots & a_{1k} \\ \vdots & & \vdots \\ a_{k1} & \cdots & a_{kk} \end{vmatrix},D_2=\begin{vmatrix} b_{11} & \cdots & b_{1n} \\ \vdots & & \vdots \\ b_{n1} & \cdots & b_{nn} \end{vmatrix}$$

证明 $D=D_1D_2$.

证明　对 D_1 作 r_i+kr_j 运算,把 D_1 化为下三角形行列式,记为

$$D_1=\begin{vmatrix} p_{11} & & 0 \\ \vdots & \ddots & \\ p_{k1} & \cdots & p_{kk} \end{vmatrix}=p_{11}\cdots p_{kk}$$

对 D_2 作 c_i+kc_j 运算,把 D_2 化为下三角形行列式,记为

$$D_2=\begin{vmatrix} q_{11} & & 0 \\ \vdots & \ddots & \\ q_{n1} & \cdots & q_{nn} \end{vmatrix}=q_{11}\cdots q_{nn}$$

于是,对 D 的前 k 行作 r_i+kr_j 运算,对 D 的后 n 列作 c_i+kc_j 运算,则 D 可化为下三角形行列式

$$D=\begin{vmatrix} p_{11} & & & & & \\ \vdots & \ddots & & & & \\ p_{k1} & \cdots & p_{kk} & & & \\ c_{11} & \cdots & c_{1k} & q_{11} & & \\ \vdots & & \vdots & \vdots & \ddots & \\ c_{n1} & \cdots & c_{nk} & q_{n1} & \cdots & q_{nn} \end{vmatrix}$$

故 $D=p_{11}\cdots p_{kk}q_{11}\cdots q_{nn}=D_1D_2$.

2. 按行(列)展开法

在求解线性方程组时,我们可以采用降元法,即通过加减消元法将一个 n 元线性方程组化为一个等价的 $n-1$ 元线性方程组来求解.同样的,我们也可以利用降阶法,即通过行列式按行(列)展开的方法将一个 n 阶行列式化为若干个 $n-1$ 阶行列式的代数和来计算其值.

定义 3.1.8　在 n 阶行列式中,将元素 a_{ij} 所在的第 i 行和第 j 列上全部元素划去后,余下元素保持原有次序组成的 $n-1$ 阶行列式称为元素 a_{ij} 的**余子式**,记作 M_{ij},并称

$$A_{ij}=(-1)^{i+j}M_{ij}$$

为元素 a_{ij} 的**代数余子式**.

例如,三阶行列式

$$D=\begin{vmatrix} 3 & 0 & -9 \\ 2 & 7 & 3 \\ -1 & 34 & 4 \end{vmatrix}$$

中元素 $a_{23}=3$ 的余子式和代数余子式分别为

$$M_{23}=\begin{vmatrix} 3 & 0 \\ -1 & 34 \end{vmatrix},\quad A_{23}=(-1)^{2+3}M_{23}=-M_{23}$$

引理 3.1.1　在 n 阶行列式中,若第 i 行元素除 a_{ij} 外都为零,则该行列式等于 a_{ij} 与它的代数余子式的乘积,即 $D=a_{ij}A_{ij}$.

证明　(1) 先证 a_{ij} 位于第一行第一列的情形,此时

$$D=\begin{vmatrix} a_{11} & 0 & \cdots & 0 \\ a_{21} & a_{22} & \cdots & a_{2n} \\ \vdots & \vdots & & \vdots \\ a_{n1} & a_{n2} & \cdots & a_{nn} \end{vmatrix}$$

这是例 3.1.5 中 $k=1$ 时的特殊情形,由例 3.1.5 的结论,得 $D=a_{11}M_{11}$,又因为

$$A_{11}=(-1)^{1+1}M_{11}=M_{11}$$

从而 $D=a_{11}A_{11}$.

(2) 再证一般情形,设

$$D=\begin{vmatrix} a_{11} & \cdots & a_{1j} & \cdots & a_{1n} \\ \vdots & & \vdots & & \vdots \\ 0 & \cdots & a_{ij} & \cdots & 0 \\ \vdots & & \vdots & & \vdots \\ a_{n1} & \cdots & a_{nj} & \cdots & a_{nn} \end{vmatrix}$$

先将行列式 D 的第 i 行依次与第 $i-1$ 行,第 $i-2$ 行,…,第 1 行对调,这样 a_{ij} 就调到原

来 a_{1j} 的位置上,调换的次数为 $i-1$;再将第 j 列依次与第 $j-1$ 列,第 $j-2$ 列,…,第 1 列对调,这样 a_{ij} 就被调到原来 a_{11} 的位置上,调换的次数为 $j-1$.综上,经 $i+j-2$ 次相邻对换,可以得到新行列式

$$D_1=\begin{vmatrix} a_{ij} & 0 & 0 & \cdots & 0 & 0 & \cdots & 0 \\ a_{1j} & a_{11} & a_{12} & \cdots & a_{1,j-1} & a_{1,j+1} & \cdots & a_{1n} \\ \vdots & \vdots & \vdots & & \vdots & \vdots & & \vdots \\ a_{i-1,j} & a_{i-1,1} & a_{i-1,2} & \cdots & a_{i-1,j-1} & a_{i-1,j+1} & \cdots & a_{i-1,n} \\ a_{i+1,j} & a_{i+1,1} & a_{i+1,2} & \cdots & a_{i+1,j-1} & a_{i+1,j+1} & \cdots & a_{i+1,n} \\ \vdots & \vdots & \vdots & & \vdots & \vdots & & \vdots \\ a_{nj} & a_{n1} & a_{n2} & \cdots & a_{n,j-1} & a_{n,j+1} & \cdots & a_{nn} \end{vmatrix}=(-1)^{i+j-2}D$$

注意到元素 a_{ij} 在 D_1 中的余子式仍然是 a_{ij} 在 D 中的余子式 M_{ij},利用情形(1)的结论,有

$$D=(-1)^{i+j-2}D_1=(-1)^{i+j}D_1=(-1)^{i+j}a_{ij}M_{ij}=a_{ij}A_{ij}$$

定理 3.1.1　行列式等于它的任一行(列)各元素与其对应的代数余子式乘积之和,即

$$D=a_{i1}A_{i1}+a_{i2}A_{i2}+\cdots+a_{in}A_{in}\quad(i=1,2,\cdots,n)\tag{3.1.13}$$

或

$$D=a_{1j}A_{1j}+a_{2j}A_{2j}+\cdots+a_{nj}A_{nj}\quad(j=1,2,\cdots,n)\tag{3.1.14}$$

证明

$$D=\begin{vmatrix} a_{11} & a_{12} & \cdots & a_{1n} \\ \vdots & \vdots & & \vdots \\ a_{i1}+0+\cdots+0 & 0+a_{i2}\cdots+0 & \cdots & 0+\cdots+0+a_{in} \\ \vdots & \vdots & & \vdots \\ a_{n1} & a_{n2} & \cdots & a_{nn} \end{vmatrix}$$

$$=\begin{vmatrix} a_{11} & a_{12} & \cdots & a_{1n} \\ \vdots & \vdots & & \vdots \\ a_{i1} & 0 & \cdots & 0 \\ \vdots & \vdots & & \vdots \\ a_{n1} & a_{n2} & \cdots & a_{nn} \end{vmatrix}+\begin{vmatrix} a_{11} & a_{12} & \cdots & a_{1n} \\ \vdots & \vdots & & \vdots \\ 0 & a_{i2} & \cdots & 0 \\ \vdots & \vdots & & \vdots \\ a_{n1} & a_{n2} & \cdots & a_{nn} \end{vmatrix}+\cdots+\begin{vmatrix} a_{11} & a_{12} & \cdots & a_{1n} \\ \vdots & \vdots & & \vdots \\ 0 & 0 & \cdots & a_{in} \\ \vdots & \vdots & & \vdots \\ a_{n1} & a_{n2} & \cdots & a_{nn} \end{vmatrix}$$

根据引理 3.1.1,即得

$$D=a_{i1}A_{i1}+a_{i2}A_{i2}+\cdots+a_{in}A_{in}\quad(i=1,2,\cdots,n)$$

同理可得

$$D=a_{1j}A_{1j}+a_{2j}A_{2j}+\cdots+a_{nj}A_{nj}\quad(j=1,2,\cdots,n)$$

注　定理 3.1.1 称为行列式按行(列)展开法则,该法则是把高阶(n 阶)行列式 D 化为低阶($n-1$ 阶)行列式 A_{ij} 来计算,这是计算行列式的另一类重要方法——**按行(列)展开法**.

推论 3.1.4　行列式某一行(列)的元素与另一行(列)对应元素的代数余子式乘积之和等于零.即

$$a_{i1}A_{j1}+a_{i2}A_{j2}+\cdots+a_{in}A_{jn}=0\quad(i,j=1,2,\cdots,n,i\neq j)\tag{3.1.15}$$

或

$$a_{1i}A_{1j}+a_{2i}A_{2j}+\cdots+a_{ni}A_{nj}=0\quad(i,j=1,2,\cdots,n,i\neq j)\tag{3.1.16}$$

证明　将行列式

$$D=\begin{vmatrix} a_{11} & a_{12} & \cdots & a_{1n} \\ \vdots & \vdots & & \vdots \\ a_{i1} & a_{i2} & \cdots & a_{in} \\ \vdots & \vdots & & \vdots \\ a_{j1} & a_{j2} & \cdots & a_{jn} \\ \vdots & \vdots & & \vdots \\ a_{n1} & a_{n2} & \cdots & a_{nn} \end{vmatrix}$$

中的第 j 行全部元素替换为第 i 行元素（i,j 为任意的两个常数，且 $i\neq j$），则辅助行列式

$$D_1=\begin{vmatrix} a_{11} & a_{12} & \cdots & a_{1n} \\ \vdots & \vdots & & \vdots \\ a_{i1} & a_{i2} & \cdots & a_{in} \\ \vdots & \vdots & & \vdots \\ a_{i1} & a_{i2} & \cdots & a_{in} \\ \vdots & \vdots & & \vdots \\ a_{n1} & a_{n2} & \cdots & a_{nn} \end{vmatrix}=0$$

将 D_1 按第 j 行展开，可得

$$a_{i1}A_{j1}+a_{i2}A_{j2}+\cdots+a_{in}A_{jn}=0 \quad (i\neq j)$$

同理可得

$$a_{1i}A_{1j}+a_{2i}A_{2j}+\cdots+a_{ni}A_{nj}=0 \quad (i\neq j)$$

合并定理 3.1.1 和推论 3.1.4，即行列式展开具有如下重要性质：

$$\sum_{k=1}^{n}a_{ik}A_{jk}=\begin{cases} D\ (i=j) \\ 0\ (i\neq j)\end{cases},\quad \sum_{k=1}^{n}a_{ki}A_{kj}=\begin{cases} D\ (i=j) \\ 0\ (i\neq j)\end{cases} \tag{3.1.17}$$

下面用一个简单的例子来解释和验证式(3.1.17)，设有三阶行列式

$$D=\begin{vmatrix} 1 & 2 & 3 \\ 4 & 0 & 6 \\ 0 & 5 & 7 \end{vmatrix}=-26$$

不妨选取第一行元素，分别乘以第一、二、三行元素的代数余子式，观察结果

$$\begin{aligned} 1\cdot A_{11}+2\cdot A_{12}+3\cdot A_{13} &= 1\cdot(-1)^{1+1}\begin{vmatrix} 0 & 6 \\ 5 & 7\end{vmatrix}+2\cdot(-1)^{1+2}\begin{vmatrix} 4 & 6 \\ 0 & 7\end{vmatrix}+3\cdot(-1)^{1+3}\begin{vmatrix} 4 & 0 \\ 0 & 5\end{vmatrix} \\ &= -30-56+60=-26 \end{aligned}$$

$$\begin{aligned} 1\cdot A_{21}+2\cdot A_{22}+3\cdot A_{23} &= 1\cdot(-1)^{2+1}\begin{vmatrix} 2 & 3 \\ 5 & 7\end{vmatrix}+2\cdot(-1)^{2+2}\begin{vmatrix} 1 & 3 \\ 0 & 7\end{vmatrix}+3\cdot(-1)^{2+3}\begin{vmatrix} 1 & 2 \\ 0 & 5\end{vmatrix} \\ &= 1+14-15=0 \end{aligned}$$

$$\begin{aligned} 1\cdot A_{31}+2\cdot A_{32}+3\cdot A_{33} &= 1\cdot(-1)^{3+1}\begin{vmatrix} 2 & 3 \\ 0 & 6\end{vmatrix}+2\cdot(-1)^{3+2}\begin{vmatrix} 1 & 3 \\ 4 & 6\end{vmatrix}+3\cdot(-1)^{3+3}\begin{vmatrix} 1 & 2 \\ 4 & 0\end{vmatrix} \\ &= 12+12-24=0 \end{aligned}$$

利用按行(列)展开法计算给定行列式，理论上是可以将该行列式按任一行(列)来进行展开，但在实际计算中，为了减小计算量，我们往往会选择 0 元素比较多的行(列)来展开.

例 3.1.6　计算行列式

$$D=\begin{vmatrix}7&0&4&0\\1&0&5&2\\3&-1&-1&6\\8&0&5&0\end{vmatrix}$$

分析　第 1，4 行都有 2 个 0 元素，第 2 列有 3 个 0 元素，故选择第 2 列展开.

解　将行列式按第 2 列展开得

$$D=(-1)A_{32}=(-1)\times(-1)^{3+2}M_{32}=\begin{vmatrix}7&4&0\\1&5&2\\8&5&0\end{vmatrix}$$

继续按第 3 列展开得

$$D=2\times(-1)^{2+3}\times\begin{vmatrix}7&4\\8&5\end{vmatrix}=-2\times(35-32)=-6$$

例 3.1.7　计算行列式

$$D=\begin{vmatrix}-1&1&-1&2\\1&0&1&-1\\2&4&3&1\\-1&1&2&-2\end{vmatrix}$$

分析　本例中只有元素 $a_{22}=0$，不适合直接利用按行(列)展开法来计算，可先利用行列式的性质，使其某一行(列)中出现较多的 0 元素，再按该行(列)展开.

解　将第 4 列分别加到第 1 列与第 3 列，得

$$D\xlongequal[c_3+c_4]{c_1+c_4}\begin{vmatrix}1&1&1&2\\0&0&0&-1\\3&4&4&1\\-3&1&0&-2\end{vmatrix}$$

按第 2 行展开，并化简得

$$D=(-1)\times(-1)^{2+4}\times\begin{vmatrix}1&1&1\\3&4&4\\-3&1&0\end{vmatrix}\xlongequal{r_2-4r_1}-\begin{vmatrix}1&1&1\\-1&0&0\\-3&1&0\end{vmatrix}$$

再按第 2 行展开得

$$D=-1\times(-1)\times(-1)^{2+1}\times\begin{vmatrix}1&1\\1&0\end{vmatrix}=1$$

注　在按行(列)展开法计算行列式的运算过程中要注意不要遗漏了符号项 $(-1)^{i+j}$，错把余子式等同于代数余子式.

例 3.1.8　计算 n 阶行列式

$$D_n=\begin{vmatrix}x&-1&0&\cdots&0&0\\0&x&-1&\cdots&0&0\\0&0&x&\cdots&0&0\\\vdots&\vdots&\vdots&&\vdots&\vdots\\0&0&0&\cdots&x&-1\\a_n&a_{n-1}&a_{n-2}&\cdots&a_2&x+a_1\end{vmatrix}$$

解　按第一列展开,得

$$D_n = xD_{n-1} + a_n(-1)^{n+1}\begin{vmatrix} -1 & 0 & \cdots & 0 & 0 \\ x & -1 & \cdots & 0 & 0 \\ 0 & x & \cdots & 0 & 0 \\ \vdots & \vdots & & \vdots & \vdots \\ 0 & 0 & \cdots & x & -1 \end{vmatrix}$$

即 D_n 具有递推公式

$$D_n = xD_{n-1} + a_n$$

递推可得

$$D_{n-1} = xD_{n-2} + a_{n-1}, D_{n-2} = xD_{n-3} + a_{n-2}, \cdots, D_2 = xD_1 + a_2, D_1 = x + a_1$$

回代,化简得

$$D_n = x^n + a_1 x^{n-1} + a_2 x^{n-2} + \cdots + a_{n-1}x + a_n$$

除了按行(列)展开法计算行列式,还可以逆向使用行列式(3.1.13)展开法则来计算形如

$$k_1 A_{i1} + k_2 A_{i2} + \cdots + k_n A_{in} \quad (i = 1,2,\cdots,n) \tag{3.1.18}$$

或

$$k_1 A_{1j} + k_2 A_{2j} + \cdots + k_n A_{nj} \quad (j = 1,2,\cdots,n) \tag{3.1.19}$$

的和式,其中 $k_i(i=1,2,\cdots,n)$为任意实数.

例 3.1.9　设行列式

$$D = \begin{vmatrix} 3 & -5 & 2 & 1 \\ 1 & 1 & 0 & -5 \\ -1 & 3 & 1 & 3 \\ 2 & -4 & -1 & -3 \end{vmatrix}$$

求 $A_{11}+A_{12}+A_{13}+A_{14}$ 及 $M_{11}+M_{21}+M_{31}+M_{41}$.

分析　本题可以先单独求出 4 个代数余子式,再求和,但比较麻烦.注意到

$$A_{11}+A_{12}+A_{13}+A_{14} = 1 \cdot A_{11} + 1 \cdot A_{12} + 1 \cdot A_{13} + 1 \cdot A_{14} = \begin{vmatrix} 1 & 1 & 1 & 1 \\ a_{21} & a_{22} & a_{23} & a_{24} \\ a_{31} & a_{32} & a_{33} & a_{34} \\ a_{41} & a_{42} & a_{43} & a_{44} \end{vmatrix} = D_1$$

可以通过计算行列式 D_1 来求解代数余子式的和.

解

$$A_{11}+A_{12}+A_{13}+A_{14} = \begin{vmatrix} 1 & 1 & 1 & 1 \\ 1 & 1 & 0 & -5 \\ -1 & 3 & 1 & 3 \\ 2 & -4 & -1 & -3 \end{vmatrix} \xlongequal[r_3 - r_1]{r_4 + r_3} \begin{vmatrix} 1 & 1 & 1 & 1 \\ 1 & 1 & 0 & -5 \\ -2 & 2 & 0 & 2 \\ 1 & -1 & 0 & 0 \end{vmatrix}$$

按第 3 列展开得

$$= \begin{vmatrix} 1 & 1 & -5 \\ -2 & 2 & 2 \\ 1 & -1 & 0 \end{vmatrix} \xlongequal{c_2 + c_1} \begin{vmatrix} 1 & 2 & -5 \\ -2 & 0 & 2 \\ 1 & 0 & 0 \end{vmatrix} = \begin{vmatrix} 2 & -5 \\ 0 & 2 \end{vmatrix} = 4$$

又因为

$$M_{11}+M_{21}+M_{31}+M_{41}=A_{11}-A_{21}+A_{31}-A_{41}$$

$$=\begin{vmatrix}1&-5&2&1\\-1&1&0&-5\\1&3&1&3\\-1&-4&-1&-3\end{vmatrix}\xlongequal{r_4+r_3}\begin{vmatrix}1&-5&2&1\\-1&1&0&-5\\1&3&1&3\\0&-1&0&0\end{vmatrix}$$

$$=(-1)\begin{vmatrix}1&2&1\\-1&0&-5\\1&1&3\end{vmatrix}\xlongequal{r_1-2r_3}-\begin{vmatrix}-1&0&-5\\-1&0&-5\\1&1&3\end{vmatrix}=0$$

3.2 正交矩阵

3.2.1 内积的定义与正交性

在几何空间,我们学过向量长度、两向量夹角的概念,并由此定义了两向量 $\boldsymbol{\alpha},\boldsymbol{\beta}$ 的数量积,即

$$\boldsymbol{\alpha}\cdot\boldsymbol{\beta}=|\boldsymbol{\alpha}||\boldsymbol{\beta}|\cos\theta$$

设 $\boldsymbol{\alpha}=(a_1,a_2,a_3)^{\mathrm{T}},\boldsymbol{\beta}=(b_1,b_2,b_3)^{\mathrm{T}}$,利用坐标可得下面的计算公式:

$$|\boldsymbol{\alpha}|=\sqrt{a_1^2+a_2^2+a_3^2},\quad \boldsymbol{\alpha}\cdot\boldsymbol{\beta}=a_1b_1+a_2b_2+a_3b_3$$

$$\cos\theta=\frac{\boldsymbol{\alpha}\cdot\boldsymbol{\beta}}{|\boldsymbol{\alpha}||\boldsymbol{\beta}|}=\frac{a_1b_1+a_2b_2+a_3b_3}{\sqrt{a_1^2+a_2^2+a_3^2}\sqrt{b_1^2+b_2^2+b_3^2}}\quad(|\boldsymbol{\alpha}|\neq0,|\boldsymbol{\beta}|\neq0)$$

下面将这些概念及公式推广到 n 维向量.

定义 3.2.1 设有 n 维向量

$$\boldsymbol{\alpha}=\begin{pmatrix}a_1\\a_2\\\vdots\\a_n\end{pmatrix},\quad \boldsymbol{\beta}=\begin{pmatrix}b_1\\b_2\\\vdots\\b_n\end{pmatrix}$$

令

$$[\boldsymbol{\alpha},\boldsymbol{\beta}]=a_1b_1+a_2b_2+\cdots+a_nb_n$$

称 $[\boldsymbol{\alpha},\boldsymbol{\beta}]$ 为向量 $\boldsymbol{\alpha}$ 与 $\boldsymbol{\beta}$ 的**内积**.

内积是向量的一种运算,其结果是一个实数,用矩阵形式可表为 $[\boldsymbol{\alpha},\boldsymbol{\beta}]=\boldsymbol{\alpha}^{\mathrm{T}}\boldsymbol{\beta}$. 并称定义了内积的向量空间为欧氏空间.

容易验证,欧氏空间中内积具有下列性质:

(1) $[\boldsymbol{\alpha},\boldsymbol{\beta}]=[\boldsymbol{\beta},\boldsymbol{\alpha}]$;

(2) $[k\boldsymbol{\alpha},\boldsymbol{\beta}]=k[\boldsymbol{\alpha},\boldsymbol{\beta}]=[\boldsymbol{\alpha},k\boldsymbol{\beta}]$;

(3) $[\boldsymbol{\alpha}+\boldsymbol{\beta},\boldsymbol{\gamma}]=[\boldsymbol{\alpha},\boldsymbol{\gamma}]+[\boldsymbol{\beta},\boldsymbol{\gamma}]$ 或 $[\boldsymbol{\alpha},\boldsymbol{\beta}+\boldsymbol{\gamma}]=[\boldsymbol{\alpha},\boldsymbol{\beta}]+[\boldsymbol{\alpha},\boldsymbol{\gamma}]$;

(4) $[\boldsymbol{\alpha},\boldsymbol{\alpha}]\geqslant0$,当且仅当 $\boldsymbol{\alpha}=\boldsymbol{0}$ 时,$[\boldsymbol{\alpha},\boldsymbol{\alpha}]=0$.

其中 $\boldsymbol{\alpha},\boldsymbol{\beta},\boldsymbol{\gamma}$ 为任意的 n 维向量,k 为任意的实数.

定义 3.2.2　设 $\boldsymbol{\alpha}=(a_1,a_2,\cdots,a_n)^{\mathrm{T}}$，令

$$\|\boldsymbol{\alpha}\|=\sqrt{[\boldsymbol{\alpha},\boldsymbol{\alpha}]}=\sqrt{a_1^2+a_2^2+\cdots+a_n^2}$$

称 $\|\boldsymbol{\alpha}\|$ 为向量 $\boldsymbol{\alpha}$ 的**长度(或模、范数)**.

显然，向量的长度是非负数，只有零向量的长度才等于零. 长度为 1 的向量称为**单位向量**.

设 $\boldsymbol{\alpha}\neq\mathbf{0}$，则 $\boldsymbol{\alpha}^0=\dfrac{1}{\|\boldsymbol{\alpha}\|}\boldsymbol{\alpha}$ 为一单位向量. 由非零向量 $\boldsymbol{\alpha}$ 到单位向量 $\boldsymbol{\alpha}^0$ 的计算过程称为**将向量 $\boldsymbol{\alpha}$ 单位化**.

从向量长度的定义可推得以下基本性质：

(1) 非负性：$\|\boldsymbol{\alpha}\|\geqslant 0$，当且仅当 $\boldsymbol{\alpha}=\mathbf{0}$ 时，$\|\boldsymbol{\alpha}\|=0$；

(2) 齐次性：$\|k\boldsymbol{\alpha}\|=|k|\,\|\boldsymbol{\alpha}\|$；

(3) 三角不等式：$\|\boldsymbol{\alpha}+\boldsymbol{\beta}\|\leqslant\|\boldsymbol{\alpha}\|+\|\boldsymbol{\beta}\|$；

(4) 柯西－施瓦茨(Cauchy-Schwarz)不等式：$|[\boldsymbol{\alpha},\boldsymbol{\beta}]|\leqslant\|\boldsymbol{\alpha}\|\,\|\boldsymbol{\beta}\|$.

由柯西－施瓦茨不等式可得

$$\left|\frac{[\boldsymbol{\alpha},\boldsymbol{\beta}]}{\|\boldsymbol{\alpha}\|\cdot\|\boldsymbol{\beta}\|}\right|\leqslant 1$$

由此可定义两非零向量的夹角：

$$\theta=\arccos\frac{[\boldsymbol{\alpha},\boldsymbol{\beta}]}{\|\boldsymbol{\alpha}\|\cdot\|\boldsymbol{\beta}\|}\quad\text{或}\quad\cos\theta=\frac{[\boldsymbol{\alpha},\boldsymbol{\beta}]}{\|\boldsymbol{\alpha}\|\cdot\|\boldsymbol{\beta}\|}$$

例 3.2.1　求向量 $\boldsymbol{\alpha}=(1,2,2,3)^{\mathrm{T}}$，$\boldsymbol{\beta}=(3,1,5,1)^{\mathrm{T}}$ 的夹角.

解　由

$$\|\boldsymbol{\alpha}\|=\sqrt{1^2+2^2+2^2+3^2}=3\sqrt{2},\quad \|\boldsymbol{\beta}\|=\sqrt{3^2+1^2+5^2+1^2}=6$$

$$[\boldsymbol{\alpha},\boldsymbol{\beta}]=1\times3+2\times1+2\times5+3\times1=18$$

得

$$\cos\theta=\frac{[\boldsymbol{\alpha},\boldsymbol{\beta}]}{\|\boldsymbol{\alpha}\|\cdot\|\boldsymbol{\beta}\|}=\frac{\sqrt{2}}{2}$$

即

$$\theta=\frac{\pi}{4}$$

定义 3.2.3　若 $[\boldsymbol{\alpha},\boldsymbol{\beta}]=0$，称向量 $\boldsymbol{\alpha}$ 与 $\boldsymbol{\beta}$ **正交**(或**垂直**)，记 $\boldsymbol{\alpha}\perp\boldsymbol{\beta}$.

由定义可看出，零向量与任何向量都是正交的，两非零向量 $\boldsymbol{\alpha},\boldsymbol{\beta}$ 正交的充要条件为 $\theta=\dfrac{\pi}{2}$.

定义 3.2.4　若一个不含零向量的向量组中任意两个向量都正交，则称此向量组为**正交向量组**. 如果正交向量组中，每个向量还是单位向量，则称其为**正交单位向量组**或**标准正交向量组**.

定理 3.2.1　设 n 维向量 $\boldsymbol{\alpha}_1,\boldsymbol{\alpha}_2,\cdots,\boldsymbol{\alpha}_r$ 构成正交向量组，则 $\boldsymbol{\alpha}_1,\boldsymbol{\alpha}_2,\cdots,\boldsymbol{\alpha}_r$ 线性无关.

证　设存在数 $k_1,k_2,\cdots,k_r$ 使

$$k_1\boldsymbol{\alpha}_1+k_2\boldsymbol{\alpha}_2+\cdots+k_r\boldsymbol{\alpha}_r=\mathbf{0}$$

用 $\boldsymbol{\alpha}_1$ 对两边作内积得

$$k_1[\boldsymbol{\alpha}_1,\boldsymbol{\alpha}_1]+k_2[\boldsymbol{\alpha}_1,\boldsymbol{\alpha}_2]+\cdots+k_r[\boldsymbol{\alpha}_1,\boldsymbol{\alpha}_r]=[\boldsymbol{\alpha}_1,\mathbf{0}]=0$$

利用正交性即得

$$k_1[\boldsymbol{\alpha}_1,\boldsymbol{\alpha}_1]=0$$

又$[\boldsymbol{\alpha}_1,\boldsymbol{\alpha}_1]\neq 0$,故 $k_1=0$.

同理可得 $k_2=k_3=\cdots=k_r=0$,则 $\boldsymbol{\alpha}_1,\boldsymbol{\alpha}_2,\cdots,\boldsymbol{\alpha}_r$ 线性无关.

定理 3.2.2 设 n 维向量$\boldsymbol{\alpha}_1,\boldsymbol{\alpha}_2,\cdots,\boldsymbol{\alpha}_r$ 是正交向量组,且 $r<n$,则必存在 n 维非零向量 $\boldsymbol{x}$,使 $\boldsymbol{\alpha}_1,\boldsymbol{\alpha}_2,\cdots,\boldsymbol{\alpha}_r,\boldsymbol{x}$ 也为正交向量组.

证 $\boldsymbol{x}$ 应满足$\boldsymbol{\alpha}_1^{\mathrm{T}}\boldsymbol{x}=0,\boldsymbol{\alpha}_2^{\mathrm{T}}\boldsymbol{x}=0,\cdots,\boldsymbol{\alpha}_r^{\mathrm{T}}\boldsymbol{x}=0$,即

$$\begin{pmatrix}\boldsymbol{\alpha}_1^{\mathrm{T}}\\ \boldsymbol{\alpha}_2^{\mathrm{T}}\\ \vdots\\ \boldsymbol{\alpha}_r^{\mathrm{T}}\end{pmatrix}\boldsymbol{x}=\begin{pmatrix}0\\0\\ \vdots\\0\end{pmatrix}$$

记

$$\boldsymbol{A}=\begin{pmatrix}\boldsymbol{\alpha}_1^{\mathrm{T}}\\ \boldsymbol{\alpha}_2^{\mathrm{T}}\\ \vdots\\ \boldsymbol{\alpha}_r^{\mathrm{T}}\end{pmatrix}$$

则 $R(\boldsymbol{A})=r<n$,故齐次线性方程组 $\boldsymbol{A}\boldsymbol{x}=\boldsymbol{0}$ 必有非零解,此非零解即为所求向量 $\boldsymbol{x}$.

例 3.2.2 已知 3 维向量空间 $\mathbf{R}^3$ 中两个向量 $\boldsymbol{\alpha}_1=\begin{pmatrix}1\\1\\1\end{pmatrix},\boldsymbol{\alpha}_2=\begin{pmatrix}1\\-2\\1\end{pmatrix}$ 正交,试求一个非零向量 $\boldsymbol{\alpha}_3$ 使 $\boldsymbol{\alpha}_1,\boldsymbol{\alpha}_2,\boldsymbol{\alpha}_3$ 两两正交.

解 记 $\boldsymbol{A}=\begin{pmatrix}\boldsymbol{\alpha}_1^{\mathrm{T}}\\ \boldsymbol{\alpha}_2^{\mathrm{T}}\end{pmatrix}=\begin{pmatrix}1&1&1\\1&-2&1\end{pmatrix}$,设所求的向量为 $\boldsymbol{\alpha}_3=\begin{pmatrix}x_1\\x_2\\x_3\end{pmatrix}$,那么它应满足齐次线性方程 $\boldsymbol{A}\boldsymbol{x}=\boldsymbol{0}$,即

$$\begin{cases}x_1+\ \ x_2+x_3=0\\ x_1-2x_2+x_3=0\end{cases}$$

由

$$\boldsymbol{A}=\begin{pmatrix}1&1&1\\1&-2&1\end{pmatrix}\to\begin{pmatrix}1&0&1\\0&1&0\end{pmatrix}$$

得

$$\begin{cases}x_1=-x_3\\ x_2=0\end{cases}$$

解得基础解系为 $\begin{pmatrix}-1\\0\\1\end{pmatrix}$,取向量 $\boldsymbol{\alpha}_3=\begin{pmatrix}-1\\0\\1\end{pmatrix}$ 即为所求.

3.2.2 施密特(Schmidt)正交化方法

线性无关向量组未必是正交向量组,那么对于一个线性无关向量组 $\boldsymbol{\alpha}_1,\boldsymbol{\alpha}_2,\cdots,\boldsymbol{\alpha}_r$,能否

从它得到一个与其等价的正交单位向量组 $\boldsymbol{e}_1,\boldsymbol{e}_2,\cdots,\boldsymbol{e}_r$ 呢？回答是肯定的．下面先介绍将一个线性无关向量组 $\boldsymbol{\alpha}_1,\boldsymbol{\alpha}_2,\cdots,\boldsymbol{\alpha}_r$ 转换为一个与之等价的正交向量组的方法，其具体步骤如下：

取

$$\boldsymbol{\beta}_1=\boldsymbol{\alpha}_1$$

$$\boldsymbol{\beta}_2=\boldsymbol{\alpha}_2-\frac{[\boldsymbol{\alpha}_2,\boldsymbol{\beta}_1]}{[\boldsymbol{\beta}_1,\boldsymbol{\beta}_1]}\boldsymbol{\beta}_1$$

$$\boldsymbol{\beta}_3=\boldsymbol{\alpha}_3-\frac{[\boldsymbol{\alpha}_3,\boldsymbol{\beta}_1]}{[\boldsymbol{\beta}_1,\boldsymbol{\beta}_1]}\boldsymbol{\beta}_1-\frac{[\boldsymbol{\alpha}_3,\boldsymbol{\beta}_2]}{[\boldsymbol{\beta}_2,\boldsymbol{\beta}_2]}\boldsymbol{\beta}_2$$

……

$$\boldsymbol{\beta}_r=\boldsymbol{\alpha}_r-\frac{[\boldsymbol{\alpha}_r,\boldsymbol{\beta}_1]}{[\boldsymbol{\beta}_1,\boldsymbol{\beta}_1]}\boldsymbol{\beta}_1-\frac{[\boldsymbol{\alpha}_r,\boldsymbol{\beta}_2]}{[\boldsymbol{\beta}_2,\boldsymbol{\beta}_2]}\boldsymbol{\beta}_2-\cdots-\frac{[\boldsymbol{\alpha}_r,\boldsymbol{\beta}_{r-1}]}{[\boldsymbol{\beta}_{r-1},\boldsymbol{\beta}_{r-1}]}\boldsymbol{\beta}_{r-1}$$

容易验证 $\boldsymbol{\beta}_1,\boldsymbol{\beta}_2,\cdots,\boldsymbol{\beta}_r$ 两两正交，非零，而且向量组 $\boldsymbol{\beta}_1,\boldsymbol{\beta}_2,\cdots,\boldsymbol{\beta}_r$ 与向量组 $\boldsymbol{\alpha}_1,\boldsymbol{\alpha}_2,\cdots,\boldsymbol{\alpha}_r$ 等价．

然后将 $\boldsymbol{\beta}_1,\boldsymbol{\beta}_2,\cdots,\boldsymbol{\beta}_r$ 单位化，即取

$$\boldsymbol{e}_1=\frac{\boldsymbol{\beta}_1}{\|\boldsymbol{\beta}_1\|},\quad \boldsymbol{e}_2=\frac{\boldsymbol{\beta}_2}{\|\boldsymbol{\beta}_2\|},\quad \cdots,\quad \boldsymbol{e}_r=\frac{\boldsymbol{\beta}_r}{\|\boldsymbol{\beta}_r\|}$$

则 $\boldsymbol{e}_1,\boldsymbol{e}_2,\cdots,\boldsymbol{e}_r$ 就是满足要求的正交单位向量组．

上述从线性无关向量组 $\boldsymbol{\alpha}_1,\boldsymbol{\alpha}_2,\cdots,\boldsymbol{\alpha}_r$ 导出正交向量组 $\boldsymbol{\beta}_1,\boldsymbol{\beta}_2,\cdots,\boldsymbol{\beta}_r$ 的过程称为**施密特(Schmidt)正交化过程(方法)**．

例 3.2.3　用施密特正交化方法把向量组

$$\boldsymbol{\alpha}_1=\begin{pmatrix}1\\-1\\0\end{pmatrix},\quad \boldsymbol{\alpha}_2=\begin{pmatrix}1\\0\\1\end{pmatrix},\quad \boldsymbol{\alpha}_3=\begin{pmatrix}1\\-1\\1\end{pmatrix}$$

化为正交单位向量组．

解　先将 $\boldsymbol{\alpha}_1,\boldsymbol{\alpha}_2,\boldsymbol{\alpha}_3$ 正交化，取

$$\boldsymbol{\beta}_1=\boldsymbol{\alpha}_1=\begin{pmatrix}1\\-1\\0\end{pmatrix}$$

$$\boldsymbol{\beta}_2=\boldsymbol{\alpha}_2-\frac{[\boldsymbol{\beta}_1,\boldsymbol{\alpha}_2]}{[\boldsymbol{\beta}_1,\boldsymbol{\beta}_1]}\boldsymbol{\beta}_1=\begin{pmatrix}1\\0\\1\end{pmatrix}-\frac{1}{2}\begin{pmatrix}1\\-1\\0\end{pmatrix}=\begin{pmatrix}\frac{1}{2}\\\frac{1}{2}\\1\end{pmatrix}$$

$$\boldsymbol{\beta}_3=\boldsymbol{\alpha}_3-\frac{[\boldsymbol{\beta}_1,\boldsymbol{\alpha}_3]}{[\boldsymbol{\beta}_1,\boldsymbol{\beta}_1]}\boldsymbol{\beta}_1-\frac{[\boldsymbol{\beta}_2,\boldsymbol{\alpha}_3]}{[\boldsymbol{\beta}_2,\boldsymbol{\beta}_2]}\boldsymbol{\beta}_2=\begin{pmatrix}1\\-1\\1\end{pmatrix}-\begin{pmatrix}1\\-1\\0\end{pmatrix}-\frac{2}{3}\begin{pmatrix}\frac{1}{2}\\\frac{1}{2}\\1\end{pmatrix}=\begin{pmatrix}-\frac{1}{3}\\-\frac{1}{3}\\\frac{1}{3}\end{pmatrix}$$

再将 $\boldsymbol{\beta}_1,\boldsymbol{\beta}_2,\boldsymbol{\beta}_3$ 单位化，即得所求的正交单位向量组．

$$e_1=\frac{\boldsymbol{\beta}_1}{\|\boldsymbol{\beta}_1\|}=\begin{pmatrix}\frac{1}{\sqrt{2}}\\-\frac{1}{\sqrt{2}}\\0\end{pmatrix},\quad e_2=\frac{\boldsymbol{\beta}_2}{\|\boldsymbol{\beta}_2\|}=\begin{pmatrix}\frac{1}{\sqrt{6}}\\\frac{1}{\sqrt{6}}\\\frac{2}{\sqrt{6}}\end{pmatrix},\quad e_3=\frac{\boldsymbol{\beta}_3}{\|\boldsymbol{\beta}_3\|}=\begin{pmatrix}-\frac{1}{\sqrt{3}}\\-\frac{1}{\sqrt{3}}\\\frac{1}{\sqrt{3}}\end{pmatrix}$$

3.2.3 正交矩阵

定义 3.2.5 若 n 阶矩阵 $\boldsymbol{A}$ 满足 $\boldsymbol{A}\boldsymbol{A}^{\mathrm{T}}=\boldsymbol{E}$,则称 $\boldsymbol{A}$ 为**正交矩阵**. 简称**正交阵**.

例如,

$$\begin{pmatrix}\cos\alpha & -\sin\alpha\\ \sin\alpha & \cos\alpha\end{pmatrix},\quad \begin{pmatrix}1 & 0 & 0\\ 0 & \frac{1}{\sqrt{2}} & -\frac{1}{\sqrt{2}}\\ 0 & \frac{1}{\sqrt{2}} & \frac{1}{\sqrt{2}}\end{pmatrix},\quad \begin{pmatrix}1 & 0 & 0\\ 0 & 0 & -1\\ 0 & -1 & 0\end{pmatrix}$$

都是正交矩阵.

定理 3.2.3 n 阶矩阵 $\boldsymbol{A}$ 为正交矩阵的充要条件是 $\boldsymbol{A}$ 的列(行)向量组是正交单位向量组.

证 设 n 阶矩阵 $\boldsymbol{A}=(\boldsymbol{\alpha}_1,\boldsymbol{\alpha}_2,\cdots,\boldsymbol{\alpha}_n)$,其中 $\boldsymbol{\alpha}_1,\boldsymbol{\alpha}_2,\cdots,\boldsymbol{\alpha}_n$ 是 $\boldsymbol{A}$ 的列向量组.

于是

$$\boldsymbol{A}^{\mathrm{T}}\boldsymbol{A}=\begin{pmatrix}\boldsymbol{\alpha}_1^{\mathrm{T}}\\ \boldsymbol{\alpha}_2^{\mathrm{T}}\\ \vdots\\ \boldsymbol{\alpha}_n^{\mathrm{T}}\end{pmatrix}(\boldsymbol{\alpha}_1\quad \boldsymbol{\alpha}_2\quad \cdots\quad \boldsymbol{\alpha}_n)=\begin{pmatrix}\boldsymbol{\alpha}_1^{\mathrm{T}}\boldsymbol{\alpha}_1 & \boldsymbol{\alpha}_1^{\mathrm{T}}\boldsymbol{\alpha}_2 & \cdots & \boldsymbol{\alpha}_1^{\mathrm{T}}\boldsymbol{\alpha}_n\\ \boldsymbol{\alpha}_2^{\mathrm{T}}\boldsymbol{\alpha}_1 & \boldsymbol{\alpha}_2^{\mathrm{T}}\boldsymbol{\alpha}_2 & \cdots & \boldsymbol{\alpha}_2^{\mathrm{T}}\boldsymbol{\alpha}_n\\ \vdots & \vdots & & \vdots\\ \boldsymbol{\alpha}_n^{\mathrm{T}}\boldsymbol{\alpha}_1 & \boldsymbol{\alpha}_n^{\mathrm{T}}\boldsymbol{\alpha}_2 & \cdots & \boldsymbol{\alpha}_n^{\mathrm{T}}\boldsymbol{\alpha}_n\end{pmatrix}$$

因此,$\boldsymbol{A}^{\mathrm{T}}\boldsymbol{A}=\boldsymbol{E}$ 的充要条件是

$$\boldsymbol{\alpha}_i^{\mathrm{T}}\boldsymbol{\alpha}_j=\begin{cases}1 & (i=j)\\ 0 & (i\neq j)\end{cases}\quad (i,j=1,2,\cdots,n)$$

即 $\boldsymbol{A}$ 的列向量组为正交单位向量组.同理可证 $\boldsymbol{A}$ 的行向量组也为正交单位向量组.

例 3.2.4 验证下列矩阵是不是正交矩阵?并说明理由.

(1) $\begin{pmatrix}1 & -\frac{1}{2} & \frac{1}{3}\\ -\frac{1}{2} & 1 & \frac{1}{2}\\ \frac{1}{3} & \frac{1}{2} & -1\end{pmatrix}$;　　(2) $\begin{pmatrix}\frac{1}{9} & -\frac{8}{9} & -\frac{4}{9}\\ -\frac{8}{9} & \frac{1}{9} & -\frac{4}{9}\\ -\frac{4}{9} & -\frac{4}{9} & \frac{7}{9}\end{pmatrix}$.

解 (1) 第一个行向量非单位向量,故不是正交矩阵.

(2) 该方阵每一个行向量均是单位向量,且两两正交,故为正交矩阵.

由正交矩阵定义,不难得到下列性质:

(1) 若 $\boldsymbol{A}$ 是正交矩阵,则 $|\boldsymbol{A}|^2=1$①;

(2) 若 $\boldsymbol{A}$ 是正交矩阵,则 $\boldsymbol{A}^{\mathrm{T}},\boldsymbol{A}^{-1}$ 也是正交矩阵,且 $\boldsymbol{A}^{\mathrm{T}}=\boldsymbol{A}^{-1}$;

(3) 若 $\boldsymbol{A},\boldsymbol{B}$ 是 n 阶正交矩阵,则 $\boldsymbol{AB}$ 也是正交矩阵.

定义 3.2.6　设 $\boldsymbol{A}$ 为正交矩阵,$\boldsymbol{x},\boldsymbol{y}\in\mathbf{R}^n$,则称线性变换 $\boldsymbol{y}=\boldsymbol{Ax}$ 是**正交变换**.

例 3.2.5　证明线性变换

$$\begin{cases}x'=\cos\theta\, x+\sin\theta\, y\\ y'=-\sin\theta\, x+\cos\theta\, y\end{cases}$$

是正交变换.

解　线性变换的矩阵为

$$\begin{pmatrix}\cos\theta & \sin\theta\\ -\sin\theta & \cos\theta\end{pmatrix}$$

其行(列)向量是两两正交的单位向量,为正交矩阵,故上述线性变换是正交变换.

上述线性变换代表平面上的一个坐标旋转,因此平面上的坐标旋转变换是正交变换.

3.3　方阵的特征值与特征向量

3.3.1　特征值与特征向量的基本概念及其计算

定义 3.3.1　设 $\boldsymbol{A}$ 为 n 阶方阵,若存在数 λ 和非零 n 维向量 $\boldsymbol{x}$,使得

$$\boldsymbol{Ax}=\lambda\boldsymbol{x}\tag{3.3.1}$$

则称 λ 为矩阵 $\boldsymbol{A}$ 的**特征值**,称 $\boldsymbol{x}$ 为矩阵 $\boldsymbol{A}$ 对应于特征值 λ 的**特征向量**.

注　特征值问题是对于方阵而言的,特征向量必须是非零向量.

式(3.3.1)也可写成

$$(\boldsymbol{A}-\lambda\boldsymbol{E})\boldsymbol{x}=\boldsymbol{0}\tag{3.3.2}$$

式(3.3.2)齐次线性方程组有非零解的充要条件②是它的系数行列式

$$|\boldsymbol{A}-\lambda\boldsymbol{E}|=\begin{vmatrix}a_{11}-\lambda & a_{12} & \cdots & a_{1n}\\ a_{21} & a_{22}-\lambda & \cdots & a_{2n}\\ \vdots & \vdots & & \vdots\\ a_{n1} & a_{n2} & \cdots & a_{nn}-\lambda\end{vmatrix}=0\tag{3.3.3}$$

式(3.3.3)的左端 $|\boldsymbol{A}-\lambda\boldsymbol{E}|$ 为以 λ 为未知数的一元 n 次多项式,记为 $f_{\boldsymbol{A}}(\lambda)$ (或 $f(\lambda)$),称为 $\boldsymbol{A}$ 的**特征多项式**. 方程(3.3.3)称为 $\boldsymbol{A}$ 的**特征方程**. 则矩阵 $\boldsymbol{A}$ 的特征值即为其特征方程的根,特征方程在复数范围内恒有解,其个数为方程的次数(重根按重数计算),因此,n 阶方阵 $\boldsymbol{A}$ 在复数范围内有 n 个特征值.

设 $\lambda=\lambda_i$ 为矩阵 $\boldsymbol{A}$ 的一个特征值,则由方程

---

① $|\boldsymbol{A}|$ 表示方阵 $\boldsymbol{A}$ 的行列式,参见 3.6 节定义 3.6.1.

② 参见 3.6 节定理 3.6.4.

$$(\boldsymbol{A}-\lambda_i\boldsymbol{E})\boldsymbol{x}=\boldsymbol{0}$$

可求得非零解 $\boldsymbol{x}=\boldsymbol{p}_i$,那么 $\boldsymbol{p}_i$ 便是 $\boldsymbol{A}$ 的对应于特征值 λ_i 的特征向量(若 λ_i 为实数,则 $\boldsymbol{p}_i$ 可取实向量,若 λ_i 为复数,则 $\boldsymbol{p}_i$ 为复向量).

于是,矩阵 $\boldsymbol{A}$ 的特征值 λ_i 是它的特征方程 $|\boldsymbol{A}-\lambda\boldsymbol{E}|=0$ 的根,λ_i 的特征向量 $\boldsymbol{p}_i$ 是齐次线性方程组 $(\boldsymbol{A}-\lambda_i\boldsymbol{E})\boldsymbol{x}=\boldsymbol{0}$ 的非零解.

从以上分析可知,求 n 阶方阵 $\boldsymbol{A}$ 的特征值与特征向量的方法如下:

(1) 求出矩阵 $\boldsymbol{A}$ 的特征多项式;

(2) 解特征方程 $|\boldsymbol{A}-\lambda\boldsymbol{E}|=0$ 的解(在复数范围内)得到 $\boldsymbol{A}$ 的 n 个特征值 $\lambda_1,\lambda_2,\cdots,\lambda_n$;

(3) 对于每个 λ_i,求齐次线性方程组 $(\boldsymbol{A}-\lambda_i\boldsymbol{E})\boldsymbol{x}=\boldsymbol{0}$ 的基础解系 $\boldsymbol{p}_1,\boldsymbol{p}_2,\cdots,\boldsymbol{p}_r$,它的非零解则是相应于特征值 λ_i 的全部特征向量

$$k_1\boldsymbol{p}_1+k_2\boldsymbol{p}_2+\cdots+k_r\boldsymbol{p}_r$$

其中 $k_1,k_2,\cdots,k_r$ 是不全为零的常数.

例 3.3.1　求 $\boldsymbol{A}=\begin{pmatrix}1 & -1\\ 2 & 4\end{pmatrix}$ 的特征值与特征向量.

解　$\boldsymbol{A}$ 的特征多项式为

$$|\boldsymbol{A}-\lambda\boldsymbol{E}|=\begin{vmatrix}1-\lambda & -1\\ 2 & 4-\lambda\end{vmatrix}=(\lambda-2)(\lambda-3)$$

所以,$\boldsymbol{A}$ 的特征值为 $\lambda_1=2,\lambda_2=3$.

当 $\lambda_1=2$ 时,解方程 $(\boldsymbol{A}-2\boldsymbol{E})\boldsymbol{x}=\boldsymbol{0}$,由

$$(\boldsymbol{A}-2\boldsymbol{E})=\begin{pmatrix}-1 & -1\\ 2 & 2\end{pmatrix}\longrightarrow\begin{pmatrix}1 & 1\\ 0 & 0\end{pmatrix}$$

得基础解系

$$\boldsymbol{p}_1=\begin{pmatrix}-1\\ 1\end{pmatrix}$$

所以 $k_1\boldsymbol{p}_1(k_1\neq0)$ 是对应于 $\lambda_1=2$ 的全部特征值向量.

当 $\lambda_2=3$ 时,解方程 $(\boldsymbol{A}-3\boldsymbol{E})\boldsymbol{x}=\boldsymbol{0}$,由

$$(\boldsymbol{A}-3\boldsymbol{E})=\begin{pmatrix}-2 & -1\\ 2 & 1\end{pmatrix}\longrightarrow\begin{pmatrix}2 & 1\\ 0 & 0\end{pmatrix}$$

得基础解系

$$\boldsymbol{p}_2=\begin{pmatrix}-\dfrac{1}{2}\\ 1\end{pmatrix}$$

所以 $k_2\boldsymbol{p}_2(k_2\neq0)$ 是对应于 $\lambda_2=3$ 的全部特征向量.

显然,若 $\boldsymbol{p}_i$ 是对应于特征值 λ_i 的特征向量,则 $k_i\boldsymbol{p}_i(k_i\neq0)$ 也是对应于 λ_i 的特征向量,所以特征向量不能由特征值唯一确定,反之,不同的特征值所对应的特征向量绝不会相等,也即一个特征向量只能属于一个特征值.

例 3.3.2　求矩阵 $\boldsymbol{A}=\begin{pmatrix}1 & 0 & 0\\ -2 & 5 & -2\\ -2 & 4 & -1\end{pmatrix}$ 的特征值和特征向量.

解　$\boldsymbol{A}$ 的特征多项式为

$$|\boldsymbol{A}-\lambda\boldsymbol{E}|=\begin{vmatrix}1-\lambda & 0 & 0\\ -2 & 5-\lambda & -2\\ -2 & 4 & -1-\lambda\end{vmatrix}=(3-\lambda)(1-\lambda)^2$$

所以，$\boldsymbol{A}$ 的特征值为 $\lambda_1=3,\lambda_2=\lambda_3=1$.

当 $\lambda_1=3$ 时，解方程组 $(\boldsymbol{A}-3\boldsymbol{E})\boldsymbol{x}=\boldsymbol{0}$. 由

$$\boldsymbol{A}-3\boldsymbol{E}=\begin{pmatrix}-2 & 0 & 0\\ -2 & 2 & -2\\ -2 & 4 & -4\end{pmatrix}\longrightarrow\begin{pmatrix}1 & 0 & 0\\ 0 & 1 & -1\\ 0 & 0 & 0\end{pmatrix}$$

得基础解系

$$\boldsymbol{p}_1=\begin{pmatrix}0\\1\\1\end{pmatrix}$$

所以特征值 $\lambda_1=3$ 的全部特征向量为 $k_1\boldsymbol{p}_1$，其中 k_1 为任意非零数.

当 $\lambda_2=\lambda_3=1$ 时，解方程组 $(\boldsymbol{A}-\boldsymbol{E})\boldsymbol{x}=\boldsymbol{0}$. 由

$$\boldsymbol{A}-\boldsymbol{E}=\begin{pmatrix}0 & 0 & 0\\ -2 & 4 & -2\\ -2 & 4 & -2\end{pmatrix}\longrightarrow\begin{pmatrix}1 & -2 & 1\\ 0 & 0 & 0\\ 0 & 0 & 0\end{pmatrix}$$

得基础解系

$$\boldsymbol{p}_2=\begin{pmatrix}2\\1\\0\end{pmatrix},\quad \boldsymbol{p}_3=\begin{pmatrix}-1\\0\\1\end{pmatrix}$$

所以特征值 $\lambda_2=\lambda_3=1$ 的全部特征向量为 $k_2\boldsymbol{p}_2+k_3\boldsymbol{p}_3$，其中数 k_2,k_3 不同时为零.

例 3.3.3　如果矩阵 $\boldsymbol{A}$ 满足 $\boldsymbol{A}^2=\boldsymbol{A}$，则称 $\boldsymbol{A}$ 是**幂等矩阵**. 试证幂等矩阵的特征值只能是 0 或 1.

证　设 $\boldsymbol{A\alpha}=\lambda\boldsymbol{\alpha}(\boldsymbol{\alpha}\neq\boldsymbol{0})$ 两边左乘矩阵 $\boldsymbol{A}$，得

$$\boldsymbol{A}^2\boldsymbol{\alpha}=\lambda\boldsymbol{A\alpha}$$

因为 $\boldsymbol{A}^2=\boldsymbol{A}$，则有 $\boldsymbol{A\alpha}=\lambda\boldsymbol{A\alpha}$，所以 $\lambda\boldsymbol{\alpha}=\lambda^2\boldsymbol{\alpha}$. 即

$$(\lambda-\lambda^2)\boldsymbol{\alpha}=\boldsymbol{0}$$

因为 $\boldsymbol{\alpha}\neq\boldsymbol{0}$，所以有 $\lambda-\lambda^2=0$，得 $\lambda=0$ 或 $\lambda=1$.

3.3.2　特征值与特征向量的性质

设 $\lambda_1,\lambda_2,\cdots,\lambda_n$ 是 n 阶方阵 $\boldsymbol{A}=(a_{ij})_{n\times n}$ 的 n 个特征值，由行列式的展开式及多项式的根与系数关系，不难得到下面的性质：

性质 3.3.1

(1) $\lambda_1+\lambda_2+\cdots+\lambda_n=a_{11}+a_{22}+\cdots+a_{nn}$，称 $a_{11}+a_{22}+\cdots+a_{nn}$ 为矩阵 $\boldsymbol{A}$ 的**迹**，记为 $\mathrm{tr}(\boldsymbol{A})$.

(2) $\lambda_1\lambda_2\cdots\lambda_n=|\boldsymbol{A}|$.

推论 3.3.1 n 阶方阵 $\boldsymbol{A}$ 可逆的充要条件是 $\boldsymbol{A}$ 的全部特征值都不为零.

性质 3.3.2 $\boldsymbol{A}$ 与 $\boldsymbol{A}^{\mathrm{T}}$ 有相同的特征值,但特征向量未必相同.

性质 3.3.3 正交阵 $\boldsymbol{A}$ 的 特征值只能是 ± 1.

性质 3.3.4 设 λ 是 n 阶矩阵 $\boldsymbol{A}$ 的特征值,$\boldsymbol{p}$ 是 $\boldsymbol{A}$ 的对应于 λ 的特征向量,则

(1) $k\lambda$ 是 $k\boldsymbol{A}$ 的特征值(k 为任意常数).

(2) λ^m 是 $\boldsymbol{A}^m$ 的特征值(m 为正整数).

(3) $\varphi(\lambda)$是$\varphi(\boldsymbol{A})$的特征值,其中

$$\varphi(\lambda)=a_0+a_1\lambda+\cdots+a_m\lambda^m,\quad \varphi(\boldsymbol{A})=a_0\boldsymbol{E}+a_1\boldsymbol{A}+\cdots+a_m\boldsymbol{A}^m$$

并且 $\boldsymbol{p}$ 仍是上述三矩阵分别对应于特征值$k\lambda,\lambda^m,\varphi(\lambda)$的特征向量.

证明略.

例 3.3.4 设 λ 是可逆矩阵 $\boldsymbol{A}$ 的特征值,证明:

(1) $\dfrac{1}{\lambda}$是$\boldsymbol{A}^{-1}$的特征值;

(2) $\dfrac{1}{\lambda}|\boldsymbol{A}|$是$\boldsymbol{A}^*$的特征值③.

证 由 $\boldsymbol{A}$ 可逆知,$\lambda\neq 0$.

(1) 若 λ 是$\boldsymbol{A}$ 的特征值,则存在 $\boldsymbol{p}\neq 0$,使 $\boldsymbol{A}\boldsymbol{p}=\lambda\boldsymbol{p}$,两边左乘 $\boldsymbol{A}^{-1}$,得 $\boldsymbol{A}^{-1}\boldsymbol{A}\boldsymbol{p}=\lambda\boldsymbol{A}^{-1}\boldsymbol{p}$,即 $\boldsymbol{A}^{-1}\boldsymbol{p}=\dfrac{1}{\lambda}\boldsymbol{p}$. 故$\dfrac{1}{\lambda}$是$\boldsymbol{A}^{-1}$的特征值.

(2) 由 $\boldsymbol{A}\boldsymbol{p}=\lambda\boldsymbol{p}$ 两边左乘 $\boldsymbol{A}^*$,得 $\boldsymbol{A}^*\boldsymbol{A}\boldsymbol{p}=\lambda\boldsymbol{A}^*\boldsymbol{p}$,即 $|\boldsymbol{A}|\boldsymbol{p}=\lambda\boldsymbol{A}^*\boldsymbol{p}$,从而 $\boldsymbol{A}^*\boldsymbol{p}=\dfrac{1}{\lambda}|\boldsymbol{A}|\boldsymbol{p}$,故$\dfrac{1}{\lambda}|\boldsymbol{A}|$是$\boldsymbol{A}^*$的特征值.

例 3.3.5 已知三阶矩阵 $\boldsymbol{A}$ 的特征值为 $1,-2,5$,求:

(1) $|\boldsymbol{A}|$;

(2) $\boldsymbol{A}^{-1},\boldsymbol{A}^{\mathrm{T}},\boldsymbol{A}^*,\boldsymbol{A}^2+2\boldsymbol{A}+\boldsymbol{E}$ 的特征值.

解 (1) $|\boldsymbol{A}|=1\times(-2)\times 5=-10$;

(2) $\boldsymbol{A}^{-1}$的特征值为 $1,-\dfrac{1}{2},\dfrac{1}{5}$;

$\boldsymbol{A}^{\mathrm{T}}$ 的特征值为 $1,-2,5$;

因为 $\boldsymbol{A}^*=|\boldsymbol{A}|\boldsymbol{A}^{-1}=-10\boldsymbol{A}^{-1}$,所以 $\boldsymbol{A}^*$ 的特征值为 $-10,5,-2$;

$\boldsymbol{A}^2+2\boldsymbol{A}+\boldsymbol{E}$ 的特征值为 $1^2+2\times 1+1=4,(-2)^2+2\times(-2)+1=1,5^2+2\times 5+1=36$.

例 3.3.6 已知三阶矩阵 $\boldsymbol{A}$ 的特征值为 $1,-1,2$,$\boldsymbol{B}=\varphi(\boldsymbol{A})=\boldsymbol{A}^*+3\boldsymbol{A}-2\boldsymbol{E}$,

(1) 求矩阵 $\boldsymbol{B}$ 的特征值;

(2) 计算$|\boldsymbol{B}|$.

解 因 $\boldsymbol{A}$ 的特征值全不为 0,故 $\boldsymbol{A}$ 可逆,于是 $\boldsymbol{A}^*=|\boldsymbol{A}|\boldsymbol{A}^{-1}$. 而$|\boldsymbol{A}|=\lambda_1\lambda_2\lambda_3=-2$,所以 $\boldsymbol{B}=\varphi(\boldsymbol{A})=\boldsymbol{A}^*+3\boldsymbol{A}-2\boldsymbol{E}=-2\boldsymbol{A}^{-1}+3\boldsymbol{A}-2\boldsymbol{E}$.

令 $\varphi(\lambda)=-\dfrac{2}{\lambda}+3\lambda-2$,则

---

③ $\boldsymbol{A}^*$ 表示矩阵 $\boldsymbol{A}$ 的伴随矩阵,参见 3.6 节例 3.6.1.

(1) 矩阵 $\boldsymbol{B}$ 的特征值为 $\varphi(1)=-1,\varphi(-1)=-3,\varphi(2)=3$；

(2) $|\boldsymbol{B}|=\varphi(1)\varphi(-1)\varphi(2)=9$.

定理 3.3.1　设 $\lambda_1,\lambda_2,\cdots,\lambda_n$ 是方阵 $\boldsymbol{A}$ 的 n 个互不相同的特征值，$\boldsymbol{p}_1,\boldsymbol{p}_2,\cdots,\boldsymbol{p}_n$ 分别是与之对应的特征向量，则 $\boldsymbol{p}_1,\boldsymbol{p}_2,\cdots,\boldsymbol{p}_n$ 线性无关.

证明略.

3.4　实对称矩阵的对角化

方阵的特征值和特征向量的一个重要应用就是将方阵化为对角矩阵，即方阵的对角化问题. 对角矩阵是最简单的一类矩阵，对于任一个方阵，是否可将它在保持许多原有性质的基础上进行对角化，在理论和应用方面都具有重要意义.

3.4.1　相似矩阵及其性质

定义 3.4.1　设 $\boldsymbol{A},\boldsymbol{B}$ 都是 n 阶矩阵，如果存在 n 阶可逆矩阵 $\boldsymbol{P}$，使 $\boldsymbol{P}^{-1}\boldsymbol{A}\boldsymbol{P}=\boldsymbol{B}$，则称矩阵 $\boldsymbol{A}$ 与 $\boldsymbol{B}$ **相似**(或称矩阵 $\boldsymbol{A}$ 相似于矩阵 $\boldsymbol{B}$)，对 $\boldsymbol{A}$ 进行运算 $\boldsymbol{P}^{-1}\boldsymbol{A}\boldsymbol{P}$，称为对 $\boldsymbol{A}$ 进行**相似变换**，可逆矩阵 $\boldsymbol{P}$ 称为把 $\boldsymbol{A}$ 变成 $\boldsymbol{B}$ 的相似变换矩阵.

相似矩阵是同阶方阵之间的一种关系，具有如下基本性质：

(1) 自反性：$\boldsymbol{A}$ 与 $\boldsymbol{A}$ 相似；

(2) 对称性：$\boldsymbol{A}$ 相似于 $\boldsymbol{B}$，则 $\boldsymbol{B}$ 也相似于 $\boldsymbol{A}$；

(3) 传递性：$\boldsymbol{A}$ 相似于 $\boldsymbol{B}$，$\boldsymbol{B}$ 相似于 $\boldsymbol{C}$，则 $\boldsymbol{A}$ 相似于 $\boldsymbol{C}$.

另外，单位矩阵只与自身相似. 若 $\boldsymbol{A}$ 与 $\boldsymbol{B}$ 相似，则 $R(\boldsymbol{A})=R(\boldsymbol{B})$(请读者自行证明).

定理 3.4.1　若 n 阶矩阵 $\boldsymbol{A}$ 与 $\boldsymbol{B}$ 相似，则 $\boldsymbol{A}$ 与 $\boldsymbol{B}$ 的特征多项式相同，从而 $\boldsymbol{A}$ 与 $\boldsymbol{B}$ 的特征值也相同.

证　因为 $\boldsymbol{A}$ 与 $\boldsymbol{B}$ 相似，所以有可逆矩阵 $\boldsymbol{P}$，使 $\boldsymbol{P}^{-1}\boldsymbol{A}\boldsymbol{P}=\boldsymbol{B}$，故

$$\begin{aligned}|\boldsymbol{B}-\lambda\boldsymbol{E}| &= |\boldsymbol{P}^{-1}\boldsymbol{A}\boldsymbol{P}-\boldsymbol{P}^{-1}(\lambda\boldsymbol{E})\boldsymbol{P}| \\ &= |\boldsymbol{P}^{-1}(\boldsymbol{A}-\lambda\boldsymbol{E})\boldsymbol{P}| \\ &= |\boldsymbol{P}^{-1}|\,|\boldsymbol{A}-\lambda\boldsymbol{E}|\,|\boldsymbol{P}| \text{④} \\ &= |\boldsymbol{A}-\lambda\boldsymbol{E}|\end{aligned}$$

即 $\boldsymbol{A}$ 与 $\boldsymbol{B}$ 的特征多项式相同，从而 $\boldsymbol{A}$ 与 $\boldsymbol{B}$ 具有相同的特征值.

推论 3.4.1　若 n 阶矩阵 $\boldsymbol{A}$ 与对角矩阵

$$\boldsymbol{\Lambda}=\begin{pmatrix}\lambda_1 & & & \\ & \lambda_2 & & \\ & & \ddots & \\ & & & \lambda_n\end{pmatrix}$$

相似，则 $\lambda_1,\lambda_2,\cdots,\lambda_n$ 即为 $\boldsymbol{A}$ 的 n 个特征值.

---

④　参考3.6节性质：$|\boldsymbol{A}\boldsymbol{B}|=|\boldsymbol{A}|\,|\boldsymbol{B}|$.

证 因为 $\lambda_1,\lambda_2,\cdots,\lambda_n$ 是对角矩阵 $\boldsymbol{\Lambda}$ 的 n 个特征值,由定理 3.4.1 知,$\lambda_1,\lambda_2,\cdots,\lambda_n$ 也就是 $\boldsymbol{A}$ 的 n 个特征值.

注 (1) 相似矩阵具有相同的特征多项式,但特征多项式相同的矩阵却不一定相似. 例如,$\boldsymbol{A}=\begin{pmatrix}1 & 1\\0 & 1\end{pmatrix}$,$\boldsymbol{B}=\begin{pmatrix}1 & 0\\0 & 1\end{pmatrix}$有相同的特征多项式$(\lambda-1)^2$,但 $\boldsymbol{A}$ 与 $\boldsymbol{B}$ 并不相似,因为单位阵只与自身相似.

(2) 相似矩阵有相同的特征值,从而相似矩阵具有相同的迹和行列式.

例 3.4.1 设方阵 $\boldsymbol{A}=\begin{pmatrix}22 & 31\\y & x\end{pmatrix}$与$\boldsymbol{B}=\begin{pmatrix}1 & 2\\3 & 4\end{pmatrix}$相似,求 x,y.

解 方阵 $\boldsymbol{A}$ 与 $\boldsymbol{B}$ 相似,则 $\boldsymbol{A}$ 与 $\boldsymbol{B}$ 的迹与行列式分别相同,即

$$\begin{cases}22+x=1+4\\22x-31y=-2\end{cases}$$

解得

$$x=-17,\quad y=-12$$

关于相似矩阵我们关心的一个问题是:与方阵 $\boldsymbol{A}$ 相似的矩阵中,最简单的形式是什么?由于对角矩阵形式简单,因此我们考虑:任何一个方阵是否都相似于一个对角矩阵?下面就来讨论这个问题.

3.4.2 矩阵可对角化的条件

如果 n 阶方阵$\boldsymbol{A}$ 能相似于对角矩阵,则称 $\boldsymbol{A}$ **可对角化**. 因此,方阵 $\boldsymbol{A}$ 能否对角化,关键是寻找相似变换矩阵 $\boldsymbol{P}$,相似变换矩阵怎么求?相似变换矩阵又具有什么特点?这是我们所要考虑的.

设存在可逆矩阵 $\boldsymbol{P}$,使 $\boldsymbol{P}^{-1}\boldsymbol{AP}=\boldsymbol{\Lambda}$,其中 $\boldsymbol{\Lambda}=\mathrm{diag}(\lambda_1,\lambda_2,\cdots,\lambda_n)$. 把 $\boldsymbol{P}$ 用其列向量表示为$\boldsymbol{P}=(\boldsymbol{p}_1,\boldsymbol{p}_2,\cdots,\boldsymbol{p}_n)$,由 $\boldsymbol{P}^{-1}\boldsymbol{AP}=\boldsymbol{\Lambda}$,得 $\boldsymbol{AP}=\boldsymbol{P\Lambda}$,即

$$\boldsymbol{A}(\boldsymbol{p}_1,\boldsymbol{p}_2,\cdots,\boldsymbol{p}_n)=(\boldsymbol{p}_1,\boldsymbol{p}_2,\cdots,\boldsymbol{p}_n)\begin{pmatrix}\lambda_1 & & & \\ & \lambda_2 & & \\ & & \ddots & \\ & & & \lambda_n\end{pmatrix}=(\lambda_1\boldsymbol{p}_1,\lambda_2\boldsymbol{p}_2,\cdots,\lambda_n\boldsymbol{p}_n)$$

于是有

$$\boldsymbol{Ap}_i=\lambda_i\boldsymbol{p}_i\quad(i=1,2,\cdots,n)$$

可见 $\boldsymbol{P}$ 的列向量 $\boldsymbol{p}_i$ 就是$\boldsymbol{A}$ 的对应于特征值λ_i 的特征向量. 又因为 $\boldsymbol{P}$ 可逆,所以 $\boldsymbol{p}_1$,$\boldsymbol{p}_2,\cdots,\boldsymbol{p}_n$ 线性无关. 由于上述推导过程可以反推回去,因此,关于矩阵 $\boldsymbol{A}$ 的对角化有如下结论:

定理 3.4.2 n 阶方阵$\boldsymbol{A}$ 可对角化的充要条件是:$\boldsymbol{A}$ 有 n 个线性无关的特征向量 $\boldsymbol{p}_1$,$\boldsymbol{p}_2,\cdots,\boldsymbol{p}_n$,并且以它们为列向量组的矩阵 $\boldsymbol{P}$,能使 $\boldsymbol{P}^{-1}\boldsymbol{AP}$ 为对角矩阵. 而且此对角矩阵的主对角线元素依次是与 $\boldsymbol{p}_1,\boldsymbol{p}_2,\cdots,\boldsymbol{p}_n$ 对应的$\boldsymbol{A}$ 的特征值$\lambda_1,\lambda_2,\cdots,\lambda_n$.

由定理 3.3.1 和定理 3.4.2 可得如下推论.

推论 3.4.2 若 n 阶方阵$\boldsymbol{A}$ 有n 个互不相同的特征值,则 $\boldsymbol{A}$ 可对角化.

定理 3.4.2 和推论 3.4.2 为我们判别方阵 $\boldsymbol{A}$ 是否能对角化提供了一种有效的方法,但

是对于任一 n 阶矩阵 $\boldsymbol{A}$ 可对角化，并不能断定 $\boldsymbol{A}$ 必须有 n 个互不相同的特征值. n 阶矩阵 $\boldsymbol{A}$ 能否对角化取决于矩阵 $\boldsymbol{A}$ 是否一定存在 n 个线性无关的特征向量，当矩阵 $\boldsymbol{A}$ 有 n 个线性无关的特征向量时，$\boldsymbol{A}$ 必可对角化. 在 3.3 节例 3.3.2 中 $\boldsymbol{A}$ 的特征方程有重根，但仍能找到 3 个线性无关的特征向量，从而 $\boldsymbol{A}$ 能与对角矩阵相似.

定理 3.4.3　n 阶方阵 $\boldsymbol{A}$ 可对角化的充要条件是 $\boldsymbol{A}$ 的 k 重特征值有 k 个线性无关的特征向量（$1\leqslant k\leqslant n$）.

证明略.

例 3.4.2　判断矩阵 $\boldsymbol{A}$ 是否可以对角化，若可以，求出相似变换矩阵和对角矩阵.

$$\boldsymbol{A}=\begin{pmatrix}3 & -1 & -2\\ 2 & 0 & -2\\ 2 & -1 & -1\end{pmatrix}$$

解　$\boldsymbol{A}$ 的特征多项式为

$$|\boldsymbol{A}-\lambda\boldsymbol{E}|=\begin{vmatrix}3-\lambda & -1 & -2\\ 2 & -\lambda & -2\\ 2 & -1 & -1-\lambda\end{vmatrix}=\begin{vmatrix}\lambda-3 & 1 & 2\\ -2 & \lambda & 2\\ 0 & \lambda-1 & 1-\lambda\end{vmatrix}$$

$$=(\lambda-1)\begin{vmatrix}\lambda-3 & 1 & 2\\ -2 & \lambda & 2\\ 0 & 1 & -1\end{vmatrix}=-\lambda(\lambda-1)^2$$

因此，$\boldsymbol{A}$ 的特征值为 $\lambda_1=0$，$\lambda_2=\lambda_3=1$.

当 $\lambda_1=0$ 时，解方程组 $(\boldsymbol{A}-0\boldsymbol{E})\boldsymbol{x}=\boldsymbol{0}$. 由

$$\boldsymbol{A}=\begin{pmatrix}3 & -1 & -2\\ 2 & 0 & -2\\ 2 & -1 & -1\end{pmatrix}\longrightarrow\begin{pmatrix}1 & -1 & 0\\ 0 & 1 & -1\\ 0 & 0 & 0\end{pmatrix}$$

得基础解系

$$\boldsymbol{p}_1=\begin{pmatrix}1\\ 1\\ 1\end{pmatrix}$$

当 $\lambda_2=\lambda_3=1$ 时，解方程组 $(\boldsymbol{A}-\boldsymbol{E})\boldsymbol{x}=\boldsymbol{0}$. 由

$$\boldsymbol{A}-\boldsymbol{E}=\begin{pmatrix}2 & -1 & -2\\ 2 & -1 & -2\\ 2 & -1 & -2\end{pmatrix}\longrightarrow\begin{pmatrix}1 & -\frac{1}{2} & -1\\ 0 & 0 & 0\\ 0 & 0 & 0\end{pmatrix}$$

得基础解系

$$\boldsymbol{p}_2=\begin{pmatrix}\frac{1}{2}\\ 1\\ 0\end{pmatrix},\quad \boldsymbol{p}_3=\begin{pmatrix}1\\ 0\\ 1\end{pmatrix}$$

于是，3 阶矩阵 $\boldsymbol{A}$ 有 3 个线性无关的特征向量，所以它能够对角化.

令

$$P=(p_1,p_2,p_3)=\begin{pmatrix}1 & \frac{1}{2} & 1\\ 1 & 1 & 0\\ 1 & 0 & 1\end{pmatrix}$$

则可逆矩阵 P 为所求相似变换矩阵,且

$$P^{-1}AP=\begin{pmatrix}0 & 0 & 0\\ 0 & 1 & 0\\ 0 & 0 & 1\end{pmatrix}$$

在矩阵中有一类特殊矩阵,即实对称矩阵是一定可以对角化的,并且对于实对称矩阵 A 不仅能找到可逆矩阵 P,使得 $P^{-1}AP$ 为对角阵,而且还能够找到一个正交矩阵 T,使 $T^{-1}AT$ 为对角矩阵.

3.4.3 实对称矩阵的对角化

在矩阵理论和一些经济数学模型的研究中,经常遇到元素全为实数的对称矩阵,简称**实对称矩阵**,这类矩阵的特征值、特征向量具有许多特殊的性质.

性质 3.4.1 实对称矩阵的特征值都是实数.

证明略.

性质 3.4.2 设 λ_1,λ_2 是实对称矩阵 A 的两个特征值,p_1,p_2 依次是它们对应的特征向量. 若 $\lambda_1\neq\lambda_2$,则 p_1 与 p_2 正交.

证 由已知有

$$Ap_1=\lambda_1 p_1$$
$$Ap_2=\lambda_2 p_2$$

以 p_1^{T} 左乘第二式的两端,得

$$p_1^{\mathrm{T}}(Ap_2)=\lambda_2 p_1^{\mathrm{T}}p_2$$

因为 A 是实对称矩阵,所以

$$p_1^{\mathrm{T}}(Ap_2)=(Ap_1)^{\mathrm{T}}p_2=(\lambda_1 p_1)^{\mathrm{T}}p_2=\lambda_1 p_1^{\mathrm{T}}p_2$$

于是

$$(\lambda_1-\lambda_2)p_1^{\mathrm{T}}p_2=0$$

因为 $\lambda_1\neq\lambda_2$,故 $p_1^{\mathrm{T}}p_2=0$,即 p_1 与 p_2 正交.

定理 3.4.4 设 A 为 n 阶实对称矩阵,则必有正交矩阵 T,使 $T^{-1}AT=\Lambda$,其中 Λ 是以 A 的 n 个特征值为对角元素的对角矩阵.

证明略.

推论 3.4.3 设 A 为 n 阶实对称矩阵,λ 是 A 的 k 重特征值,则矩阵 $A-\lambda E$ 的秩 $R(A-\lambda E)=n-k$,即对应特征值 λ 恰有 k 个线性无关的特征向量.

证明略.

根据定理 3.4.4 及其推论 3.4.3,将实对称矩阵 A 对角化的步骤如下:

第 1 步 求出 A 的所有不同的特征值 $\lambda_1,\lambda_2,\cdots,\lambda_m$;它们的重数分别为 $k_1,k_2,\cdots,k_m$ 且 $\sum\limits_{i=1}^{m}k_i=n$.

第 2 步　求出 $\boldsymbol{A}$ 对应于每个特征值 λ_i 的一组线性无关的特征向量，即求出齐次线性方程组 $(\boldsymbol{A}-\lambda_i\boldsymbol{E})\boldsymbol{x}=\boldsymbol{0}$ 的一个基础解系．并且利用施密特正交化方法，把此组基础解系正交化，然后单位化(若 λ_i 是单根，则只要将其线性无关的特征向量单位化)，得 $\boldsymbol{A}$ 的属于 λ_i 的 k_i 个两两正交的单位特征向量，如此可得 $\boldsymbol{A}$ 的 n 个两两正交的单位特征向量；

第 3 步　以上面求出的 n 个正交的单位特征向量作为列向量构成的 n 阶方阵即为所求的正交矩阵 $\boldsymbol{T}$，以相应的特征值作为主对角线元素的对角矩阵，即为所求的 $\boldsymbol{T}^{-1}\boldsymbol{A}\boldsymbol{T}$．

例 3.4.3　设 $\boldsymbol{A}=\begin{pmatrix}5&0&0\\0&2&1\\0&1&2\end{pmatrix}$，求一个正交矩阵 $\boldsymbol{T}$，使 $\boldsymbol{T}^{-1}\boldsymbol{A}\boldsymbol{T}=\boldsymbol{\Lambda}$ 为对角矩阵．

解　**第 1 步**　先求 $\boldsymbol{A}$ 的特征值，由

$$|\boldsymbol{A}-\lambda\boldsymbol{E}|=\begin{vmatrix}5-\lambda&0&0\\0&2-\lambda&1\\0&1&2-\lambda\end{vmatrix}=(1-\lambda)(3-\lambda)(5-\lambda)$$

解得特征值 $\lambda_1=1,\lambda_2=3,\lambda_3=5$．

第 2 步　由 $(\boldsymbol{A}-\lambda_i\boldsymbol{E})\boldsymbol{x}=\boldsymbol{0}$，求解齐次线性方程组 $(\boldsymbol{A}-\lambda_i\boldsymbol{E})\boldsymbol{x}=\boldsymbol{0}$ 的一个基础解系．

当 $\lambda_1=1$ 时，由

$$\begin{pmatrix}4&0&0\\0&1&1\\0&1&1\end{pmatrix}\begin{pmatrix}x_1\\x_2\\x_3\end{pmatrix}=\begin{pmatrix}0\\0\\0\end{pmatrix}$$

解得基础解系

$$\begin{pmatrix}x_1\\x_2\\x_3\end{pmatrix}=\begin{pmatrix}0\\-1\\1\end{pmatrix}$$

单位化得

$$\boldsymbol{\gamma}_1=\begin{pmatrix}0\\-\dfrac{1}{\sqrt{2}}\\\dfrac{1}{\sqrt{2}}\end{pmatrix}$$

当 $\lambda_2=3$ 时，由

$$\begin{pmatrix}2&0&0\\0&-1&1\\0&1&-1\end{pmatrix}\begin{pmatrix}x_1\\x_2\\x_3\end{pmatrix}=\begin{pmatrix}0\\0\\0\end{pmatrix}$$

解得基础解系

$$\begin{pmatrix}x_1\\x_2\\x_3\end{pmatrix}=\begin{pmatrix}0\\1\\1\end{pmatrix}$$

单位化得

$$\boldsymbol{\gamma}_2=\begin{pmatrix}0\\ \frac{1}{\sqrt{2}}\\ \frac{1}{\sqrt{2}}\end{pmatrix}$$

当 $\lambda_3=5$ 时,由

$$\begin{pmatrix}0&0&0\\0&-3&1\\0&1&-3\end{pmatrix}\begin{pmatrix}x_1\\x_2\\x_3\end{pmatrix}=\begin{pmatrix}0\\0\\0\end{pmatrix}$$

解得基础解系

$$\begin{pmatrix}x_1\\x_2\\x_3\end{pmatrix}=\begin{pmatrix}1\\0\\0\end{pmatrix}$$

单位化得

$$\boldsymbol{\gamma}_3=\begin{pmatrix}1\\0\\0\end{pmatrix}$$

第 3 步 以正交单位向量组 $\boldsymbol{\gamma}_1,\boldsymbol{\gamma}_2,\boldsymbol{\gamma}_3$ 为列向量的矩阵 $\boldsymbol{T}$ 就是所求的正交矩阵,即

$$\boldsymbol{T}=(\boldsymbol{\gamma}_1,\boldsymbol{\gamma}_2,\boldsymbol{\gamma}_3)=\begin{pmatrix}0&0&1\\-\frac{1}{\sqrt{2}}&\frac{1}{\sqrt{2}}&0\\ \frac{1}{\sqrt{2}}&\frac{1}{\sqrt{2}}&0\end{pmatrix}$$

使得

$$\boldsymbol{T}^{-1}\boldsymbol{A}\boldsymbol{T}=\boldsymbol{T}^{\mathrm{T}}\boldsymbol{A}\boldsymbol{T}=\begin{pmatrix}1&0&0\\0&3&0\\0&0&5\end{pmatrix}$$

例 3.4.4 设 $\boldsymbol{A}=\begin{pmatrix}1&2&2\\2&1&2\\2&2&1\end{pmatrix}$,求正交矩阵 $\boldsymbol{T}$,使 $\boldsymbol{T}^{-1}\boldsymbol{A}\boldsymbol{T}$ 为对角矩阵.并求 $\boldsymbol{A}^{10}$.

解 **第 1 步** 先求 $\boldsymbol{A}$ 的特征值,由

$$|\boldsymbol{A}-\lambda\boldsymbol{E}|=\begin{vmatrix}1-\lambda&2&2\\2&1-\lambda&2\\2&2&1-\lambda\end{vmatrix}=\begin{vmatrix}5-\lambda&2&2\\5-\lambda&1-\lambda&2\\5-\lambda&2&1-\lambda\end{vmatrix}$$

$$=(5-\lambda)\begin{vmatrix}1&2&2\\0&-(\lambda+1)&0\\0&0&-(\lambda+1)\end{vmatrix}=(5-\lambda)(\lambda+1)^2$$

求出 $\boldsymbol{A}$ 的特征值为 $\lambda_1=-1$(二重),$\lambda_2=5$.

第 2 步 对于 $\lambda_1=-1$,求解齐次线性方程组 $(\boldsymbol{A}+\boldsymbol{E})\boldsymbol{x}=\boldsymbol{0}$.由

$$A+E=\begin{pmatrix}2&2&2\\2&2&2\\2&2&2\end{pmatrix}\longrightarrow\begin{pmatrix}1&1&1\\0&0&0\\0&0&0\end{pmatrix}$$

解得基础解系

$$\boldsymbol{\alpha}_1=\begin{pmatrix}-1\\1\\0\end{pmatrix},\quad \boldsymbol{\alpha}_2=\begin{pmatrix}-1\\0\\1\end{pmatrix}$$

正交化,令

$$\boldsymbol{\beta}_1=\boldsymbol{\alpha}_1=\begin{pmatrix}-1\\1\\0\end{pmatrix}$$

$$\boldsymbol{\beta}_2=\boldsymbol{\alpha}_2-\frac{[\boldsymbol{\beta}_1,\boldsymbol{\alpha}_2]}{[\boldsymbol{\beta}_1,\boldsymbol{\beta}_1]}\boldsymbol{\beta}_1=\begin{pmatrix}-1\\0\\1\end{pmatrix}-\frac{1}{2}\begin{pmatrix}-1\\1\\0\end{pmatrix}=\begin{pmatrix}-\frac{1}{2}\\-\frac{1}{2}\\1\end{pmatrix}$$

再单位化,令

$$\boldsymbol{\gamma}_1=\frac{\boldsymbol{\beta}_1}{\|\boldsymbol{\beta}_1\|}=\begin{pmatrix}-\frac{1}{\sqrt{2}}\\\frac{1}{\sqrt{2}}\\0\end{pmatrix},\quad \boldsymbol{\gamma}_2=\frac{\boldsymbol{\beta}_2}{\|\boldsymbol{\beta}_2\|}=\begin{pmatrix}-\frac{\sqrt{6}}{6}\\-\frac{\sqrt{6}}{6}\\\frac{\sqrt{6}}{3}\end{pmatrix}$$

对于 $\lambda_2=5$,求解齐次线性方程组 $(\boldsymbol{A}-5\boldsymbol{E})\boldsymbol{x}=\boldsymbol{0}$,由

$$\boldsymbol{A}-5\boldsymbol{E}=\begin{pmatrix}-4&2&2\\2&-4&2\\2&2&-4\end{pmatrix}\longrightarrow\begin{pmatrix}-2&-2&4\\2&-4&2\\2&2&-4\end{pmatrix}\longrightarrow\begin{pmatrix}-2&-2&4\\0&-6&6\\0&0&0\end{pmatrix}\longrightarrow\begin{pmatrix}1&1&-2\\0&1&-1\\0&0&0\end{pmatrix}$$

求得它的一基础解系为

$$\boldsymbol{\alpha}_3=\begin{pmatrix}1\\1\\1\end{pmatrix}$$

这里只有一个向量,单位化,得

$$\boldsymbol{\gamma}_3=\frac{\boldsymbol{\alpha}_3}{\|\boldsymbol{\alpha}_3\|}=\begin{pmatrix}\frac{1}{\sqrt{3}}\\\frac{1}{\sqrt{3}}\\\frac{1}{\sqrt{3}}\end{pmatrix}$$

第 3 步　以正交单位向量组 $\boldsymbol{\gamma}_1,\boldsymbol{\gamma}_2,\boldsymbol{\gamma}_3$ 为列向量的矩阵 $\boldsymbol{T}$ 就是所求的正交矩阵,即

$$\boldsymbol{T}=(\boldsymbol{\gamma}_1,\boldsymbol{\gamma}_2,\boldsymbol{\gamma}_3)=\begin{pmatrix}-\frac{1}{\sqrt{2}} & -\frac{1}{\sqrt{6}} & \frac{1}{\sqrt{3}}\\ \frac{1}{\sqrt{2}} & -\frac{1}{\sqrt{6}} & \frac{1}{\sqrt{3}}\\ 0 & \frac{\sqrt{6}}{3} & \frac{1}{\sqrt{3}}\end{pmatrix}$$

有

$$\boldsymbol{T}^{-1}\boldsymbol{A}\boldsymbol{T}=\begin{pmatrix}-1 & 0 & 0\\ 0 & -1 & 0\\ 0 & 0 & 5\end{pmatrix}=\boldsymbol{\Lambda}$$

于是得 $\boldsymbol{A}=\boldsymbol{T}\boldsymbol{\Lambda}\boldsymbol{T}^{-1}$.

故

$$\boldsymbol{A}^{10}=\underbrace{\boldsymbol{T}\boldsymbol{\Lambda}\boldsymbol{T}^{-1}\boldsymbol{T}\boldsymbol{\Lambda}\boldsymbol{T}^{-1}\cdots\boldsymbol{T}\boldsymbol{\Lambda}\boldsymbol{T}^{-1}}_{10}=\boldsymbol{T}\boldsymbol{\Lambda}^{10}\boldsymbol{T}^{-1}$$

$$=\begin{pmatrix}-\frac{1}{\sqrt{2}} & -\frac{1}{\sqrt{6}} & \frac{1}{\sqrt{3}}\\ \frac{1}{\sqrt{2}} & -\frac{1}{\sqrt{6}} & \frac{1}{\sqrt{3}}\\ 0 & \frac{\sqrt{6}}{3} & \frac{1}{\sqrt{3}}\end{pmatrix}\begin{pmatrix}1 & 0 & 0\\ 0 & 1 & 0\\ 0 & 0 & 5^{10}\end{pmatrix}\begin{pmatrix}-\frac{1}{\sqrt{2}} & \frac{1}{\sqrt{2}} & 0\\ -\frac{1}{\sqrt{6}} & -\frac{1}{\sqrt{6}} & \frac{\sqrt{6}}{3}\\ \frac{1}{\sqrt{3}} & \frac{1}{\sqrt{3}} & \frac{1}{\sqrt{3}}\end{pmatrix}$$

$$=\begin{pmatrix}\frac{2+5^{10}}{3} & \frac{-1+5^{10}}{3} & \frac{-1+5^{10}}{3}\\ \frac{-1+5^{10}}{3} & \frac{2+5^{10}}{3} & \frac{-1+5^{10}}{3}\\ \frac{-1+5^{10}}{3} & \frac{-1+5^{10}}{3} & \frac{2+5^{10}}{3}\end{pmatrix}$$

3.5 二次型及其标准形

二次型的研究起源于解析几何中曲线形状研究及曲线分类研究的需要,比如在研究二次曲线

$$ax^2+bxy+cy^2=1$$

的形状时,可以选择适当的坐标旋转变换

$$\begin{cases}x=x'\cos\theta-y'\sin\theta\\ y=x'\sin\theta+y'\cos\theta\end{cases}$$

把方程化为不含 xy 交叉项的标准形

$$kx'^2+ly'^2=1$$

由此可以判别曲线的类型.从代数学的观点来看,上述化曲线的一般方程为标准方程的过程,就是通过变量的线性变换化简一个二次齐次多项式,使它只含有平方项的过程.这样

的问题在许多科技、经济领域中经常遇到. 本节将把这类问题进行推广，讨论 n 个变量的二次齐次多项式的化简问题.

3.5.1　二次型的概念

定义 3.5.1　含有 n 个变量 $x_1, x_2, \cdots, x_n$ 的二次齐次多项式

$$f(x_1, x_2, \cdots, x_n) = a_{11}x_1^2 + a_{22}x_2^2 + \cdots + a_{nn}x_n^2 + 2a_{12}x_1x_2 + 2a_{13}x_1x_3 + \cdots + 2a_{n-1,n}x_{n-1}x_n \tag{3.5.1}$$

称为 n **元二次型**，简称为**二次型**. 当 a_{ij} 为复数时，f 称为**复二次型**，当 a_{ij} 为实数时，f 称为**实二次型**，本书中仅限于讨论实二次型.

取 $a_{ji} = a_{ij}$，则 $2a_{ij}x_ix_j = a_{ij}x_ix_j + a_{ji}x_jx_i$，于是式(3.5.1)可写成

$$\begin{aligned} f = & a_{11}x_1^2 + a_{12}x_1x_2 + \cdots + a_{1n}x_1x_n \\ & + a_{21}x_2x_1 + a_{22}x_2^2 + \cdots + a_{2n}x_2x_n \\ & + \cdots + a_{n1}x_nx_1 + a_{n2}x_nx_2 + \cdots + a_{nn}x_n^2 \\ = & \sum_{i,j=1}^{n} a_{ij}x_ix_j \end{aligned} \tag{3.5.2}$$

记

$$\boldsymbol{A} = \begin{pmatrix} a_{11} & a_{12} & \cdots & a_{1n} \\ a_{21} & a_{22} & \cdots & a_{2n} \\ \vdots & \vdots & & \vdots \\ a_{n1} & a_{n2} & \cdots & a_{nn} \end{pmatrix}, \quad \boldsymbol{x} = \begin{pmatrix} x_1 \\ x_2 \\ \vdots \\ x_n \end{pmatrix}$$

则式(3.5.2)可以用矩阵形式简单表示为

$$f = \sum_{i,j=1}^{n} a_{ij}x_ix_j = (x_1, x_2, \cdots, x_n)\begin{pmatrix} a_{11} & a_{12} & \cdots & a_{1n} \\ a_{21} & a_{22} & \cdots & a_{2n} \\ \vdots & \vdots & & \vdots \\ a_{n1} & a_{n2} & \cdots & a_{nn} \end{pmatrix}\begin{pmatrix} x_1 \\ x_2 \\ \vdots \\ x_n \end{pmatrix} = \boldsymbol{x}^{\mathrm{T}}\boldsymbol{A}\boldsymbol{x} \tag{3.5.3}$$

其中 $\boldsymbol{A}$ 为实对称矩阵.

例如，二次型 $f = x^2 + 2xy + 4y^2 - 2xz - 6yz + 5z^2$ 用矩阵表示就是

$$f = (x, y, z)\begin{pmatrix} 1 & 1 & -1 \\ 1 & 4 & -3 \\ -1 & -3 & 5 \end{pmatrix}\begin{pmatrix} x \\ y \\ z \end{pmatrix}$$

显然这种矩阵表示是唯一的，即任给一个二次型，就唯一地确定一个对称阵；反之，任给一个对称阵，也可唯一地确定一个二次型. 这样，二次型与对称阵之间存在一一对应的关系. 因此，我们把对称阵 $\boldsymbol{A}$ 称为**二次型 f 的矩阵**，也把 f 称为**对称矩阵 $\boldsymbol{A}$ 的二次型**，对称矩阵 $\boldsymbol{A}$ 的秩称为**二次型的秩**.

例 3.5.1　已知二次型 $f = 2x^2 + 4xy + y^2$，写出二次型的矩阵 $\boldsymbol{A}$，并求出二次型的秩.

解　由定义 3.5.1 知 $\boldsymbol{A} = \begin{pmatrix} 2 & 2 \\ 2 & 1 \end{pmatrix}$，显然 $R(\boldsymbol{A}) = 2$.

例 3.5.2　已知二次型 $f = x_1^2 - 3x_2^2 + x_3^2 - 4x_4^2 - 2x_1x_2 + 4x_1x_3 - 8x_1x_4 - 4x_3x_4$，写出二次型的矩阵 $\boldsymbol{A}$，并求出二次型的秩.

解 由定义知

$$A=\begin{pmatrix}1&-1&2&-4\\-1&-3&0&0\\2&0&1&-2\\-4&0&-2&-4\end{pmatrix}$$

因为

$$A\longrightarrow\begin{pmatrix}1&-1&2&-4\\-1&-3&0&0\\2&0&1&-2\\-4&0&-2&-4\end{pmatrix}\longrightarrow\begin{pmatrix}1&-1&2&-4\\0&2&-1&2\\0&0&-2&4\\0&0&4&-16\end{pmatrix}\longrightarrow\begin{pmatrix}1&-1&2&-4\\0&2&-1&2\\0&0&-2&4\\0&0&0&-8\end{pmatrix}$$

所以 $R(A)=4$.

对于二次型,要讨论的主要问题是:寻求可逆的线性变换

$$\begin{cases}x_1=c_{11}y_1+c_{12}y_2+\cdots+c_{1n}y_n\\x_2=c_{21}y_1+c_{22}y_2+\cdots+c_{2n}y_n\\\cdots\cdots\\x_n=c_{n1}y_1+c_{n2}y_2+\cdots+c_{nn}y_n\end{cases}\tag{3.5.4}$$

使二次型只含平方项,也就是把式(3.5.4)代入式(3.5.1),能使

$$f=k_1y_1^2+k_2y_2^2+\cdots+k_ny_n^2$$

这种只含平方项的二次型,称为**二次型的标准形**.

如果标准形的系数 $k_1,k_2,\cdots,k_n$ 只在 $1,-1,0$ 三个数中取值,也就是用式(3.5.4)代入式(3.5.1),能使

$$f=y_1^2+\cdots+y_p^2-y_{p+1}^2\cdots-y_r^2$$

则称上式为二次型的**规范形**.

记 $C=(c_{ij})_{n\times n}$,把可逆线性变换式(3.5.4)记作

$$x=Cy$$

代入式(3.5.3),有 $f=x^{\mathrm T}Ax=(Cy)^{\mathrm T}ACy=y^{\mathrm T}(C^{\mathrm T}AC)y$.

定义 3.5.2 设 A 和 B 是 n 阶矩阵,若存在可逆矩阵 C,使 $B=C^{\mathrm T}AC$,则称矩阵 A 与 B 合同.

显然,若 A 为对称矩阵,则 $B=C^{\mathrm T}AC$ 也为对称矩阵,且 $R(A)=R(B)$.事实上,

$$B^{\mathrm T}=(C^{\mathrm T}AC)^{\mathrm T}=C^{\mathrm T}A^{\mathrm T}C=C^{\mathrm T}AC=B$$

即 B 为对称矩阵. 又因 $B=C^{\mathrm T}AC$,而 C 可逆,从而 $C^{\mathrm T}$ 也可逆,由矩阵秩的性质即知,$R(A)=R(B)$.

由此可知,经可逆线性变换 $x=Cy$ 后,二次型 f 的矩阵由 A 变为与 A 合同的矩阵 $C^{\mathrm T}AC$.且二次型的秩不变.

3.5.2 化二次型为标准形

要使二次型 f 经可逆线性变换 $x=Cy$ 变成标准形,这就是要使

$$y^{\mathrm{T}}C^{\mathrm{T}}ACy = k_1 y_1^2 + k_2 y_3^2 + \cdots + k_n y_n^2 = (y_1, y_2, \cdots, y_n)\begin{pmatrix} k_1 & & & \\ & k_2 & & \\ & & \ddots & \\ & & & k_n \end{pmatrix}\begin{pmatrix} y_1 \\ y_2 \\ \vdots \\ y_n \end{pmatrix}$$

成立,也就是 $C^{\mathrm{T}}AC$ 成为对角矩阵. 因此,二次型化为标准形的问题就变为:对于实对称矩阵 A,寻求可逆矩阵 C,经过可逆线性变换 $x = Cy$ 后使 $C^{\mathrm{T}}AC$ 成为对角矩阵. 这个过程称为**把对称阵 A 合同对角化**.

由3.4节定理3.4.4知,任给实对称矩阵 A,总有正交矩阵 T,使 $T^{-1}AT = \Lambda$,即 $T^{\mathrm{T}}AT = \Lambda$. 把此结论应用于二次型,即有

定理 3.5.1　任给二次型 $f = \sum_{i,j=1}^{n} a_{ij}x_i x_j (a_{ij} = a_{ji})$,总有正交变换 $x = Ty$,使 f 化为标准形

$$f = \lambda_1 y_1^2 + \lambda_2 y_2^2 + \cdots + \lambda_n y_n^2$$

其中 $\lambda_1, \lambda_2, \cdots, \lambda_n$ 是 f 的矩阵 $A = (a_{ij})_n$ 的特征值.

推论 3.5.1　任给 n 元二次型 $f(x) = x^{\mathrm{T}}Ax$,总有可逆变换 $x = Cz$,使 $f(Cz)$ 为规范形.

用正交变换把二次型化为标准形,这在理论上和实际应用上都是非常重要的,而此方法的具体步骤就是上节所介绍的化实对称矩阵为对角矩阵的三个步骤:

(1) 写出 f 对应的实对称矩阵 A;

(2) 寻找正交矩阵 T, $T^{-1}AT = T^{\mathrm{T}}AT = \Lambda = \begin{pmatrix} \lambda_1 & & \\ & \ddots & \\ & & \lambda_n \end{pmatrix}$;

(3) 进行正交变换 $x = Ty$,使 $f = \lambda_1 y_1^2 + \lambda_2 y_2^2 + \cdots + \lambda_n y_n^2$.

例 3.5.3　求一个正交变换 $x = Ty$,把二次型

$$f = 5x_1^2 + 2x_2^2 + 2x_3^2 + 2x_2 x_3$$

化为标准形.

解　二次型的矩阵为

$$A = \begin{pmatrix} 5 & 0 & 0 \\ 0 & 2 & 1 \\ 0 & 1 & 2 \end{pmatrix}$$

这与3.4节例3.4.3所给矩阵相同. 按例3.4.3的结果,有正交矩阵

$$T = \begin{pmatrix} 0 & 0 & 1 \\ -\dfrac{1}{\sqrt{2}} & \dfrac{1}{\sqrt{2}} & 0 \\ \dfrac{1}{\sqrt{2}} & \dfrac{1}{\sqrt{2}} & 0 \end{pmatrix}$$

使得

$$T^{-1}AT = T^{\mathrm{T}}AT = \begin{pmatrix} 1 & 0 & 0 \\ 0 & 3 & 0 \\ 0 & 0 & 5 \end{pmatrix}$$

于是有正交变换

$$\begin{pmatrix} x_1 \\ x_2 \\ x_3 \end{pmatrix} = \begin{pmatrix} 0 & 0 & 1 \\ -\frac{1}{\sqrt{2}} & \frac{1}{\sqrt{2}} & 0 \\ \frac{1}{\sqrt{2}} & \frac{1}{\sqrt{2}} & 0 \end{pmatrix} \begin{pmatrix} y_1 \\ y_2 \\ y_3 \end{pmatrix}$$

把二次型 f 化成标准形

$$f = y_1^2 + 3y_2^2 + 5y_3^2$$

如果要把二次型化成规范形只需令

$$\begin{cases} y_1 = z_1 \\ y_2 = \frac{1}{\sqrt{3}} z_2 \\ y_3 = \frac{1}{\sqrt{5}} z_3 \end{cases}$$

则 f 的规范形为 $f = z_1^2 + z_2^2 + z_3^2$.

例 3.5.4　求一个正交变换 $\boldsymbol{x} = \boldsymbol{T}\boldsymbol{y}$,把二次型

$$f = 2x_1x_2 + 2x_1x_3 - 2x_2x_3 + 2x_2x_4 - 2x_1x_4 + 2x_3x_4$$

化为标准形.

解　f 的矩阵是

$$\boldsymbol{A} = \begin{pmatrix} 0 & 1 & 1 & -1 \\ 1 & 0 & -1 & 1 \\ 1 & -1 & 0 & 1 \\ -1 & 1 & 1 & 0 \end{pmatrix}$$

$$|\boldsymbol{A} - \lambda\boldsymbol{E}| = \begin{vmatrix} -\lambda & 1 & 1 & -1 \\ 1 & -\lambda & -1 & 1 \\ 1 & -1 & -\lambda & 1 \\ -1 & 1 & 1 & -\lambda \end{vmatrix} = -(1-\lambda)^3(3+\lambda)$$

于是 $\boldsymbol{A}$ 的全部特征值为 $\lambda_1 = 1$(三重),$\lambda_2 = -3$.

对于 $\lambda_1 = 1$. 解齐次线性方程组 $(\boldsymbol{A} - \boldsymbol{E})\boldsymbol{x} = \boldsymbol{0}$,由

$$\boldsymbol{A} - \boldsymbol{E} = \begin{pmatrix} -1 & 1 & 1 & -1 \\ 1 & -1 & -1 & 1 \\ 1 & -1 & -1 & 1 \\ -1 & 1 & 1 & -1 \end{pmatrix} \longrightarrow \begin{pmatrix} -1 & 1 & 1 & -1 \\ 0 & 0 & 0 & 0 \\ 0 & 0 & 0 & 0 \\ 0 & 0 & 0 & 0 \end{pmatrix}$$

求得一组基础解系

$$\boldsymbol{\alpha}_1 = \begin{pmatrix} 1 \\ 1 \\ 0 \\ 0 \end{pmatrix},\quad \boldsymbol{\alpha}_2 = \begin{pmatrix} 1 \\ 0 \\ 1 \\ 0 \end{pmatrix},\quad \boldsymbol{\alpha}_3 = \begin{pmatrix} -1 \\ 0 \\ 0 \\ 1 \end{pmatrix}$$

令

$$\boldsymbol{\beta}_1 = \boldsymbol{\alpha}_1 = \begin{pmatrix} 1 \\ 1 \\ 0 \\ 0 \end{pmatrix}$$

$$\boldsymbol{\beta}_2 = \boldsymbol{\alpha}_2 - \frac{[\boldsymbol{\beta}_1, \boldsymbol{\alpha}_2]}{[\boldsymbol{\beta}_1, \boldsymbol{\beta}_1]}\boldsymbol{\beta}_1 = \begin{pmatrix} 1 \\ 0 \\ 1 \\ 0 \end{pmatrix} - \frac{1}{2}\begin{pmatrix} 1 \\ 1 \\ 0 \\ 0 \end{pmatrix} = \begin{pmatrix} \frac{1}{2} \\ -\frac{1}{2} \\ 1 \\ 0 \end{pmatrix}$$

$$\boldsymbol{\beta}_3 = \boldsymbol{\alpha}_3 - \frac{[\boldsymbol{\beta}_1, \boldsymbol{\alpha}_3]}{[\boldsymbol{\beta}_1, \boldsymbol{\beta}_1]}\boldsymbol{\beta}_1 - \frac{[\boldsymbol{\beta}_2, \boldsymbol{\alpha}_3]}{[\boldsymbol{\beta}_2, \boldsymbol{\beta}_2]}\boldsymbol{\beta}_2 = \begin{pmatrix} -1 \\ 0 \\ 0 \\ 1 \end{pmatrix} + \frac{1}{2}\begin{pmatrix} 1 \\ 1 \\ 0 \\ 0 \end{pmatrix} + \frac{1}{3}\begin{pmatrix} \frac{1}{2} \\ -\frac{1}{2} \\ 1 \\ 0 \end{pmatrix} = \begin{pmatrix} -\frac{1}{3} \\ \frac{1}{3} \\ \frac{1}{3} \\ 1 \end{pmatrix}$$

再令

$$\boldsymbol{\gamma}_1 = \frac{\boldsymbol{\beta}_1}{\|\boldsymbol{\beta}_1\|} = \begin{pmatrix} \frac{\sqrt{2}}{2} \\ \frac{\sqrt{2}}{2} \\ 0 \\ 0 \end{pmatrix}, \quad \boldsymbol{\gamma}_2 = \frac{\boldsymbol{\beta}_2}{\|\boldsymbol{\beta}_2\|} = \begin{pmatrix} \frac{\sqrt{6}}{6} \\ -\frac{\sqrt{6}}{6} \\ \frac{\sqrt{6}}{3} \\ 0 \end{pmatrix}, \quad \boldsymbol{\gamma}_3 = \frac{\boldsymbol{\beta}_3}{\|\boldsymbol{\beta}_3\|} = \begin{pmatrix} -\frac{\sqrt{3}}{6} \\ \frac{\sqrt{3}}{6} \\ \frac{\sqrt{3}}{6} \\ \frac{\sqrt{3}}{2} \end{pmatrix}$$

对于 $\lambda_2 = -3$,解齐次线性方程组$(\boldsymbol{A} + 3\boldsymbol{E})\boldsymbol{x} = \boldsymbol{0}$,由

$$\boldsymbol{A} + 3\boldsymbol{E} = \begin{pmatrix} 3 & 1 & 1 & -1 \\ 1 & 3 & -1 & 1 \\ 1 & -1 & 3 & 1 \\ -1 & 1 & 1 & 3 \end{pmatrix} \longrightarrow \begin{pmatrix} 1 & -1 & -1 & -3 \\ 0 & 1 & 0 & 1 \\ 0 & 0 & 1 & 1 \\ 0 & 0 & 0 & 0 \end{pmatrix}$$

求得一组基础解系为

$$\boldsymbol{\alpha}_4 = \begin{pmatrix} 1 \\ -1 \\ -1 \\ 1 \end{pmatrix}$$

令

$$\boldsymbol{\gamma}_4 = \frac{\boldsymbol{\alpha}_4}{\|\boldsymbol{\alpha}_4\|} = \begin{pmatrix} \frac{1}{2} \\ -\frac{1}{2} \\ -\frac{1}{2} \\ \frac{1}{2} \end{pmatrix}$$

取正交矩阵

$$\boldsymbol{T} = (\boldsymbol{\gamma}_1, \boldsymbol{\gamma}_2, \boldsymbol{\gamma}_3, \boldsymbol{\gamma}_4) = \begin{pmatrix} \frac{\sqrt{2}}{2} & \frac{\sqrt{6}}{6} & -\frac{\sqrt{3}}{6} & \frac{1}{2} \\ \frac{\sqrt{2}}{2} & -\frac{\sqrt{6}}{6} & \frac{\sqrt{3}}{6} & -\frac{1}{2} \\ 0 & \frac{\sqrt{6}}{3} & \frac{\sqrt{3}}{6} & -\frac{1}{2} \\ 0 & 0 & \frac{\sqrt{3}}{2} & \frac{1}{2} \end{pmatrix}$$

再令 $\boldsymbol{x} = \boldsymbol{T}\boldsymbol{y}$,则可得

$$f = \boldsymbol{x}^{\mathrm{T}}\boldsymbol{A}\boldsymbol{x} = \boldsymbol{y}^{\mathrm{T}}(\boldsymbol{T}^{\mathrm{T}}\boldsymbol{A}\boldsymbol{T})\boldsymbol{y} = y_1^2 + y_2^2 + y_3^2 - 3y_4^2$$

如果不限于用正交变换,那么还可有多种方法把二次型化成标准形. 如配方法、初等变换法等等,下面通过实例来介绍配方法.

例 3.5.5 化二次型

$$f = x_1^2 + 2x_2^2 + 5x_3^2 + 2x_1x_2 + 2x_1x_3 + 6x_2x_3$$

成标准形,并求所用的变换矩阵.

解 由于 f 中含变量 x_1 的平方项,故把含 x_1 的项归并起来配方可得

$$\begin{aligned} f &= (x_1^2 + 2x_1x_2 + 2x_1x_3) + 2x_2^2 + 5x_3^2 + 6x_2x_3 \\ &= (x_1 + x_2 + x_3)^2 - x_2^2 - x_3^2 - 2x_2x_3 + 2x_2^2 + 5x_3^2 + 6x_2x_3 \\ &= (x_1 + x_2 + x_3)^2 + x_2^2 + 4x_2x_3 + 4x_3^2 \end{aligned}$$

上式右端除第一项外已不再含 x_1,继续对含有 x_2 的项配方,得

$$f = (x_1 + x_2 + x_3)^2 + (x_2 + 2x_3)^2$$

令

$$\begin{cases} y_1 = x_1 + x_2 + x_3 \\ y_2 = x_2 + 2x_3 \\ y_3 = x_3 \end{cases}$$

即

$$\begin{cases} x_1 = y_1 - y_2 + y_3 \\ x_2 = y_2 - 2y_3 \\ x_3 = y_3 \end{cases}$$

就把 f 化成标准形 $f = y_1^2 + y_2^2$. 所用变换矩阵为

$$\boldsymbol{C} = \begin{pmatrix} 1 & -1 & 1 \\ 0 & 1 & -2 \\ 0 & 0 & 1 \end{pmatrix}$$

例 3.5.6　化二次型

$$f=2x_1x_2+2x_1x_3-6x_2x_3$$

成标准形,并求所用的变换矩阵.

解　在 f 中不含平方项,由于含有 x_1x_2 乘积项,故令

$$\begin{cases}x_1=y_1+y_2\\x_2=y_1-y_2\\x_3=y_3\end{cases}$$

代入可得

$$f=2y_1^2-2y_2^2-4y_1y_3+8y_2y_3$$

再配方,得

$$f=2(y_1-y_3)^2-2(y_2-2y_3)^2+6y_3^2$$

故令

$$\begin{cases}z_1=y_1-y_3\\z_2=y_2-2y_3\\z_3=y_3\end{cases}$$

即

$$\begin{cases}y_1=z_1+z_3\\y_2=z_2+2z_3\\y_3=z_3\end{cases}$$

即有 $f=2z_1^2-2z_2^2+6z_3^2$,所用变换矩阵为

$$\boldsymbol{C}=\begin{pmatrix}1&1&0\\1&-1&0\\0&0&1\end{pmatrix}\begin{pmatrix}1&0&1\\0&1&2\\0&0&1\end{pmatrix}=\begin{pmatrix}1&1&3\\1&-1&-1\\0&0&1\end{pmatrix}$$

一般地,任何二次型都可用上面两例的方法找到可逆变换化成标准形,且由前面内容可知,标准形中所含有的项数就是二次型的秩.

3.5.3　正定二次型

上节我们介绍了二次型化为标准形的几种方法,我们知道,化二次型为标准形时,可用不同的变换矩阵,且所得标准形也不相同,即二次型的标准形不是唯一的.但标准形中所含项数是确定的(即二次型的秩是确定的).不仅如此,在实可逆变换下,标准形中正系数的个数是不变的(从而负系数的个数也不变),即有如下定理:

定理 3.5.2　(惯性定理)设有二次型 $f=\boldsymbol{x}^{\mathrm{T}}\boldsymbol{A}\boldsymbol{x}$,它的秩为 r,若有两个实的可逆线性变换 $\boldsymbol{x}=\boldsymbol{B}\boldsymbol{y}$,及 $\boldsymbol{x}=\boldsymbol{C}\boldsymbol{y}$,使

$$f=k_1y_1^2+k_2y_2^2+\cdots+k_ry_r^2\quad(k_i\neq0)$$

及

$$f=\lambda_1z_1^2+\lambda_2z_2^2+\cdots+\lambda_rz_r^2\quad(\lambda_i\neq0)$$

则 $k_1,k_2,\cdots,k_r$ 中正数的个数与 $\lambda_1,\lambda_2,\cdots,\lambda_r$ 中正数的个数相同.

证明略.

注　惯性定理告诉我们,二次型的标准形中非零平方项的个数由秩 r 唯一确定,且正项

个数(称为 f 的**正惯性指数**)与负项个数(称为 f 的**负惯性指数**)也唯一确定,与所作的可逆线性变换无关. 惯性定理反映了实二次型的本质特征.

定义 3.5.3 设 n 元二次型 $f=\boldsymbol{x}^{\mathrm{T}}\boldsymbol{A}\boldsymbol{x}$,若对任意 $\boldsymbol{x}\neq\boldsymbol{0}$,恒有 $f>0$(或 $f\geqslant 0$),则称 f 为**正定(或半正定)二次型**. $\boldsymbol{A}$ 称**正定矩阵(或半正定矩阵)**,记 $\boldsymbol{A}>\boldsymbol{0}$(或 $\boldsymbol{A}\geqslant\boldsymbol{0}$).

若对任意 $\boldsymbol{x}\neq\boldsymbol{0}$,恒有 $f<0$(或 $f\leqslant 0$),则称 f 为**负定(或半负定)二次型**. 这时 $\boldsymbol{A}$ 称**负定(或半负定)矩阵**,记 $\boldsymbol{A}<\boldsymbol{0}$(或 $\boldsymbol{A}\leqslant\boldsymbol{0}$).

其他情况称二次型为**不定二次型**,$\boldsymbol{A}$ 称**不定矩阵**. 所谓 f 不定指既存在 $\boldsymbol{x}\neq\boldsymbol{0}$ 有 $f>0$,又存在 $\boldsymbol{x}\neq\boldsymbol{0}$ 使 $f<0$.

因二次型 $f=\boldsymbol{x}^{\mathrm{T}}\boldsymbol{A}\boldsymbol{x}$ 与实对称矩阵 $\boldsymbol{A}$ 一一对应,故讨论二次型的正定性与讨论 $\boldsymbol{A}$ 的正定性是等价的.

下面讨论二次型 f(或矩阵 $\boldsymbol{A}$)正定性的判别方法:

定理 3.5.3 n 元二次型 $f=\boldsymbol{x}^{\mathrm{T}}\boldsymbol{A}\boldsymbol{x}$ 为正定的充要条件是:它的标准形的 n 个系数全为正,即它的正惯性指数等于 n.

证 设可逆变换 $\boldsymbol{x}=\boldsymbol{C}\boldsymbol{y}$ 使

$$f(\boldsymbol{x})=f(\boldsymbol{C}\boldsymbol{y})=\sum_{i=1}^{n}k_i y_i^2$$

(充分性)设 $k_i>0(i=1,\cdots,n)$,任给 $\boldsymbol{x}\neq\boldsymbol{0}$,则 $\boldsymbol{y}=\boldsymbol{C}^{-1}\boldsymbol{x}\neq\boldsymbol{0}$,故

$$f(\boldsymbol{x})=\sum_{i=1}^{n}k_i y_i^2>0$$

(必要性)用反证法. 当设有 $k_s\leqslant 0$,则当 $\boldsymbol{y}=\boldsymbol{e}_s$(单位坐标向量)时,$f(\boldsymbol{C}\boldsymbol{e}_s)=k_s\leqslant 0$,显然 $\boldsymbol{C}\boldsymbol{e}_s\neq 0$,这与 f 正定相矛盾,所以 $k_i>0(i=1,2,\cdots,n)$.

又因为实对称矩阵 $\boldsymbol{A}$ 存在正交矩阵 $\boldsymbol{T}$,使

$$\boldsymbol{T}^{-1}\boldsymbol{A}\boldsymbol{T}=\boldsymbol{T}^{\mathrm{T}}\boldsymbol{A}\boldsymbol{T}=\boldsymbol{\Lambda}=\begin{pmatrix}\lambda_1 & & \\ & \ddots & \\ & & \lambda_n\end{pmatrix}$$

其中 λ_i 为 $\boldsymbol{A}$ 的特征值.故有:

推论 3.5.2 实对称矩阵 $\boldsymbol{A}$ 为正定的充要条件是:$\boldsymbol{A}$ 的特征值全为正.

完全相似地,我们有 n 元二次型 f 为负定二次型当且仅当它的负惯性指数等于 n,对称矩阵 $\boldsymbol{A}$ 为负定矩阵当且仅当它的所有特征值全为负.

按自然顺序取 $\boldsymbol{A}$ 的前 k 行、k 列构成的 k 阶行列式

$$|\boldsymbol{A}_k|=\begin{vmatrix}a_{11} & a_{12} & \cdots & a_{1k}\\ a_{21} & a_{22} & \cdots & a_{2k}\\ \vdots & \vdots & & \vdots\\ a_{k1} & a_{k2} & \cdots & a_{kk}\end{vmatrix}\quad(k=1,2,\cdots,n)$$

称为 $\boldsymbol{A}$ 的 **k 阶顺序主子式**.

下面介绍判定矩阵正(负)定的一个充要条件,它被称为**赫尔维茨定理**.

定理 3.5.4 n 阶实对称矩阵 $\boldsymbol{A}$ 正定的充要条件是 $\boldsymbol{A}$ 的各级顺序主子式全大于 0. 即

$$|\boldsymbol{A}_1|=a_{11}>0,\ |\boldsymbol{A}_2|=\begin{vmatrix}a_{11} & a_{12}\\ a_{21} & a_{22}\end{vmatrix}>0,\ \cdots,\ |\boldsymbol{A}_n|=|\boldsymbol{A}|>0$$

n 阶实对称矩阵 $\boldsymbol{A}$ 负定的充要条件是奇数阶顺序主子式小于 0,偶数阶顺序主子式大

于0.

证明略.

例 3.5.7　判别二次型 $f=2x_1^2+4x_2^2+5x_3^2-4x_1x_3$ 的正定性.

解法 1　(配方法)化二次型为标准形

$$\begin{aligned} f(x_1,x_2,x_3) &= 2x_1^2-4x_1x_3+4x_2^2+5x_3^2 \\ &= 2(x_1^2+x_3^2-2x_1x_3)+4x_2^2+3x_3^2 \\ &= 2(x_1-x_3)^2+4x_2^2+3x_3^2 \end{aligned}$$

令 $y_1=x_1-x_3, y_2=x_2, y_3=x_3$，则 $f=2y_1^2+4y_2^2+3y_3^2$，其正惯性指数为3，故 f 正定.

解法 2　(特征值法)利用“二次型 $f=\boldsymbol{x}^{\mathrm{T}}\boldsymbol{A}\boldsymbol{x}$ 为正定的充要条件是实对称矩阵 $\boldsymbol{A}$ 的特征值全为正”的结论.

二次型 f 的矩阵

$$\boldsymbol{A}=\begin{pmatrix} 2 & 0 & -2 \\ 0 & 4 & 0 \\ -2 & 0 & 5 \end{pmatrix}$$

解特征方程

$$|\boldsymbol{A}-\lambda\boldsymbol{E}|=\begin{vmatrix} 2-\lambda & 0 & -2 \\ 0 & 4-\lambda & 0 \\ -2 & 0 & 5-\lambda \end{vmatrix}=-(\lambda-1)(\lambda-4)(\lambda-6)=0$$

得 $\boldsymbol{A}$ 的特征值为 $\lambda_1=1, \lambda_2=4, \lambda_3=6$，所以 f 为正定二次型.

解法 3　利用赫尔维茨定理.

因为

$$|a_{11}|=2>0,\quad \begin{vmatrix} a_{11} & a_{12} \\ a_{21} & a_{22} \end{vmatrix}=\begin{vmatrix} 2 & 0 \\ 0 & 4 \end{vmatrix}=8>0,\quad |\boldsymbol{A}|=\begin{vmatrix} 2 & 0 & -2 \\ 0 & 4 & 0 \\ -2 & 0 & 5 \end{vmatrix}=24>0$$

所以 f 为正定二次型.

例 3.5.8　λ 取何值时，$f=x_1^2+4x_2^2+4x_3^2+2\lambda x_1x_2-2x_1x_3+4x_2x_3$ 是正定的?

解　二次型 f 的矩阵

$$\boldsymbol{A}=\begin{pmatrix} 1 & \lambda & -1 \\ \lambda & 4 & 2 \\ -1 & 2 & 4 \end{pmatrix}$$

要使 f 正定，即 $\boldsymbol{A}$ 正定，则必须使

$$\begin{vmatrix} 1 & \lambda \\ \lambda & 4 \end{vmatrix}=4-\lambda^2>0$$

且

$$|\boldsymbol{A}|=-4(\lambda+2)(\lambda-1)>0$$

上面两不等式联立，解得 $-2<\lambda<1$.

3.6* 行列式的应用

3.6.1 方阵的行列式

定义 3.6.1 由 n 阶方阵 $\boldsymbol{A}=(a_{ij})_{n\times n}$ 的元素构成的行列式(各元素位置不变),即

$$|\boldsymbol{A}|=\begin{vmatrix} a_{11} & a_{12} & \cdots & a_{1n} \\ a_{21} & a_{22} & \cdots & a_{2n} \\ \vdots & \vdots & & \vdots \\ a_{n1} & a_{n2} & \cdots & a_{nn} \end{vmatrix}$$

称为方阵 $\boldsymbol{A}$ 的行列式,记作 $|\boldsymbol{A}|$ 或 $\det(\boldsymbol{A})$.

注 方阵的行列式与方阵是两个不同的概念,前者是一个数,后者是一个数表.

方阵的行列式满足以下运算律(设 $\boldsymbol{A},\boldsymbol{B}$ 都是 n 阶方阵,λ 是常数):

(1) $|\boldsymbol{A}^{\mathrm{T}}|=|\boldsymbol{A}|$(由行列式性质 3.1.1 立得);

(2) $|\lambda\boldsymbol{A}|=\lambda^n|\boldsymbol{A}|$;

(3) $|\boldsymbol{AB}|=|\boldsymbol{A}||\boldsymbol{B}|$.

(4) 一般情况下,$|\boldsymbol{A}+\boldsymbol{B}|\neq|\boldsymbol{A}|+|\boldsymbol{B}|$;

(5) 一般情况下,$\boldsymbol{AB}\neq\boldsymbol{BA}$,但 $|\boldsymbol{BA}|=|\boldsymbol{B}||\boldsymbol{A}|=|\boldsymbol{AB}|$.

证明略.

例 3.6.1 设 $\boldsymbol{A}=(a_{ij})_{n\times n}$ 是 n 阶方阵,由行列式 $|\boldsymbol{A}|$ 中的每个元素 a_{ij} 的代数余子式 $\boldsymbol{A}_{ij}$ 所构成的矩阵

$$\boldsymbol{A}^*=\begin{pmatrix} \boldsymbol{A}_{11} & \boldsymbol{A}_{21} & \cdots & \boldsymbol{A}_{n1} \\ \boldsymbol{A}_{12} & \boldsymbol{A}_{22} & \cdots & \boldsymbol{A}_{n2} \\ \vdots & \vdots & & \vdots \\ \boldsymbol{A}_{1n} & \boldsymbol{A}_{2n} & \cdots & \boldsymbol{A}_{nn} \end{pmatrix}$$

称为方阵 $\boldsymbol{A}$ 的**伴随矩阵**.其中 $\boldsymbol{A}^*$ 在位置 (i,j) 上的元素是矩阵 $\boldsymbol{A}$ 在位置 (j,i) 上的代数余子式.证明:

(1) $\boldsymbol{AA}^*=\boldsymbol{A}^*\boldsymbol{A}=|\boldsymbol{A}|\boldsymbol{E}$;

(2) 当 $|\boldsymbol{A}|\neq0$ 时,$|\boldsymbol{A}^*|=|\boldsymbol{A}|^{n-1}$.

证明 (1) 设 $\boldsymbol{AA}^*=(b_{ij})_{n\times n}$,由矩阵的乘法,

$$b_{ij}=a_{i1}\boldsymbol{A}_{j1}+a_{i2}\boldsymbol{A}_{j2}+\cdots+a_{in}\boldsymbol{A}_{jn}=\begin{cases} |\boldsymbol{A}| & (j=i) \\ 0 & (j\neq i) \end{cases}$$

即

$$\boldsymbol{AA}^*=\begin{pmatrix} |\boldsymbol{A}| & 0 & \cdots & 0 \\ 0 & |\boldsymbol{A}| & \cdots & 0 \\ \vdots & \vdots & & \vdots \\ 0 & 0 & \cdots & |\boldsymbol{A}| \end{pmatrix}=|\boldsymbol{A}|\boldsymbol{E}$$

(2) 由(1)可得 $|\boldsymbol{AA}^*|=|\boldsymbol{A}|\cdot|\boldsymbol{A}^*|=||\boldsymbol{A}|\boldsymbol{E}|=|\boldsymbol{A}|^n\cdot|\boldsymbol{E}|=|\boldsymbol{A}|^n$,故当 $|\boldsymbol{A}|\neq 0$ 时,$|\boldsymbol{A}^*|=|\boldsymbol{A}|^{n-1}$.

3.6.2 求逆矩阵

定理 3.6.1 方阵 $\boldsymbol{A}$ 可逆的充要条件是它的行列式 $|\boldsymbol{A}|\neq 0$;且当 $\boldsymbol{A}$ 可逆时,

$$\boldsymbol{A}^{-1}=\frac{1}{|\boldsymbol{A}|}\boldsymbol{A}^*.$$

证明 (必要性)设 $\boldsymbol{A}$ 可逆,则存在 $\boldsymbol{A}^{-1}$ 满足 $\boldsymbol{AA}^{-1}=\boldsymbol{E}$,那么

$$|\boldsymbol{AA}^{-1}|=|\boldsymbol{A}||\boldsymbol{A}^{-1}|=|\boldsymbol{E}|=1$$

故 $|\boldsymbol{A}|\neq 0$.

(充分性)设 $|\boldsymbol{A}|\neq 0$,由例 3.6.1 知,$\boldsymbol{AA}^*=\boldsymbol{A}^*\boldsymbol{A}=|\boldsymbol{A}|\boldsymbol{E}$.当 $|\boldsymbol{A}|\neq 0$ 时,有

$$\boldsymbol{A}\left(\frac{1}{|\boldsymbol{A}|}\boldsymbol{A}^*\right)=\left(\frac{1}{|\boldsymbol{A}|}\boldsymbol{A}^*\right)\boldsymbol{A}=\boldsymbol{E}$$

即 $\boldsymbol{A}$ 可逆,且 $\boldsymbol{A}^{-1}=\frac{1}{|\boldsymbol{A}|}\boldsymbol{A}^*$.

例 3.6.2 已知方阵 $\boldsymbol{A}=\begin{pmatrix}1&0&1\\2&1&0\\-3&2&-5\end{pmatrix}$,求 $\boldsymbol{A}^{-1}$.

解 因为 $|\boldsymbol{A}|=2\neq 0$,所以 $\boldsymbol{A}$ 可逆,计算可得

$\boldsymbol{A}_{11}=-5,\boldsymbol{A}_{12}=10,\boldsymbol{A}_{13}=7;\boldsymbol{A}_{21}=2,\boldsymbol{A}_{22}=-2,\boldsymbol{A}_{23}=-2;\boldsymbol{A}_{31}=-1,\boldsymbol{A}_{32}=2,\boldsymbol{A}_{33}=1$

则

$$\boldsymbol{A}^{-1}=\frac{1}{|\boldsymbol{A}|}\boldsymbol{A}^*=\begin{pmatrix}-\frac{5}{2}&1&-\frac{1}{2}\\5&-1&1\\\frac{7}{2}&-1&\frac{1}{2}\end{pmatrix}$$

定义 3.6.2 当 $|\boldsymbol{A}|=0$ 时,方阵 $\boldsymbol{A}$ 称为**奇异矩阵**,否则称为**非奇异矩阵**.

由定理 3.6.1 知,方阵 $\boldsymbol{A}$ 是可逆矩阵当且仅当 $\boldsymbol{A}$ 是非奇异矩阵.

3.6.3 求矩阵的秩

定义 3.6.3 在 $\boldsymbol{A}_{m\times n}$ 矩阵中,任取 k 行 k 列($k\leqslant m,k\leqslant n$),由这些行和列交点位置上的 k^2 个元素按原矩阵中的位置组成的 k 阶行列式,称为矩阵 $\boldsymbol{A}$ 的一个 k **阶子式**.设矩阵 $\boldsymbol{A}$ 有一个不为零的 r 阶子式 $\boldsymbol{D}$,且所有的 $r+1$ 阶子式(如果存在)全为零,那么称 $\boldsymbol{D}$ 为 $\boldsymbol{A}$ 的**最高阶非零子式**.

注 $m\times n$ 矩阵 $\boldsymbol{A}$ 的 k 阶子式共有 $C_m^k\cdot C_n^k$ 个.

定理 3.6.2 矩阵 $\boldsymbol{A}$ 的秩 $R(\boldsymbol{A})$ 等于其最高阶非零子式的阶数.

证明略.

例如,矩阵 $\boldsymbol{A}=\begin{pmatrix}1&0&0&0\\0&1&0&0\\0&0&0&0\end{pmatrix}$ 的最高阶非零子式为 $\begin{vmatrix}1&0\\0&1\end{vmatrix}$,其阶数为 2,即矩阵 $\boldsymbol{A}$ 的秩

为 2.

例 3.6.3　求矩阵 $\boldsymbol{A}$ 与 $\boldsymbol{B}$ 的秩,其中

$$\boldsymbol{A}=\begin{pmatrix}1 & 2 & 3\\ 2 & 3 & -5\\ 4 & 8 & 12\end{pmatrix},\quad \boldsymbol{B}=\begin{pmatrix}2 & -1 & 0 & 3 & -2\\ 0 & 3 & 1 & -2 & 5\\ 0 & 0 & 0 & 4 & -3\\ 0 & 0 & 0 & 0 & 0\end{pmatrix}$$

解　计算可得 $|\boldsymbol{A}|=0$,又在矩阵 $\boldsymbol{A}$ 中容易看出二阶子式 $\begin{vmatrix}1 & 2\\ 2 & 3\end{vmatrix}\neq 0$,故 $R(\boldsymbol{A})=2$.

$\boldsymbol{B}$ 为行阶梯矩阵,非零行数为 3,则 $\boldsymbol{B}$ 有一个三阶非零子式

$$\begin{vmatrix}2 & -1 & 3\\ 0 & 3 & -2\\ 0 & 0 & 4\end{vmatrix}\neq 0$$

且 $\boldsymbol{B}$ 的任何四阶子式为零,故 $R(\boldsymbol{B})=3$.

定义 3.6.4　若方阵 $\boldsymbol{A}_{n\times n}$ 的秩等于 $\boldsymbol{A}$ 的阶数 n,即 $R(\boldsymbol{A}_{n\times n})=n$,则称 $\boldsymbol{A}_{n\times n}$ 为**满秩矩阵**,否则称为**降秩矩阵**.

由定义 3.6.4 可知,方阵 $\boldsymbol{A}_{n\times n}$ 为满秩矩阵当且仅当 $|\boldsymbol{A}|\neq 0$.

3.6.4　解线性方程组

在 3.1 节里,我们通过加减消元法得到了二元线性方程组

$$\begin{cases}a_{11}x_1+a_{12}x_2=b_1\\ a_{21}x_1+a_{22}x_2=b_2\end{cases}$$

和三元线性方程组

$$\begin{cases}a_{11}x_1+a_{12}x_2+a_{13}x_3=b_1\\ a_{21}x_1+a_{22}x_2+a_{23}x_3=b_2\\ a_{31}x_1+a_{32}x_2+a_{33}x_3=b_3\end{cases}$$

的解,在系数行列式 $D\neq 0$ 的条件下,两类方程的解可分别表示为

$$x_1=\frac{D_1}{D},\quad x_2=\frac{D_2}{D}$$

$$x_1=\frac{D_1}{D},\quad x_2=\frac{D_2}{D},\quad x_3=\frac{D_3}{D}$$

那么含有 n 个方程和 n 个未知量 $x_1,x_2,\cdots,x_n$ 的线性方程组

$$\begin{cases}a_{11}x_1+a_{12}x_2+\cdots+a_{1n}x_n=b_1\\ a_{21}x_1+a_{22}x_2+\cdots+a_{2n}x_n=b_2\\ \qquad\cdots\cdots\\ a_{n1}x_1+a_{n2}x_2+\cdots+a_{nn}x_n=b_n\end{cases}\tag{3.6.1}$$

的解是否也具有这种形式?在学习了 n 阶行列式的概念和运算以后,我们来介绍这个问题的答案——克莱姆(Cramer)法则.

定理 3.6.3　(克莱姆法则)如果线性方程组(3.6.1)的系数行列式 $D\neq 0$,则该方程组有唯一解:

$$x_1 = \frac{D_1}{D}, \quad x_2 = \frac{D_2}{D}, \quad \cdots, \quad x_n = \frac{D_n}{D} \tag{3.6.2}$$

其中

$$D_j = \begin{vmatrix} a_{11} & \cdots & a_{1,j-1} & b_1 & a_{1,j+1} & \cdots & a_{1n} \\ a_{21} & \cdots & a_{2,j-1} & b_2 & a_{2,j+1} & \cdots & a_{2n} \\ \vdots & & \vdots & \vdots & \vdots & & \vdots \\ a_{n1} & \cdots & a_{n,j-1} & b_n & a_{n,j+1} & \cdots & a_{nn} \end{vmatrix} \quad (j = 1,2,\cdots,n) \tag{3.6.3}$$

证明略.

例 3.6.4　求解线性方程组

$$\begin{cases} x_1 + x_2 + 2x_3 + 3x_4 = 1 \\ 3x_1 - x_2 - x_3 - 2x_4 = -4 \\ 2x_1 + 3x_2 - x_3 - x_4 = -6 \\ x_1 + 2x_2 + 3x_3 - x_4 = -4 \end{cases}$$

解　计算行列式得

$$D = \begin{vmatrix} 1 & 1 & 2 & 3 \\ 3 & -1 & -1 & -2 \\ 2 & 3 & -1 & -1 \\ 1 & 2 & 3 & -1 \end{vmatrix} = -153 \neq 0$$

$$D_1 = \begin{vmatrix} 1 & 1 & 2 & 3 \\ -4 & -1 & -1 & -2 \\ -6 & 3 & -1 & -1 \\ -4 & 2 & 3 & -1 \end{vmatrix} = 153, \quad D_2 = \begin{vmatrix} 1 & 1 & 2 & 3 \\ 3 & -4 & -1 & -2 \\ 2 & -6 & -1 & -1 \\ 1 & -4 & 3 & -1 \end{vmatrix} = 153$$

$$D_3 = \begin{vmatrix} 1 & 1 & 1 & 3 \\ 3 & -1 & -4 & -2 \\ 2 & 3 & -6 & -1 \\ 1 & 2 & -4 & -1 \end{vmatrix} = 0, \quad D_4 = \begin{vmatrix} 1 & 1 & 2 & 1 \\ 3 & -1 & -1 & -4 \\ 2 & 3 & -1 & -6 \\ 1 & 2 & 3 & -4 \end{vmatrix} = -153$$

由克莱姆法则,方程组有唯一解

$$x_1 = \frac{D_1}{D} = -1, \quad x_2 = \frac{D_2}{D} = -1, \quad x_3 = \frac{D_3}{D} = 0, \quad x_4 = \frac{D_4}{D} = 1$$

从本例可以看出,利用克莱姆法则来计算一个含有 n 个方程和 n 个未知量的线性方程组,需要计算 $n+1$ 个 n 阶的行列式.当 n 较大时,计算量是比较大的,一般可以借助数学软件来求解.与其在计算方面的作用相比,克莱姆法则的作用更多地体现在其理论价值上.

例 3.6.5　问 λ 取何值时,线性方程组

$$\begin{cases} \lambda x_1 + x_2 + x_3 = \lambda - 3 \\ x_1 + \lambda x_2 + x_3 = -2 \\ x_1 + x_2 + \lambda x_3 = -2 \end{cases} \tag{3.6.4}$$

(1) 有唯一解?(2) 无解?(3) 有无穷多解?

解　方程组的系数行列式

$$\begin{vmatrix} \lambda & 1 & 1 \\ 1 & \lambda & 1 \\ 1 & 1 & \lambda \end{vmatrix} = (\lambda+2)\begin{vmatrix} 1 & 1 & 1 \\ 0 & \lambda-1 & 0 \\ 0 & 0 & \lambda-1 \end{vmatrix} = (\lambda+2)(\lambda-1)^2$$

(1) 由克莱姆法则,当 $\lambda \neq -2$ 且 $\lambda \neq 1$ 时,线性方程组有唯一解;

(2) 当 $\lambda = -2$ 时,线性方程组(3.6.4)可化为

$$\begin{cases} -2x_1 + x_2 + x_3 = -5 \\ x_1 - 2x_2 + x_3 = -2 \\ x_1 + x_2 - 2x_3 = -2 \end{cases}$$

将方程组的三个方程相加得 $0 = -9$,矛盾,即方程组无解.

(3) 当 $\lambda = 1$ 时,线性方程组(3.6.4)可化为

$$x_1 + x_2 + x_3 = -2$$

方程组有无穷多解.

定理 3.6.4　若齐次线性方程组 $\boldsymbol{A}_{n\times n}\boldsymbol{x} = \boldsymbol{0}$ 的系数行列式 $D \neq 0$,则其没有非零解.换言之,若齐次线性方程组 $\boldsymbol{A}_{n\times n}\boldsymbol{x} = \boldsymbol{0}$ 有非零解,则它的系数行列式必为零.

例 3.6.6　问 λ, μ 取何值时,齐次线性方程组

$$\begin{cases} \lambda x_1 + x_2 + x_3 = 0 \\ x_1 + \mu x_2 + x_3 = 0 \\ x_1 + 2\mu x_2 + x_3 = 0 \end{cases}$$

有非零解?

解　系数行列式

$$D = \begin{vmatrix} \lambda & 1 & 1 \\ 1 & \mu & 1 \\ 1 & 2\mu & 1 \end{vmatrix} = \begin{vmatrix} \lambda & 1 & 1 \\ 1 & \mu & 1 \\ 0 & \mu & 0 \end{vmatrix} = \begin{vmatrix} \lambda & 1 & 1 \\ 1-\lambda & \mu-1 & 0 \\ 0 & \mu & 0 \end{vmatrix} = \begin{vmatrix} 1-\lambda & \mu-1 \\ 0 & \mu \end{vmatrix} = (1-\lambda)\mu$$

由定理 3.6.4 知,当 $\lambda = 1$ 或 $\mu = 0$ 时,方程组有非零解.

本章学习基本要求

(1) 理解行列式定义、性质;掌握行列式的计算方法,包括:化为上三角形行列式法和按行(列)展开法;了解行列式求逆矩阵、行列式解线性方程组的方法(克莱姆法则).

(2) 理解向量内积、正交的概念;理解正交矩阵的概念与性质;掌握施密特(Schimidt)正交化方法.

(3) 理解方阵的特征值与特征向量的概念;掌握特征值与特征向量的性质及计算方法;掌握实对称矩阵的对角化方法.

(4) 理解二次型、二次型的秩、标准形、规范形的概念;掌握将二次型化为标准形的方法(正交变换法、配方法).

(5) 理解正定矩阵、惯性指数的概念;掌握判别正定矩阵的方法(配方法、特征值法、赫尔维茨定理).

习　题　3

A组

1. 计算下列三阶行列式：

(1) $\begin{vmatrix} 1 & 2 & 3 \\ 3 & 1 & 2 \\ 2 & 3 & 1 \end{vmatrix}$；　(2) $\begin{vmatrix} 1 & 1 & 1 \\ 3 & 1 & 4 \\ 8 & 9 & 5 \end{vmatrix}$；　(3) $\begin{vmatrix} 2 & 0 & 1 \\ 1 & -4 & -1 \\ -1 & 8 & 3 \end{vmatrix}$；

(4) $\begin{vmatrix} 0 & a & 0 \\ b & 0 & c \\ 0 & d & 0 \end{vmatrix}$；　(5) $\begin{vmatrix} 1 & 1 & 1 \\ a & b & c \\ a^2 & b^2 & c^2 \end{vmatrix}$；　(6) $\begin{vmatrix} x & y & x+y \\ y & x+y & x \\ x+y & x & y \end{vmatrix}$.

2. 解下列方程：

(1) $\begin{vmatrix} 1 & 2 \\ x & x^2 \end{vmatrix} = 0$；　(2) $\begin{vmatrix} x & 3 & 4 \\ -1 & x & 0 \\ 0 & x & 1 \end{vmatrix} = 0$；

(3) $\begin{vmatrix} x & 2 & 3 \\ 2 & x & 3 \\ 3 & 2 & x \end{vmatrix} = 0$；　(4) $\begin{vmatrix} 3 & 1 & x \\ 4 & x & 0 \\ 1 & 0 & x \end{vmatrix} = 0$.

3. 求下列排列的逆序数：

(1) 41253；(2) 3712456；(3) $(2n+1)(2n-1)\cdots531(2n)(2n-2)\cdots42$；

(4) $135\cdots(2n-1)24\cdots(2n)$.

4. 在6阶行列式$|a_{ij}|$中，下列各项前面应冠以什么符号？

(1) $a_{15}a_{23}a_{32}a_{44}a_{51}a_{66}$；(2) $a_{11}a_{26}a_{32}a_{44}a_{53}a_{65}$；(3) $a_{21}a_{53}a_{16}a_{42}a_{65}a_{34}$；

(4) $a_{51}a_{32}a_{13}a_{44}a_{65}a_{26}$；(5) $a_{12}a_{2i}a_{35}a_{41}a_{56}a_{6j}$；(6) $a_{31}a_{54}a_{4i}a_{63}a_{2j}a_{16}$.

5. 用行列式的定义计算下列行列式：

(1) $\begin{vmatrix} 0 & 1 & 0 & 0 \\ 0 & 0 & 0 & 1 \\ 1 & 0 & 0 & 0 \\ 0 & 0 & 1 & 0 \end{vmatrix}$；　(2) $\begin{vmatrix} 0 & 1 & 0 & \cdots & 0 \\ 0 & 0 & 2 & \cdots & 0 \\ \vdots & \vdots & \vdots & & \vdots \\ 0 & 0 & 0 & \cdots & n-1 \\ n & 0 & 0 & \cdots & 0 \end{vmatrix}$；

(3) $\begin{vmatrix} 0 & 1 & 1 & 0 \\ 0 & 1 & 0 & 1 \\ 1 & 1 & 1 & 1 \\ 0 & 0 & 1 & 0 \end{vmatrix}$；　(4) $\begin{vmatrix} a_{11} & a_{12} & a_{13} & a_{14} & a_{15} \\ a_{21} & a_{22} & a_{23} & a_{24} & a_{25} \\ a_{31} & a_{32} & 0 & 0 & 0 \\ a_{41} & a_{42} & 0 & 0 & 0 \\ a_{51} & a_{52} & 0 & 0 & 0 \end{vmatrix}$.

6. 用行列式的性质证明下列等式：

(1) $\begin{vmatrix} a_1+kb_1 & b_1+c_1 & c_1 \\ a_2+kb_2 & b_2+c_2 & c_2 \\ a_3+kb_3 & b_3+c_3 & c_3 \end{vmatrix} = \begin{vmatrix} a_1 & b_1 & c_1 \\ a_2 & b_2 & c_2 \\ a_3 & b_3 & c_3 \end{vmatrix}$;

(2) $\begin{vmatrix} kc_1+a_1 & ma_1+b_1 & lb_1+c_1 \\ kc_2+a_2 & ma_2+b_2 & lb_2+c_2 \\ kc_3+a_3 & ma_3+b_3 & lb_3+c_3 \end{vmatrix} = (klm+1)\begin{vmatrix} a_1 & b_1 & c_1 \\ a_2 & b_2 & c_2 \\ a_3 & b_3 & c_3 \end{vmatrix}$;

(3) $\begin{vmatrix} b_1+c_1 & a_1+c_1 & a_1+b_1 \\ b_2+c_2 & a_2+c_2 & a_2+b_2 \\ b_3+c_3 & a_3+c_3 & a_3+b_3 \end{vmatrix} = 2\begin{vmatrix} a_1 & b_1 & c_1 \\ a_2 & b_2 & c_2 \\ a_3 & b_3 & c_3 \end{vmatrix}$;

(4) $\begin{vmatrix} a_1-b_1 & a_1-b_2 & \cdots & a_1-b_n \\ a_2-b_1 & a_2-b_2 & \cdots & a_2-b_n \\ \vdots & \vdots & & \vdots \\ a_n-b_1 & a_n-b_2 & \cdots & a_n-b_n \end{vmatrix} = 0(n>2)$.

7. 设行列式

$$D = \begin{vmatrix} a_{11} & a_{12} & a_{13} \\ a_{21} & a_{22} & a_{23} \\ a_{31} & a_{32} & a_{33} \end{vmatrix} = 1$$

计算行列式

$$\begin{vmatrix} 4a_{11} & 2a_{11}-3a_{12} & a_{13} \\ 4a_{21} & 2a_{21}-3a_{22} & a_{23} \\ 4a_{31} & 2a_{31}-3a_{32} & a_{33} \end{vmatrix}$$

的值.

8. 若三阶行列式

$$\begin{vmatrix} a_1 & a_2 & a_3 \\ 2b_1-a_1 & 2b_2-a_2 & 2b_3-a_3 \\ c_1 & c_2 & c_3 \end{vmatrix} = 6$$

计算行列式

$$\begin{vmatrix} a_1 & a_2 & a_3 \\ b_1 & b_2 & b_3 \\ c_1 & c_2 & c_3 \end{vmatrix}$$

的值.

9. 用化为三角形行列式的方法求下列行列式的值:

(1) $\begin{vmatrix} 1 & 1 & 1 & 1 \\ 1 & 1 & 1 & -1 \\ 1 & 1 & -1 & -1 \\ 1 & -1 & -1 & -1 \end{vmatrix}$; (2) $\begin{vmatrix} 1 & 1 & 1 & 1 \\ 1 & 2 & 3 & 4 \\ 1 & 3 & 6 & 10 \\ 1 & 4 & 10 & 20 \end{vmatrix}$; (3) $\begin{vmatrix} 1 & 2 & 3 & 4 \\ 2 & 3 & 4 & 1 \\ 3 & 4 & 1 & 2 \\ 4 & 1 & 2 & 3 \end{vmatrix}$;

(4) $\begin{vmatrix} 1 & 1 & 2 & 3 \\ 1 & 2 & 3 & -1 \\ 3 & -1 & -1 & -2 \\ 2 & 3 & -1 & -1 \end{vmatrix}$; (5) $\begin{vmatrix} 2 & -5 & 3 & 1 \\ 1 & 3 & -1 & 3 \\ 0 & 1 & 1 & -5 \\ -1 & -4 & 2 & -3 \end{vmatrix}$; (6) $\begin{vmatrix} -2 & 2 & -4 & 0 \\ 4 & -1 & 3 & 5 \\ 3 & 1 & -2 & 5 \\ 2 & 0 & 5 & 1 \end{vmatrix}$.

10. 利用降阶法计算下列行列式：

(1) $\begin{vmatrix} 1 & 2 & -1 & 0 \\ -1 & 4 & 5 & -1 \\ 2 & 3 & 1 & 3 \\ 3 & 1 & -2 & 0 \end{vmatrix}$；　(2) $\begin{vmatrix} 1 & 1 & 1 & 1 \\ -1 & 2 & 1 & 3 \\ 1 & 4 & 1 & 9 \\ -1 & 8 & 1 & 27 \end{vmatrix}$；

(3) $\begin{vmatrix} 1 & 2 & 3 & 4 \\ -2 & 1 & -4 & 3 \\ 3 & -4 & -1 & 2 \\ 4 & 3 & -2 & -1 \end{vmatrix}$；　(4) $\begin{vmatrix} 0 & 1 & 2 & -1 & 4 \\ -1 & 4 & 4 & 2 & 6 \\ 3 & 3 & 1 & 2 & 1 \\ 2 & 1 & 0 & 3 & 5 \\ -1 & 3 & 5 & 1 & 2 \end{vmatrix}$；

(5) $\begin{vmatrix} 1 & 1 & 1 & 1 \\ 1 & -1 & 2 & -2 \\ 1 & 1 & 4 & 4 \\ 1 & -1 & 8 & -8 \end{vmatrix}$；　(6) $\begin{vmatrix} 1 & 2 & 3 & 0 & 0 \\ 4 & 5 & 6 & 0 & 0 \\ 7 & 9 & 8 & 0 & 0 \\ 0 & 0 & 0 & 1 & 3 \\ 0 & 0 & 0 & 5 & 7 \end{vmatrix}$.

11. 设有四阶行列式

$$D=\begin{vmatrix} 3 & 1 & -1 & 2 \\ -5 & 1 & 2 & -3 \\ 2 & 0 & 1 & 1 \\ 1 & 3 & -2 & -1 \end{vmatrix}$$

计算：(1) 第一行各元素的代数余子式之和；

(2) $A_{31}+2A_{32}-3A_{33}+2A_{34}$.

12. 计算$[\boldsymbol{\alpha},\boldsymbol{\beta}]$，并判别它们是否正交.

(1) $\boldsymbol{\alpha}=(-1,0,3,-5)$，$\boldsymbol{\beta}=(4,-2,0,1)$；

(2) $\boldsymbol{\alpha}=\left(\frac{\sqrt{3}}{2},-\frac{1}{3},\frac{\sqrt{3}}{4},-1\right)$，$\boldsymbol{\beta}=\left(-\frac{\sqrt{3}}{2},-2,\sqrt{3},\frac{2}{3}\right)$.

13. 若向量$(1,-2,5)$与$(-3,2,-k)$正交，求 k 的值.

14. 已知 $\boldsymbol{\alpha}_1=\begin{pmatrix}1\\1\\1\end{pmatrix}$，求一组非零向量 $\boldsymbol{\alpha}_2,\boldsymbol{\alpha}_3$ 使 $\boldsymbol{\alpha}_1,\boldsymbol{\alpha}_2,\boldsymbol{\alpha}_3$ 两两正交.

15. 把下列向量单位化：

(1) $\boldsymbol{\alpha}=(1,-1,-1,1)$；(2) $\boldsymbol{\alpha}=(5,1,-2,0)$.

16. 已知 $\boldsymbol{\alpha}_1=(1,1,-1)$，$\boldsymbol{\alpha}_2=(1,1,2)$正交，试求一个非零向量 $\boldsymbol{\alpha}_3$，使 $\boldsymbol{\alpha}_1,\boldsymbol{\alpha}_2,\boldsymbol{\alpha}_3$ 两两正交.

17. 设 $\boldsymbol{A}$ 与 $\boldsymbol{B}$ 都是 n 阶正交矩阵，证明 $\boldsymbol{AB}$ 也是正交矩阵.

18. 下列矩阵是否为正交矩阵：

(1) $\begin{pmatrix} 0.6 & 0.8 \\ 0.8 & -0.6 \end{pmatrix}$;　　(2) $\begin{pmatrix} \frac{1}{\sqrt{2}} & 0 & \frac{1}{\sqrt{2}} & 0 \\ \frac{1}{\sqrt{2}} & 0 & \frac{1}{\sqrt{2}} & 0 \\ 0 & \frac{1}{\sqrt{2}} & 0 & \frac{1}{\sqrt{2}} \\ 0 & \frac{1}{\sqrt{2}} & 0 & \frac{1}{\sqrt{2}} \end{pmatrix}$;

(3) $\begin{pmatrix} \frac{1}{9} & -\frac{8}{9} & -\frac{4}{9} \\ -\frac{8}{9} & \frac{1}{9} & -\frac{4}{9} \\ -\frac{4}{9} & -\frac{4}{9} & \frac{7}{9} \end{pmatrix}$.

19. 用施密特正交化方法将下列向量组化为正交单位向量组:

(1) $\boldsymbol{\alpha}_1=(1,0,1)^{\mathrm{T}},\boldsymbol{\alpha}_2=(1,1,0)^{\mathrm{T}},\boldsymbol{\alpha}_3=(0,1,1)^{\mathrm{T}}$;

(2) $\boldsymbol{\alpha}_1=(1,-2,2)^{\mathrm{T}},\boldsymbol{\alpha}_2=(-1,0,-1)^{\mathrm{T}},\boldsymbol{\alpha}_3=(5,-3,-7)^{\mathrm{T}}$.

20. 求下列矩阵的特征值和特征向量:

(1) $\boldsymbol{A}=\begin{pmatrix} 3 & -1 \\ -1 & 3 \end{pmatrix}$;　　(2) $\boldsymbol{A}=\begin{pmatrix} 1 & 2 & 3 \\ 2 & 1 & 3 \\ 3 & 3 & 6 \end{pmatrix}$;

(3) $\boldsymbol{A}=\begin{pmatrix} 4 & 6 & 0 \\ -3 & -5 & 0 \\ -3 & -6 & 1 \end{pmatrix}$;　　(4) $\boldsymbol{A}=\begin{pmatrix} 4 & 2 & -5 \\ 6 & 4 & -9 \\ 5 & 3 & -7 \end{pmatrix}$.

21. 设 $\boldsymbol{A}$ 为 n 阶矩阵,证明 $\boldsymbol{A}^{\mathrm{T}}$ 与 $\boldsymbol{A}$ 的特征值相同.

22. 设 $\boldsymbol{A}^2-3\boldsymbol{A}+2\boldsymbol{E}=\boldsymbol{O}$,证明 $\boldsymbol{A}$ 的特征值只能取 1 或 2.

23. 已知三阶矩阵 $\boldsymbol{A}$ 的特征值为 $1,-1,2$,又矩阵 $\boldsymbol{B}=\boldsymbol{A}^3-5\boldsymbol{A}^2$,试求矩阵 $\boldsymbol{B}$ 的特征值.

24. 已知三阶矩阵 $\boldsymbol{A}$ 的特征值为 $1,2,-3$,$\boldsymbol{B}=\varphi(\boldsymbol{A})=\boldsymbol{A}^*+3\boldsymbol{A}+2\boldsymbol{E}$,

(1) 求矩阵 $\boldsymbol{B}$ 的特征值;

(2) 计算 $|\boldsymbol{B}|$.

25. 设矩阵 $\boldsymbol{A}=\begin{pmatrix} 7 & 12 \\ y & x \end{pmatrix}$ 与 $\boldsymbol{B}=\begin{pmatrix} 1 & 3 \\ 2 & 4 \end{pmatrix}$ 相似,求 x,y.

26. 设矩阵 $\boldsymbol{A}=\begin{pmatrix} 1 & -2 & -4 \\ -2 & x & -2 \\ -4 & -2 & 1 \end{pmatrix}$ 与 $\boldsymbol{\Lambda}=\begin{pmatrix} 5 & 0 & 0 \\ 0 & -4 & 0 \\ 0 & 0 & y \end{pmatrix}$ 相似,求 x,y.

27. 下列矩阵是否可对角化?若可以,求出相似变换矩阵和对角矩阵.

(1) $\boldsymbol{A}=\begin{pmatrix} 1 & 1 \\ -1 & 3 \end{pmatrix}$;　　(2) $\boldsymbol{A}=\begin{pmatrix} 2 & -1 & 2 \\ 5 & -3 & 3 \\ -1 & 0 & -2 \end{pmatrix}$;

(3) $\boldsymbol{A}=\begin{pmatrix}1&-1&1\\2&4&-2\\-3&-3&5\end{pmatrix}$；　(4) $\boldsymbol{A}=\begin{pmatrix}3&-1&0&0\\1&1&0&0\\-2&4&5&-3\\7&5&3&-1\end{pmatrix}$.

28. 对下列实对称矩阵 $\boldsymbol{A}$，求正交矩阵 $\boldsymbol{T}$，使 $\boldsymbol{T}^{-1}\boldsymbol{AT}$ 为对角矩阵.

(1) $\boldsymbol{A}=\begin{pmatrix}0&0&1\\0&0&0\\1&0&0\end{pmatrix}$；(2) $\boldsymbol{A}=\begin{pmatrix}2&2&-2\\2&5&-4\\-2&-4&5\end{pmatrix}$；(3) $\boldsymbol{A}=\begin{pmatrix}7&-3&-1&1\\-3&7&1&-1\\-1&1&7&-3\\1&-1&-3&7\end{pmatrix}$.

29. 设三阶方阵 $\boldsymbol{A}$ 的特征值为 $\lambda_1=1,\lambda_2=0,\lambda_3=-1$；对应的特征向量依次为

$$\boldsymbol{p}_1=\begin{pmatrix}1\\2\\2\end{pmatrix},\quad \boldsymbol{p}_2=\begin{pmatrix}2\\-2\\1\end{pmatrix},\quad \boldsymbol{p}_3=\begin{pmatrix}-2\\-1\\2\end{pmatrix}$$

求 $\boldsymbol{A}$.

30. 设 $\boldsymbol{A}=\begin{pmatrix}3&-1\\-1&3\end{pmatrix}$，求 $\boldsymbol{A}^n$.

31. 求下列二次型对应的矩阵与秩：

(1) $f=x_1^2+2x_2^2-2x_3^2-4x_1x_2-4x_2x_3$；

(2) $f=5x_1^2+5x_2^2+3x_3^2-2x_1x_2+6x_1x_3-6x_2x_3$；

(3) $f(x_1,x_2,x_3)=3x_1^2-2x_1x_2-5x_2^2-6x_2x_3+x_3^2$.

32. 用正交变化法化下列二次型为标准形，并求出所用的正交变换.

(1) $f=-2x_1x_2+2x_1x_3+2x_2x_3$；

(2) $f=2x_1^2+3x_2^2+x_3^2+4x_1x_2-4x_1x_3$.

33. 用配方法化下列二次型为标准形：

(1) $f=x_1^2-2x_1x_2+3x_2^2-4x_1x_3+6x_3^2$；

(2) $f=x_1x_2+x_1x_3-3x_2x_3$.

34. 求 $f=x_1^2-4x_1x_2+2x_1x_3+x_2^2+2x_2x_3-2x_3^2$ 的规范形.

35. 判断下列二次型的正定性：

(1) $f=-2x_1^2-6x_2^2-4x_3^2+2x_1x_2+2x_2x_3$；

(2) $f=3x_1^2+4x_2^2+5x_3^2+4x_1x_2-4x_2x_3$；

(3) $f=99x_1^2-12x_1x_2+48x_1x_3+130x_2^2-60x_2x_3+71x_3^2$.

36. t 满足什么条件时，下列二次型是正定的？

(1) $f=x_1^2+4x_2^2+2x_3^2+2tx_1x_2+2x_1x_3$；

(2) $f=x^2+2y^2+3z^2+2xy-2xz+20tyz$.

37. 用克莱姆法则求解下列线性方程组：

(1) $\begin{cases}2x+5y=1\\3x+7y=2\end{cases}$；　(2) $\begin{cases}x+y-2z=-3\\5x-2y+7z=22\\2x-5y+4z=4\end{cases}$；

(3) $\begin{cases} 2x_1 + x_2 - 5x_3 + x_4 = 8 \\ x_1 - 3x_2 - 6x_4 = 9 \\ 2x_2 - x_3 + 2x_4 = -5 \\ x_1 + 4x_2 - 7x_3 + 6x_4 = 0 \end{cases}$;　　(4) $\begin{cases} 2x_1 - x_2 + 3x_3 = 1 \\ 4x_1 + 2x_2 + 5x_3 = 4. \\ 2x_1 + 3x_2 = 6 \end{cases}$

38. 若齐次线性方程组

$$\begin{cases} \lambda x_1 + x_2 + x_3 = 0 \\ x_1 + \lambda x_2 + x_3 = 0 \\ \lambda^2 x_1 + 2x_2 + \lambda x_3 = 0 \end{cases}$$

有非零解,求 λ 的值.

B组

1. 设3阶对称矩阵 $\boldsymbol{A}$ 的特征值6,3,3,与特征值6对应的特征向量为 $\boldsymbol{p}_1=(1,1,1)^{\mathrm{T}}$,求 $\boldsymbol{A}$.

2. 已知 $\boldsymbol{p}=(1,1,-1)^{\mathrm{T}}$ 是矩阵

$$\boldsymbol{A}=\begin{pmatrix} 2 & -1 & 2 \\ 5 & a & 3 \\ -1 & b & -2 \end{pmatrix}$$

的一个特征向量.(1) 求参数 a,b 及特征向量 $\boldsymbol{p}$ 所对应的特征值;(2) $\boldsymbol{A}$ 能不能相似对角化?并说明理由.

3. 设 $\lambda_1=12$ 是矩阵

$$\boldsymbol{A}=\begin{pmatrix} 7 & 4 & -1 \\ 4 & 7 & -1 \\ -4 & a & 8 \end{pmatrix}$$

的特征值.求 $\boldsymbol{A}$ 的其余特征值.

4. 设四阶方阵 $\boldsymbol{A}$ 满足条件 $|3\boldsymbol{E}+2\boldsymbol{A}|=0$,$\boldsymbol{A}\boldsymbol{A}^{\mathrm{T}}=2\boldsymbol{E}$,$|\boldsymbol{A}|<0$,求 $\boldsymbol{A}$ 的伴随矩阵 $\boldsymbol{A}^*$ 的一个特征值.

5. 设 $\lambda=1$ 是矩阵

$$\boldsymbol{A}=\begin{pmatrix} -3 & -1 & 2 \\ 0 & -1 & 4 \\ t & 0 & 1 \end{pmatrix}$$

的特征值.

(1) 求 t 的值;

(2) 对应于 $\lambda=1$ 的所有特征向量.

6. 设二次型 $f=(x_1,x_2,x_3)$ 在正交变换为 $\boldsymbol{x}=\boldsymbol{P}\boldsymbol{y}$ 下的标准形为 $2y_1^2+y_2^2-y_3^2$,其中 $\boldsymbol{P}=(\boldsymbol{e}_1,\boldsymbol{e}_2,\boldsymbol{e}_3)$,若 $\boldsymbol{Q}=(\boldsymbol{e}_1,-\boldsymbol{e}_3,\boldsymbol{e}_2)$,求 $f(x_1,x_2,x_3)$ 在正交变换 $\boldsymbol{x}=\boldsymbol{Q}\boldsymbol{y}$ 下的标准形.

7. 设

$$\boldsymbol{A}=\begin{pmatrix} 0 & -1 & 4 \\ -1 & 3 & a \\ 4 & a & 0 \end{pmatrix}$$

正交矩阵 $\boldsymbol{Q}$ 使得 $\boldsymbol{Q}^{\mathrm{T}}\boldsymbol{A}\boldsymbol{Q}$ 为对角矩阵，若 $\boldsymbol{Q}$ 的第一列为 $\frac{1}{\sqrt{6}}(1,2,1)^{\mathrm{T}}$，求 a，$\boldsymbol{Q}$.

8. 设3阶实对称矩阵 $\boldsymbol{A}$ 的各行元素之和均为3，向量 $\boldsymbol{\alpha}_1=(-1,2,-1)^{\mathrm{T}}$，$\boldsymbol{\alpha}_2=(0,-1,1)^{\mathrm{T}}$ 是线性方程组 $\boldsymbol{Ax}=\boldsymbol{0}$ 的两个解.

(1) 求 $\boldsymbol{A}$ 的特征值与特征向量；

(2) 求正交矩阵 $\boldsymbol{Q}$ 和对角矩阵 $\boldsymbol{\Lambda}$，使得 $\boldsymbol{Q}^{\mathrm{T}}\boldsymbol{A}\boldsymbol{Q}=\boldsymbol{\Lambda}$.

9. 设 $\boldsymbol{A}$ 为3阶矩阵，$\boldsymbol{\alpha}_1$，$\boldsymbol{\alpha}_2$ 为 $\boldsymbol{A}$ 的分别属于特征值 -1，1 的特征向量，向量 $\boldsymbol{\alpha}_3$ 满足 $\boldsymbol{A}\boldsymbol{\alpha}_3=\boldsymbol{\alpha}_2+\boldsymbol{\alpha}_3$.

(1) 证明 $\boldsymbol{\alpha}_1$，$\boldsymbol{\alpha}_2$，$\boldsymbol{\alpha}_3$ 线性无关；

(2) 令 $\boldsymbol{P}=(\boldsymbol{\alpha}_1,\boldsymbol{\alpha}_2,\boldsymbol{\alpha}_3)$，求 $\boldsymbol{P}^{-1}\boldsymbol{AP}$.

10. (1) 设 $\boldsymbol{A}=\begin{pmatrix}3&-2\\-2&3\end{pmatrix}$，求 $\varphi(\boldsymbol{A})=\boldsymbol{A}^{10}-5\boldsymbol{A}^{9}$；

(2) 设 $\boldsymbol{A}=\begin{pmatrix}2&1&2\\1&2&2\\2&2&1\end{pmatrix}$，求 $\varphi(\boldsymbol{A})=\boldsymbol{A}^{10}-6\boldsymbol{A}^{9}+5\boldsymbol{A}^{8}$.

11. 若矩阵

$$\boldsymbol{A}=\begin{pmatrix}2&2&0\\8&2&a\\0&0&6\end{pmatrix}$$

相似于对角阵 $\boldsymbol{\Lambda}$，试确定常数 a 的值；并求可逆矩阵 $\boldsymbol{P}$ 使 $\boldsymbol{P}^{-1}\boldsymbol{AP}=\boldsymbol{\Lambda}$.

12. 用正交变换将二次型 $f(x_1,x_2,x_3)=2x_1x_2+2x_2x_3-2x_1x_3$ 化为标准形.

13. 写出二次型 $f(x_1,x_2,x_3)=(a_1x_1+a_2x_2+a_3x_3)^2$ 的矩阵.

14. 当 t 为何值时，二次型 $f(x_1,x_2,x_3)=x_1^2+6x_1x_2+4x_1x_3+x_2^2+2x_2x_3+tx_3^2$ 的秩为2.

15. 已知二次型 $f=x_1^2+x_2^2+x_3^2+2ax_1x_2+2x_1x_2+2x_1x_3+2bx_2x_3$ 经过正交变换化为标准形 $f=y_2^2+2y_3^2$，求参数 a，b 及所用的正交变换矩阵.

16. 设二次型 $f(x_1,x_2,x_3)=ax_1^2+ax_2^2+(a-1)x_3^2+2x_1x_3-2x_2x_3$.

(1) 求二次型 f 的矩阵的所有特征值；

(2) 若二次型 f 的规范形为 $y_1^2+y_2^2$，求 a 的值.

17. 已知

$$\boldsymbol{A}=\begin{pmatrix}1&0&1\\0&1&1\\-1&0&a\\0&a&-1\end{pmatrix}$$

二次型 $f(x_1,x_2,x_3)=\boldsymbol{x}^{\mathrm{T}}(\boldsymbol{A}^{\mathrm{T}}\boldsymbol{A})\boldsymbol{x}$ 的秩为2.

(1) 求实数 a 的值；

(2) 求正交变换 $\boldsymbol{x}=\boldsymbol{Qy}$ 将 f 化为标准形.

18. 设二次型 $f(x_1,x_2,x_3)=2(a_1x_1+a_2x_2+a_3x_3)^2+(b_1x_1+b_2x_2+b_3x_3)^2$. 记 $\boldsymbol{\alpha}=\begin{pmatrix}a_1\\a_2\\a_3\end{pmatrix}$，$\boldsymbol{\beta}=\begin{pmatrix}b_1\\b_2\\b_3\end{pmatrix}$.

(1) 证明二次型 f 对应的矩阵为 $2\boldsymbol{\alpha}\boldsymbol{\alpha}^{\mathrm{T}}+\boldsymbol{\beta}\boldsymbol{\beta}^{\mathrm{T}}$;

(2) 若 $\boldsymbol{\alpha},\boldsymbol{\beta}$ 正交且为单位向量,证明 f 在正交变换下的标准形为 $2y_1^2+y_2^2$.

19. 设3阶实对称矩阵 $\boldsymbol{A}$ 满足 $\boldsymbol{A}^2+2\boldsymbol{A}=0,\boldsymbol{R}(\boldsymbol{A})=2$.

(1) 求 $\boldsymbol{A}$ 的全部特征值;(2)当 k 为何值时,矩阵 $\boldsymbol{A}+k\boldsymbol{E}$ 为正定矩阵($\boldsymbol{E}$ 为3阶单位矩阵)?

20. 已知 $\boldsymbol{A}$ 与 $\boldsymbol{A}-\boldsymbol{E}$ 均是正定矩阵,证明 $\boldsymbol{E}-\boldsymbol{A}^{-1}$ 是正定矩阵.

21. 已知 $\boldsymbol{A}$ 是 $n\times n$ 矩阵,$R(\boldsymbol{A})=n$,证明 $\boldsymbol{A}^{\mathrm{T}}\boldsymbol{A}$ 正定.

22. 已知3阶矩阵 $\boldsymbol{B}\neq 0$,并且 $\boldsymbol{B}$ 的列向量分别为方程组

$$\begin{cases} x_1+2x_2-2x_3=0\\ 2x_1-x_2+\lambda x_3=0\\ 3x_1+x_2-x_3=0\end{cases}$$

的解向量.

(1) 求 λ 的值;

(2) 证明 $|\boldsymbol{B}|=0$.

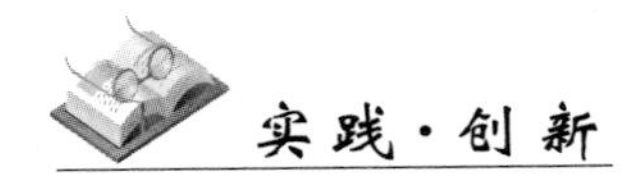

实践·创新

【目的要求】 掌握利用MATLAB计算行列式、计算向量组的标准正交化和求矩阵的特征值与特征向量的方法.

例1 计算四阶行列式

$$D=\begin{vmatrix} a & b & c & d\\ a & a+b & a+b+c & a+b+c+d\\ a & 2a+b & 3a+2b+c & 4a+3b+2c+d\\ a & 3a+b & 6a+3b+c & 10a+6b+3c+d\end{vmatrix}$$

解 输入语句

```
syms a b c d;
D=[a b c d;a a+b a+b+c a+b+c+d;a 2*a+b +3*a+2*b+c 4*a+3*b+2*c+d;a 3*a+b 6*a+3*b+c 10*a+6*b+3*c+d];
D=det(D)
```

得到结果

```
D=
a^4
```

例2 将向量组

$$\boldsymbol{\alpha}_1=\begin{pmatrix}1\\1\\1\end{pmatrix},\quad \boldsymbol{\alpha}_2=\begin{pmatrix}1\\2\\1\end{pmatrix},\quad \boldsymbol{\alpha}_3=\begin{pmatrix}1\\1\\3\end{pmatrix}$$

规范正交化.

解 输入语句

```
A=[1 1 1; 1 2 1;1 1 3];
format rat;
rref(A)
```

得到结果

```
ans=
        1          0          0
        0          1          0
        0          0          1
```

例 3 求矩阵

$$A=\begin{pmatrix}1&2&3\\2&2&1\\3&4&3\end{pmatrix}$$

的特征值和特征向量.

解 输入语句

```
A=[1 2 3; 2 2 1;3 4 3];
format rat;
[x,D]=eig(A)
```

得到结果

```
x=
    475/919           2032/2691                   2032/2691
    287/780     -2421/3922-631/4526i        -2421/3922+631/4526i
   1069/1383     218/4815+733/4438i          218/4815-733/4438i


D=
   4077/590              0                          0
      0        -537/1180+643/2241i                  0

      0                  0                 -537/1180-643/2241i
```

【目的要求】 在理论学习和实践创新的基础上,进一步探究矩阵对角化及其应用.

(1) 归纳总结实对称矩阵对角化的方法.

(2) 探讨矩阵的特征值和特征向量在动力系统中的应用,如人口动态变换模型、捕食者-食饵系统等.

第 4 章　线性规划

4.1　线性规划问题的概念及其标准形式

线性规划是运筹学的一个基本分支,其应用极其广泛,可应用于工农业生产、商业活动、军事行动和科学研究的各个方面.所谓的规划问题就是应用分析、量化的方法,对经济管理系统中的人、财、物等有限资源进行统筹安排,为决策者提供有依据的最优方案,以获取最大利益.

4.1.1　问题的提出

例 4.1.1　常山机械厂制造Ⅰ,Ⅱ两种产品.已知各制造一件产品分别占用设备 A,B,C 的台时,每天可用于这两种产品的能力,各售出一件时的获利情况如表 4.1.1 所示.问:该企业应制造两种产品各多少件时,可使获取的利润最大?

表 4.1.1　获利情况表

项目	Ⅰ	Ⅱ	每天可用量
设备 A(h)	2	2	12
设备 B(h)	4	0	16
设备 C(h)	0	5	15
利润 (元)	2	3	

分析　对于该问题,每天生产两种产品的数量分别设为 x_m;每天的生产最大利润函数 $L=2x_1+3x_2$.又因为每天资源的需求量不超过可用量,所以各设备必须满足以下条件:

(1) 设备 A:$2x_1+2x_2\leqslant 12$;

(2) 设备 B:$4x_1\leqslant 16$;

(3) 设备 C:$5x_2\leqslant 15$.

例 4.1.2　一个制造厂要把若干单位的产品从两个仓库 A_i($i=1,2$)发送到零售点 B_j($j=1,2,3,4$),A_i 能供应的产品数量为 a_i($i=1,2$),零售点 B_j 所需的产品的数量为 b_j.假设供给总量和需求总量相等,且已知从仓库 A_i 运一个单位产品往 B_j 的运价为 c_{ij}.问应如何组织运输才能使总运费最小?

分析　对于该问题,假设从仓库 A_i 运往 B_j 的产品数量设为 x_{ij}($i=1,2$;$j=1,2,3,4$),

则总运费函数为 $C = \sum_{i=1}^{2}\sum_{j=1}^{4} c_{ij}x_{ij}$. 又因为从仓库运出总量不超过可用总量,运入零售点的数量不低于需求量,且总供给量等于总需求量,所以都是等号,即

$$x_{i1}+x_{i2}+x_{i3}+x_{i4}=a_i(i=1,2) \quad 且 \quad x_{1j}+x_{2j}=b_j(j=1,2,3,4)$$

类似的例子还可以举出很多.如物资的调运:已知某些地区生产一种物资,另一些地区需要该种物资,在已知各地区间调运单位该种物资的运价的情况下,应该如何制定调运方案,使其满足供需要求并使总运费最少?问题的提法可以各种各样,但归结起来不外乎:一是给定一定数量的人力、物力等资源,研究如何充分地利用,以发挥最大效果;二是已给定计划任务,研究如何统筹安排,用最少的人力和物力去完成.

4.1.2　线性规划问题的数学模型

从上述例子可以看到规划问题的数学模型包含三个组成要素:(1) **决策变量**,它是问题中要确定的未知量,用以表明规划中用数量表示的方案、措施,可由决策者决定和控制;(2) **目标函数**,它是决策变量的函数,按优化目标分别在这个函数前加上 max 或 min;(3) **约束条件**(subject to,简记为 s.t.),指决策变量取值时受到的各种资源条件的限制,通常表达为含决策变量的等式或不等式.

由此,例 4.1.1 和例 4.1.2 中的数学模型可分别记作

$$\max z = 2x_1+3x_2$$

$$\text{s.t.}\begin{cases}2x_1+2x_2\leqslant 12\\ 4x_1\qquad\quad\leqslant 16\\ \qquad\quad 5x_2\leqslant 15\\ x_1,x_2\geqslant 0\end{cases}$$

和

$$\min z = \sum_{i=1}^{2}\sum_{j=1}^{4} c_{ij}x_{ij}$$

$$\text{s.t.}\begin{cases}x_{i1}+x_{i2}+x_{i3}+x_{i4}=a_i\\ x_{1j}+x_{2j}=b_j\\ x_{ij}\geqslant 0\end{cases}\qquad (i=1,2,j=1,2,3,4)$$

如果在规划问题的数学模型中,决策变量为可控制的连续变量,目标函数和约束条件都是线性的,这类模型称为线性规划(Linear programming)问题的数学模型简,记为 LP 模型).

定义 4.1.1　一般线性规划问题的数学模型可以表示为

$$\max(\text{或 }\min) z = c_1x_1+c_2x_2+\cdots+c_nx_n$$

$$\text{s.t.}\begin{cases}a_{11}x_1+a_{12}x_2+\cdots+a_{1n}x_n\leqslant(\text{或}=,\geqslant)b_1\\ a_{21}x_1+a_{22}x_2+\cdots+a_{2n}x_n\leqslant(\text{或}=,\geqslant)b_2\\ \qquad\cdots\cdots\\ a_{m1}x_1+a_{m2}x_2+\cdots+a_{mn}x_n\leqslant(\text{或}=,\geqslant)b_m\\ x_1,x_2,\cdots,x_n\geqslant 0\end{cases}\tag{4.1.1}$$

以上模型的简写形式为

$$\max(\text{或} \min) z = \sum_{j=1}^{n} c_j x_j$$

$$\text{s.t.}\begin{cases} \sum_{j=1}^{n} a_{ij} x_j \leqslant (\text{或} =, \geqslant) b_i \quad (i = 1,2,\cdots,m) \\ x_j \geqslant 0 \quad (j = 1,2,\cdots,n) \end{cases} \tag{4.1.2}$$

向量形式为

$$\max(\text{或} \min) z = \boldsymbol{cx}$$

$$\text{s.t.}\begin{cases} \sum_{j=1}^{n} \boldsymbol{p}_j x_j \leqslant (\text{或} =, \geqslant) \boldsymbol{b} \\ \boldsymbol{x} \geqslant \boldsymbol{0} \end{cases}$$

$$\boldsymbol{c} = (c_1, c_2, \cdots, c_n)$$

$$\boldsymbol{x} = \begin{pmatrix} x_1 \\ x_2 \\ \vdots \\ x_n \end{pmatrix}, \quad \boldsymbol{p}_j = \begin{pmatrix} a_{1j} \\ a_{2j} \\ \vdots \\ a_{mj} \end{pmatrix}, \quad \boldsymbol{b} = \begin{pmatrix} b_1 \\ b_2 \\ \vdots \\ b_m \end{pmatrix}, \quad \boldsymbol{0} = \begin{pmatrix} 0 \\ 0 \\ \vdots \\ 0 \end{pmatrix} \tag{4.1.3}$$

矩阵形式为

$$\max(\text{或} \min) z = \boldsymbol{cx}$$

$$\text{s.t.}\begin{cases} \boldsymbol{Ax} \leqslant (\text{或} =, \geqslant) \boldsymbol{b} \\ \boldsymbol{x} \geqslant \boldsymbol{0} \end{cases}$$

$$\boldsymbol{A} = \begin{pmatrix} a_{11} & a_{12} & \cdots & a_{1n} \\ a_{21} & a_{22} & \cdots & a_{2n} \\ \vdots & \vdots & & \vdots \\ a_{m1} & a_{m2} & \cdots & a_{mn} \end{pmatrix} \tag{4.1.4}$$

$\boldsymbol{A}$ 称为**约束方程组变量的系数矩阵**,或简称为**约束变量的系数矩阵**.

4.1.3　线性规划问题的标准形式

由于目标函数和约束条件在内容和形式上的差别,线性规划问题可以有多种多样.为了便于讨论,规定线性规划问题的标准形式如下:

$$\max z = c_1 x_1 + c_2 x_2 + \cdots + c_n x_n$$

$$\text{s.t.}\begin{cases} a_{11} x_1 + a_{12} x_2 + \cdots + a_{1n} x_n = b_1 \\ a_{21} x_1 + a_{22} x_2 + \cdots + a_{2n} x_n = b_2 \\ \cdots\cdots \\ a_{m1} x_1 + a_{m2} x_2 + \cdots + a_{mn} x_n = b_m \\ x_j \geqslant 0 \quad (j = 1,2,\cdots,n) \end{cases} \tag{4.1.5}$$

简记为

$$\max z = \sum_{j=1}^{n} c_j x_j$$

$$\text{s.t.}\begin{cases}\sum_{j=1}^{n} a_{ij}x_j = b_i & (i = 1,2,\cdots,m) \\ x_j \geqslant 0 & (j = 1,2,\cdots,n)\end{cases} \tag{4.1.6}$$

在标准形式的线性规划模型中，目标函数为求极大值，约束条件全为等式，约束条件右端 b_i 全为非负值，变量 x_j 的取值全为非负.

对不符合标准形式的线性规划问题，可通过下列方法化为标准形式：

(1) 目标函数为求极小值

$$\min z = \sum_{j=1}^{n} c_j x_j$$

因 $\min z$ 等价于 $\max(-z)$，令 $z' = -z$，即化为

$$\max z' = -\sum_{j=1}^{n} c_j x_j = \sum_{j=1}^{n} (-c_j) x_j$$

(2) 约束条件为不等式

① 当约束条件取"$\leqslant$"时，如 $2x_1 + 2x_2 \leqslant 12$，可令 $x_3 = 12 - 2x_2 - 2x_1$，得 $2x_1 + 2x_2 + x_3 = 12$，显然 $x_3 \geqslant 0$.

② 当约束条件取"$\geqslant$"时，如 $10x_1 + 12x_2 \geqslant 18$，可令 $x_4 = 10x_1 + 12x_2 - 18$，得 $10x_1 + 12x_2 - x_4 = 18$，显然 $x_4 \geqslant 0$.

x_3 和 x_4 是新加的变量，取值均为非负数，加到原约束条件中去的目的是使不等式转化为等式，其中 x_3 称为**松弛变量**，x_4 称为**剩余变量**，其实质与 x_3 相同，故也可统称为松弛变量.松弛变量或剩余变量在实际问题中分别表示未被充分利用的资源和超用的资源数，均未被转化为价值和利润，所以引入模型后它们在目标函数中的系数均为零.

(3) 取无约束的变量

引入两个新变量 x', x''，令 $x = x' - x''$（这样两者的差可能为负也可能为正），其中 $x' \geqslant 0, x'' \geqslant 0$，将其代入线性规划模型即可.

(4) 变量 $x_j \leqslant 0$，令 $x_j' = -x_j$，显然 $x_j' \geqslant 0$.

(5) 约束条件右端 $b_i \leqslant 0$ 时，等式两边同乘"-1".

例 4.1.3　将下述线性规划模型化为标准形式：

$$\min z = x_1 + 2x_2 + 3x_3$$

$$\text{s.t.}\begin{cases}-2x_1 + x_2 + x_3 \leqslant 9 \\ -3x_1 + x_2 + 2x_3 \geqslant 4 \\ 3x_1 - 2x_2 - 3x_3 = -6 \\ x_1 \leqslant 0, x_2 \geqslant 0, x_3 \text{ 无约束}\end{cases}$$

解　令 $z' = -z$，$x_3 = x_3' - x_3''$（$x_3' \geqslant 0, x_3'' \geqslant 0$），$x_1' = -x_1$，按上述规则将原问题转化为

$$\max z' = x_1' - 2x_2 - 3x_3' + 3x_3'' + 0x_4 + 0x_5$$

$$\text{s.t.}\begin{cases}2x_1' + x_2 + x_3' - x_3'' + x_4 = 9 \\ 3x_1' + x_2 + 2x_3' - 2x_3'' - x_5 = 4 \\ 3x_1' + 2x_2 + 3x_3' - 3x_3'' = 6 \\ x_1', x_2, x_3', x_3'', x_4, x_5 \geqslant 0\end{cases}$$

例 4.1.4　将下列线性规划模型化为标准形式：

$$\min z = x_1 - 2x_2 + 3x_3$$

$$
\text{s.t.}\begin{cases} x_1 + x_2 + x_3 \leqslant 7 \\ x_1 - x_2 + x_3 \geqslant 2 \\ -3x_1 + x_2 + 2x_3 = -5 \\ x_1 \geqslant 0, x_2 \geqslant 0, x_3 \text{ 无约束} \end{cases}
$$

解　令 $z' = -z, x_3 = x_3' - x_3''(x_3' \geqslant 0, x_3'' \geqslant 0)$. 第一个约束条件左边加上松弛变量 x_4,第二个左边减去剩余变量 x_5,第三个两边同乘(-1),则得到标准形式

$$
\max z' = -x_1 + 2x_2 - 3(x_3' - x_3'') + 0x_4 + 0x_5
$$

$$
\text{s.t.}\begin{cases} x_1 + x_2 + x_3' - x_3'' + x_4 = 7 \\ x_1 - x_2 + x_3' - x_3'' - x_5 = 2 \\ 3x_1 - x_2 - 2x_3' + 2x_3'' = 5 \\ x_1, x_2, x_3', x_3'', x_4, x_5 \geqslant 0 \end{cases}
$$

4.1.4　线性规划问题的解

线性规划问题

$$
\max z = \sum_{j=1}^{n} c_j x_j \tag{4.1.4a}
$$

$$
\text{s.t.}\begin{cases} \sum\limits_{j=1}^{n} a_{ij}x_j = b_i \quad (i = 1,2,\cdots,m) & (4.1.4\text{b}) \\ x_j \geqslant 0 \qquad\qquad (j = 1,2,\cdots,n) & (4.1.4\text{c}) \end{cases}
$$

求线性规划问题,就是从满足约束条件(4.1.4b)、(4.1.4c)的方程中找出一个解,使目标函数(4.1.4a)达到最大值.

定义 4.1.2　满足上述约束条件(4.1.4b)、(4.1.4c)的解 $\boldsymbol{x} = (x_1, x_2, \cdots, x_n)^{\mathrm{T}}$,称为线性规划问题的**可行解**,全部可行解的集合称**可行域**.使目标函数(4.1.4a)达到最大值的可行解称为**最优解**.

定义 4.1.3　设 $\boldsymbol{A}$ 为约束方程组(4.1.4b)的 $m \times n$ 系数矩阵(设 $n > m$),其秩为 m. $\boldsymbol{B}$ 是矩阵 $\boldsymbol{A}$ 中的一个 $m \times m$ 的满秩矩阵,称 $\boldsymbol{B}$ 是线性规划问题的一个**基**.不失一般性,设

$$
\boldsymbol{B} = \begin{pmatrix} a_{11} & a_{12} & \cdots & a_{1m} \\ a_{21} & a_{22} & \cdots & a_{2m} \\ \vdots & \vdots & & \vdots \\ a_{m1} & a_{m2} & \cdots & a_{mm} \end{pmatrix} = (\boldsymbol{p}_1, \boldsymbol{p}_2, \cdots, \boldsymbol{p}_m)
$$

$\boldsymbol{B}$ 中的每一个列向量 $\boldsymbol{p}_j (j = 1,2,\cdots,m)$ 称为**基向量**,与基向量 $\boldsymbol{p}_j$ 对应的变量 x_j 称为**基变量**.线性规划中除基变量以外的其他变量称**非基变量**.

定义 4.1.4　在约束方程组(4.1.4b)中,令所有非基变量 $x_{m+1} = x_{m+2} = \cdots = x_n = 0$,又因为有 $R(\boldsymbol{B}) = m$,由 m 个约束方程可解出 m 个基变量的唯一解 $\boldsymbol{x}_B = (x_1, x_2, \cdots, x_m)$.将这个解加上非基变量取 0 的值,有 $\boldsymbol{x} = (x_1, x_2, \cdots, x_m, 0, \cdots, 0)$,称 $\boldsymbol{x}$ 为线性规划问题的**基解**.显然在基解中变量取非零的个数不大于方程数 m,又基解的总数不超过 C_n^m 个.满足变量非负约束条件(4.1.4c)的基解称为**基可行解**,对应基可行解的基称为**可行基**.

例 4.1.5　求出下列线性规划问题中的全部基、基解、基可行解和最优解.

$$\max z = 2x_1 + 3x_2 + 0x_3 + 0x_4 + 0x_5$$

$$\text{s.t.}\begin{cases} 2x_1 + 2x_2 + x_3 = 12 \\ 4x_1 + x_4 = 16 \\ 5x_2 + x_5 = 15 \\ x_j \geqslant 0 \quad (j = 1,2,\cdots,5) \end{cases}$$

解 写出约束方程组的系数矩阵

$$\boldsymbol{A} = \begin{pmatrix} 2 & 2 & 1 & 0 & 0 \\ 4 & 0 & 0 & 1 & 0 \\ 0 & 5 & 0 & 0 & 1 \end{pmatrix}$$

$$\boldsymbol{p}_1 \quad \boldsymbol{p}_2 \quad \boldsymbol{p}_3 \quad \boldsymbol{p}_4 \quad \boldsymbol{p}_5$$

易知 $R(\boldsymbol{A})=3$,所以只要找到 3 个列向量组成的矩阵满秩,这 3 个向量就是线性规划问题的一个基.令与基对应的变量为基变量,其余变量为非基变量,令非基变量为零,求方程组就可以得到基解.表格 4.1.2 中列出了本例的全部基、基解,并指出了基可行解和最优解(标注为 *).

表 4.1.2 基及其对应的目标函数值

基			基解					基可行解	目标函数值
			x_1	x_2	x_3	x_4	x_5		
$\boldsymbol{p}_1$	$\boldsymbol{p}_2$	$\boldsymbol{p}_3$	4	3	−2	0	0	否	17
$\boldsymbol{p}_1$	$\boldsymbol{p}_2$	$\boldsymbol{p}_4$	3	3	0	4	0	是	15*
$\boldsymbol{p}_1$	$\boldsymbol{p}_2$	$\boldsymbol{p}_5$	4	2	0	0	5	是	14
$\boldsymbol{p}_1$	$\boldsymbol{p}_3$	$\boldsymbol{p}_5$	4	0	4	0	15	是	8
$\boldsymbol{p}_1$	$\boldsymbol{p}_4$	$\boldsymbol{p}_5$	6	0	0	−8	15	否	12
$\boldsymbol{p}_2$	$\boldsymbol{p}_3$	$\boldsymbol{p}_4$	0	3	6	16	0	是	9
$\boldsymbol{p}_2$	$\boldsymbol{p}_4$	$\boldsymbol{p}_5$	0	6	0	16	−15	否	18
$\boldsymbol{p}_3$	$\boldsymbol{p}_4$	$\boldsymbol{p}_5$	0	0	12	16	15	是	0

4.2 两个变量线性规划问题的图解法

对于只有两个变量的简单的线性规划问题可采用图解法求解.这种方法仅适用于只有两个变量的线性规划问题.它的特点是简单直观,这有助于我们理解线性规划问题求解的基本原理.

4.2.1 图解法的基本步骤

(1) 建立坐标系,作出问题的可行域 D(约束条件所围成的区域);

(2) 画出目标函数的等值线,使其与可行域 D 有交点,并标出目标函数的梯度方向;

(3) 若求最大值,将等值线沿梯度方向推进;若求最小值,将等值线沿负梯度方向推进,直至临近状态(与可行域有交点,但继续下去将无交点,此时称**临近状态**).临界等值线与 D 的交点即为最优解,等值线的值为最优值.

例 4.2.1 用图解法求解下列线性规划问题:

$$\max z=-x_1+x_2$$

$$\text{s.t.}\begin{cases}2x_1-x_2\geqslant -2\\x_1-2x_2\leqslant 2\\x_1+x_2\leqslant 5\\x_1\geqslant 0,x_2\geqslant 0\end{cases}$$

解 这一问题的可行区域如图 4.2.1 所示.

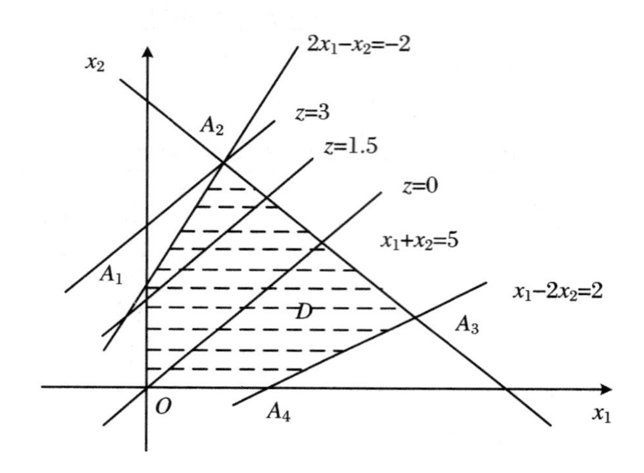

图 4.2.1

变量 x_1,x_2 的非负约束决定了可行区域必须在第一象限;不等式约束 $2x_1-x_2\geqslant -2$ 决定了以直线 $2x_1-x_2=-2$ 为边界的右下半平面;其他两个不等式也决定了两个半平面.所以,可行区域 D 是由三个不等式约束所决定的三个半平面在第一象限中的交集,即图 4.2.1 中的区域 $OA_1A_2A_3A_4O$.在区域 $OA_1A_2A_3A_4O$ 的内部及边界上的每一个点都是可行点.目标函数的等值约束 $z=-x_1+x_2$(z 取定某一个常值)沿着它的法线方向$(-1,1)^{\mathrm{T}}$ 移动,当移动到点 $\boldsymbol{A}_2=(1,4)^{\mathrm{T}}$ 时,再继续移动就与区域 D 不相交了.于是 $\boldsymbol{A}_2$ 点就是最优解,而最优值为 $z=-1+4=3$.

上面求解的过程称为对两个变量的线性规划问题的图解法.下面我们给出规范的图解法格式.

例 4.2.2 求解下述线性规划问题:

$$\max z=2x_1+3x_2$$

$$\text{s.t.}\begin{cases}2x_1+2x_2\leqslant 12\\4x_1\leqslant 16\\5x_2\leqslant 15\\x_1,x_2\geqslant 0\end{cases}$$

解 (1) 画出线性规划问题的可行域(图 4.2.2).

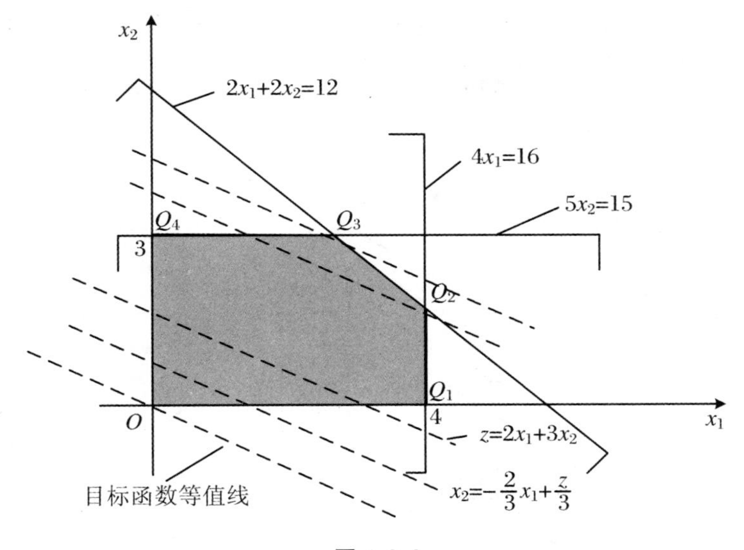

图 4.2.2

(2) 找出对应可行域的顶点.

(3) 画出目标函数等值线

$$z = 2x_1 + 3x_2$$

即

$$x_2 = -\frac{2}{3}x_1 + \frac{z}{3}$$

由于 z 的任意性,所以目标函数等值线有无数条且平行.

(4) 求出目标函数最优值,即最大截距所对应的 z.

由图 4.2.2 易知,Q_3 点处为所求唯一最优解.

若例 4.2.2 中目标函数改为 $\max z = 2x_1 + 2x_2$,约束条件不变,如图 4.2.3 所示.此时,线段 Q_2Q_3 上所有的点都是最优解.

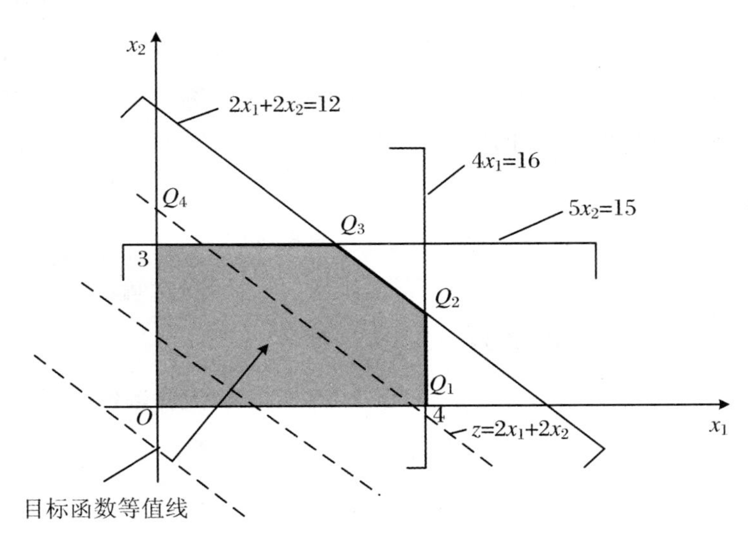

图 4.2.3

若例 4.2.2 中目标函数不变，将约束条件 $2x_1+2x_2\leqslant 12$ 和 $5x_2\leqslant 15$ 去掉，则可行域及解的情况如图 4.2.4 所示，目标函数等值线可以向上无穷远处平移，z 值无界. 故此时为无界解.

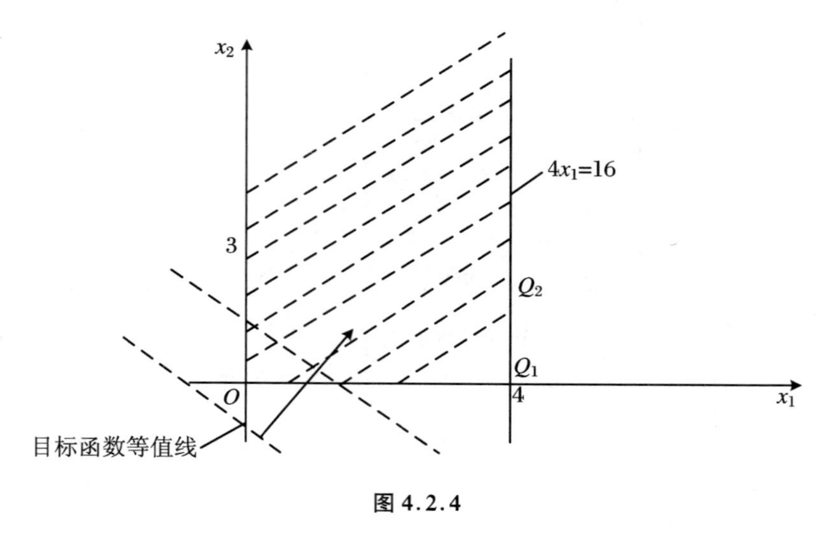

图 4.2.4

例 4.2.3　求解下述线性规划问题：

$$\min z=3x_1+2x_2$$

$$\text{s.t.}\begin{cases}2x_1+\ \ x_2\leqslant 2\\ \ \ x_1-2x_2\geqslant 3\\ x_1,x_2\geqslant 0\end{cases}$$

解　满足约束条件的公共部分不存在，即画不出线性规划问题的可行域. 因此，本题无可行解，当然亦无最优解.

4.2.2　图解法得到的启示

图解法虽然只能用来求解具有两个变量的线性规划问题，但它在解题思路和几何上直观得到的一些概念判断，对下面要讲的求解一般线性规划问题的单纯形法有很大启示.

(1) 求解线性规划问题时，解的情况有：唯一最优解、无穷多最优解、无界解、无可行解.

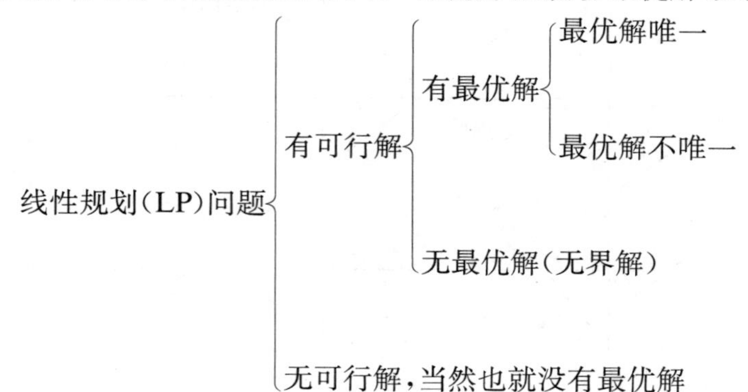

(2) 若线性规划问题的可行域存在，则可行域是一个凸集，顶点个数只有有限个.

(3) 若线性规划问题的可行域非空且有界则必有最优解，若可行域无界，则可能有最优解,也可能无最优解.

(4) 若线性规划问题的最优解存在,则最优解或最优解之一(如果有无穷多的话)一定是可行域的凸集的某个顶点.

(5) 针对以上四个启示,得到新的解题思路(为下一节单纯形法做铺垫):先找出凸集的任一顶点,计算顶点处的目标函数值.比较周围相邻顶点的目标函数值是否比这个大,如果为否,则该顶点就是最优解的点或最优解的点之一,否则转到比这个点的目标函数值大的另一顶点,重复上述过程,一直到找出目标函数值达到最优解的顶点为止.

4.2.3 图解法在经济方面的应用

图解法对于解两个变量的线性规划问题是很方便的,它在经济方面有着广泛的应用,我们通过以下例题来熟悉该方法.

例 4.2.4 (生产计划安排问题)某木器厂生产圆桌和衣柜两种产品,现有两种木料,第一种有 72 m^3,第二种有 56 m^3,假设生产每种产品都需要用两种木料、一张圆桌和一个衣柜分别所需木料如表 4.2.1 所示.每生产一张圆桌可获利 60 元、一个衣柜可获利 100 元.木器厂在现有的木料条件下,当圆桌和衣柜各生产多少时,可使获得利润最多?

表 4.2.1 所需木料表

产品	木料(m^3)	
	第一种	第二种
圆桌	0.18	0.08
衣柜	0.09	0.28

解 设生产圆桌 x 张,生产衣柜 y 个,利润总额为 z 元,则由已知条件得到的线性规划模型为

$$\max z = 60x + 100y$$
$$\text{s.t.}\begin{cases}0.18x + 0.09y \leqslant 72\\ 0.08x + 0.28y \leqslant 56\\ x \geqslant 0, y \geqslant 0(x, y\text{ 为整数})\end{cases}$$

这是 2 维线性规划,可用图解法解,先在 xy 坐标平面上作出满足约束条件的平面区域,即可行域 S,如图 4.2.5 所示.

再作直线 l:$60x + 100y = 0$,即 l:$3x + 5y = 0$,把直线 l 平移至 l_1 的位置时,直线经过可行域上点 M,且截距与原点距离最远,此时 $z = 60x + 100y$ 取最大值,解方程组

$$\begin{cases}0.18x + 0.09y = 72\\ 0.08x + 0.28y = 56\end{cases}$$

得 M 点坐标为(350,100),从而得到使利润总额最大的生产计划,即生产圆桌 350 张,生产衣柜 100 个,能使利润总额达到最大值 31 000 元.

这表明,当资源数量已知,经过合理制订生产计划,可使效益最好,这就是用线性规划来解决生产计划安排的问题之一.

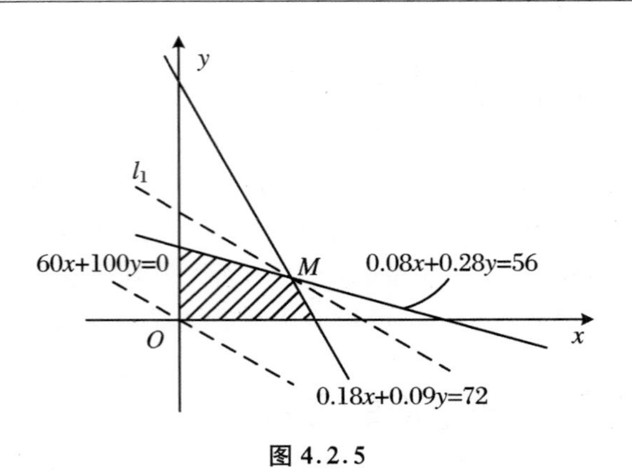

图 4.2.5

例 4.2.5　某养鸡场有 1 万只鸡,用动物饲料和谷物饲料混合喂养. 每天每只鸡平均吃混合饲料 0.5 kg,其中动物饲料不能少于谷物饲料的$\frac{1}{5}$. 动物饲料每千克 0.9 元,谷物饲料每千克 0.28 元,饲料公司每周仅保证供应谷物饲料 50 000 kg,问饲料应怎样混合可使成本最低?

解　设每周需用谷物饲料 x kg,动物饲料 y kg,每周总的饲料费用为 z 元, 则由已知条件得到的线性规划模型为

$$\min z = 0.28x + 0.9y$$

$$\text{s.t.}\begin{cases} x + y \geqslant 35\ 000 \\ y \geqslant \dfrac{1}{5}x \\ x \leqslant 50\ 000 \\ x \geqslant 0,\ y \geqslant 0 \end{cases}$$

这是 2 维线性规划问题,可用图解法求解,先作出满足约束条件的平面区域,即可行域 S,如图 4.2.6 所示.

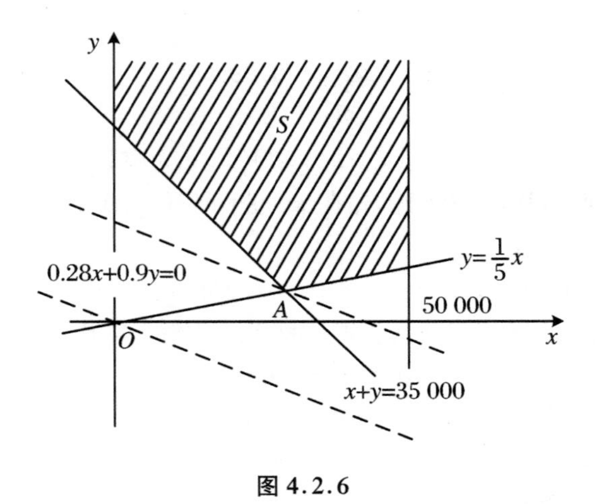

图 4.2.6

再作直线 $0.28x + 0.9y = 0$,平行移动此直线,得到过可行域且离原点最近的直线是经过直线 $x + y = 35\ 000$ 和直线 $y = \frac{1}{5}x$ 的交点 $A\left(\frac{87\ 500}{3}, \frac{17\ 500}{3}\right)$的直线,从而得到饲料混合

的最佳喂养方案，即当谷物饲料 $x=\dfrac{87\,500}{3}$，动物饲料 $y=\dfrac{17\,500}{3}$时，饲料的混合既能达到饲养的要求，又能使费用最低.

也就是说，谷物饲料和动物饲料按 5∶1 的比例混合是最佳方案.

这表明，要完成一项确定的任务，如何统筹安排，使得用最少的资源去完成它？这是线性规划中最常见的问题之一.

例 4.2.6　某运输公司接受了向抗洪抢险地区每天至少运送 1.8×10^7 kg 支援物资的任务，该公司有 8 辆载重为 6×10^5 kg 的 A 型卡车与 4 辆载重为 1×10^6 kg 的 B 型卡车，有 10 名驾驶员. 每辆卡车每天往返的次数为：A 型卡车 4 次，B 型卡车 3 次. 每辆卡车每天往返的成本费用为 A 型卡车 320 元，B 型卡车 504 元. 请制订该公司的车辆调配计划，使公司所花的成本费用最低.

解　设每天调出 A 型卡车 x 辆，B 型卡车 y 辆，公司所花成本为 z 元，则由已知条件：

$$\begin{cases}0\leqslant x\leqslant 8\\0\leqslant y\leqslant 4\\x+y\leqslant 10\\6\times4x+10\times3y\geqslant 180\end{cases}\quad 即\quad\begin{cases}0\leqslant x\leqslant 8\\0\leqslant y\leqslant 4\\x+y\leqslant 10\\4x+5y\geqslant 30\end{cases}$$

则该问题的线性规划模型为

$$\min z=320x+504y$$

$$\text{s.t.}\begin{cases}x+y\leqslant 10\\4x+5y\geqslant 30\\x\leqslant 8\\y\leqslant 4\\x\geqslant 0,y\geqslant 0,\text{且 } x,y \text{ 取整数.}\end{cases}$$

这是 2 维线性整数规划，也可用图解法解. 根据约束条件，作出可行域 S，如图 4.2.7 所示.

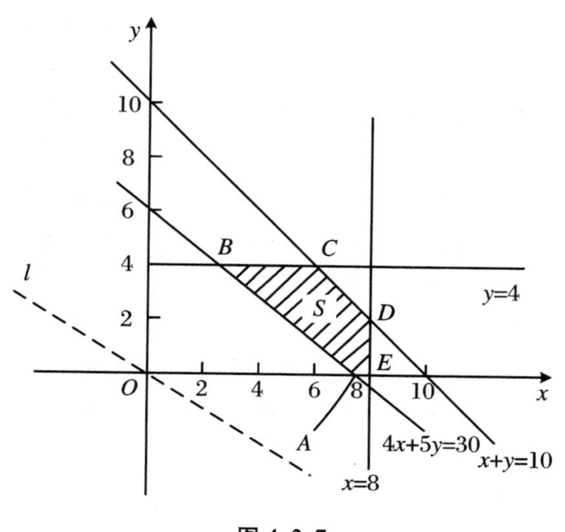

图 4.2.7

作直线 l：$320x+504y=0$，把直线 l 向右上方做平行移动，经过点 $A\left(\dfrac{15}{2},0\right)$时 z 取最

小值,但$\frac{15}{2}$不是整数,所以$\left(\frac{15}{2},0\right)$不是最优解.继续平移直线 l,直线 $4x+5y=30$ 上的整点(5,2)应是首先经过的,使 $z=320x+504y$ 取最小值,$z_{\min}=320\times5+504\times2=2\ 608$.

每天调出 A 型卡车 5 辆,B 型卡车 2 辆,公司所花成本最低.

4.3 单纯形法

单纯形法是求解一般线性规划问题的基本方法,是 1947 年由丹齐格(G. B. Dantzig)提出的,下面介绍这种方法的理论依据.

4.3.1 预备知识

定义 4.3.1 如果集合 C 中任意两个点 $\boldsymbol{x}_1,\boldsymbol{x}_2$,其连线上的所有点也都是集合 C 中的点,则称 C 为**凸集**.

在图 4.3.1 中(1),(2)是凸集,(3),(4)不是凸集.

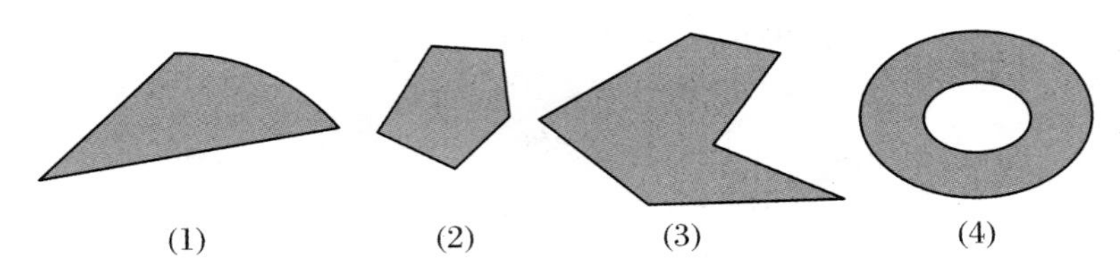

图 4.3.1

定义 4.3.2 如果对于凸集 C 中的点 $\boldsymbol{x}$,不存在 C 中的任意其他两个不同的点 $\boldsymbol{x}_1,\boldsymbol{x}_2$,使得 $\boldsymbol{x}$ 在它们的连线上,即不存在 $\boldsymbol{x}=a\boldsymbol{x}_1+(1-a)\boldsymbol{x}_2(0<a<1)$,这时称 $\boldsymbol{x}$ 为凸集的顶点.

4.3.2 线性规划问题基本定理

定理 4.3.1 若线性规划问题存在可行解,则问题的可行域是凸集.

定理 4.3.2 线性规划问题的基可行解 $\boldsymbol{x}_i$ 对应线性规划问题可行域(凸集)的顶点.

定理 4.3.3 若线性规划问题有最优解,一定存在一个基可行解是最优解.

证明 假设 $\boldsymbol{x}_1,\boldsymbol{x}_2,\cdots,\boldsymbol{x}_k$ 是可行域顶点,$\boldsymbol{x}_0$ 不是可行域顶点,且目标函数在 $\boldsymbol{x}_0$ 处达到最优,即 $z^*=\boldsymbol{c}\boldsymbol{x}_0$(其中 $\boldsymbol{c}=(c_1,c_2,\cdots,c_n)$,$\boldsymbol{x}_0=(x_1^0,x_2^0,\cdots,x_n^0)^{\mathrm{T}}$).

由定义 4.3.2 知,$\boldsymbol{x}_0$ 可表示为 $\boldsymbol{x}_1,\boldsymbol{x}_2,\cdots,\boldsymbol{x}_k$ 的凸组合,即 $\boldsymbol{x}_0=a_1\boldsymbol{x}_1+a_2\boldsymbol{x}_2+\cdots+a_k\boldsymbol{x}_k(a_i\geqslant0)$,$\sum\limits_{i=1}^{k}a_i=1$,因此 $\boldsymbol{c}\boldsymbol{x}_0=\boldsymbol{c}\sum\limits_{i=1}^{k}a_i\boldsymbol{x}_i=\sum\limits_{i=1}^{k}a_i\boldsymbol{c}\boldsymbol{x}_i$.

假设 $\boldsymbol{c}\boldsymbol{x}_m$ 是所有 $\boldsymbol{c}\boldsymbol{x}_i$ 中最大者,则 $\boldsymbol{c}\boldsymbol{x}_0=\sum\limits_{i=1}^{k}a_i\boldsymbol{c}\boldsymbol{x}_i\leqslant\sum\limits_{i=1}^{k}a_i\boldsymbol{c}\boldsymbol{x}_m=\boldsymbol{c}\boldsymbol{x}_m$,而 $\boldsymbol{c}\boldsymbol{x}_0$ 是目标函数的最大值,所以 $\boldsymbol{c}\boldsymbol{x}_m=\boldsymbol{c}\boldsymbol{x}_0$ 也是最大值,即目标函数在可行域的某个顶点达到了最优.

从上述三个定理可以看出,要求线性规划问题的最优解,只要比较可行域(凸集)各个顶点对应的目标函数值即可,最大的就是我们所要求的最优解.

4.3.3　确定初始基可行解

线性规划问题的最优解一定会在基可行解中取得,因此单纯形法的基本思路是:我们先找到一个初始基可行解,如果不是最优解,就设法转换到另一个基可行解,并使得目标函数值不断增大,直到找到最优解为止.

在约束条件全部为"≤"的情况下,我们可以按照下述方法比较方便地寻找初始基可行解.

设给定线性规划问题

$$\max z = \sum_{j=1}^{n} c_j x_j$$

$$\text{s.t.}\begin{cases} \sum_{j=1}^{n} a_{ij} x_j \leqslant b_i & (i = 1,2,\cdots,m) \\ x_j \geqslant 0 & (j = 1,2,\cdots,n) \end{cases}$$

添加松弛变量得其标准形为

$$\max z = \sum_{j=1}^{n} c_j x_j + 0\sum_{i=1}^{m} x_{si}$$

$$\text{s.t.}\begin{cases} \sum_{j=1}^{n} a_{ij} x_j + x_{si} = b_i & (i = 1,2,\cdots,m) \\ x_j \geqslant 0 & (j = 1,2,\cdots,n) \end{cases}$$

因此约束方程组的系数矩阵为

$$\begin{pmatrix} a_{11} & a_{12} & \cdots & a_{1n} & 1 & 0 & \cdots & 0 \\ a_{21} & a_{22} & \cdots & a_{2n} & 0 & 1 & \cdots & 0 \\ \vdots & \vdots & & \vdots & \vdots & \vdots & & \vdots \\ a_{m1} & a_{m2} & \cdots & a_{mn} & 0 & 0 & \cdots & 1 \end{pmatrix}$$

由于该矩阵含有一个单位子矩阵,因此以这个单位阵作为基,就可以求出一个基可行解.我们令非基变量为 0,利用上述约束方程组得到基变量 $x_{si} = b_i$,所以

$$\boldsymbol{x} = (0,\cdots,0,b_1,\cdots,b_m)^{\mathrm{T}}$$

就是一个基可行解,称其为**初始基可行解**.

说明　如果约束条件不全是"≤"形式,如含所有"≥,="形式,则无法找到一个单位阵作为一组基,这时需要添加人工变量,构造人工基.这种方法我们将在 4.4 节中给予介绍.

4.3.4　单纯形表

为了书写规范和便于计算,对单纯形法的计算设计了一种专门表格(表 4.3.1),称为单纯形表.其中 $\boldsymbol{c}_B$ 表示基变量的价值系数,$\boldsymbol{x}_B$ 表示基变量,$\boldsymbol{b}$ 表示资源列,c_j 表示对应变量的价值系数,$\sigma_j = c_j - z_j$ 表示检验数,θ_j 表示对应 θ 规则的值.迭代计算中每找出一个新的基可行解时,就重画一张单纯形表.初始基可行解的单纯形表称**初始单纯形表**,含最优解的单纯形表称**最终单纯形表**.

表 4.3.1　计算表

c_j			c_1	$\cdots$	c_m	$\cdots$	c_j	$\cdots$	c_n	θ
$\boldsymbol{c}_B$	$\boldsymbol{x}_B$	$\boldsymbol{b}$	x_1		x_m	$\cdots$	x_j	$\cdots$	x_n	
c_1	x_1	b_1	1	$\cdots$	0	$\cdots$	a_{1j}	$\cdots$	a_{1n}	θ_1
c_2	x_2	b_2	0	$\cdots$	0	$\cdots$	a_{2j}	$\cdots$	a_{2n}	θ_2
$\vdots$	$\vdots$	$\vdots$	$\vdots$		$\vdots$	$\vdots$	$\vdots$		$\vdots$	$\vdots$
c_m	x_m	b_m	0	$\cdots$	1	$\cdots$	a_{mj}	$\cdots$	a_{mn}	θ_m
$\sigma_j = c_j - z_j$			0	$\cdots$	0	$\cdots$	$c_j - \sum_{i=1}^{m} c_j a_{ij}$	$\cdots$	$c_n - \sum_{i=1}^{m} c_i a_{in}$	

例 4.3.1　列出下列线性规划问题的单纯形表:

$$\max z = 5x_1 + 2x_2$$

$$\text{s.t.}\begin{cases} 30x_1 + 20x_2 \leqslant 160 \\ 5x_1 + \quad x_2 \leqslant 15 \\ x_1 \qquad\quad \leqslant 4 \\ x_1 \geqslant 0, x_2 \geqslant 0 \end{cases}$$

解　先将其化为标准形式

$$\max z = 5x_1 + 2x_2 + 0x_3 + 0x_4 + 0x_5$$

$$\text{s.t.}\begin{cases} 30x_1 + 20x_2 + x_3 = 160 \\ 5x_1 + x_2 + x_4 = 15 \\ x_1 + x_5 = 4 \\ x_1, x_2, x_3, x_4, x_5 \geqslant 0 \end{cases}$$

取松弛变量 x_3, x_4, x_5 为基变量,它对应的单位矩阵为基.这样就得到初始可行基解 $\boldsymbol{x}^{(0)} = (0,0,160,15,4)^{\mathrm{T}}$.将有关数字填入表格中,得到初始单纯形表,如表 4.3.2 所示.

表 4.3.2　初始单纯形表

c_j			5	2	0	0	0	θ
$\boldsymbol{c}_B$	$\boldsymbol{x}_B$	$\boldsymbol{b}$	x_1	x_2	x_3	x_4	x_5	
0	x_3	160	30	20	1	0	0	θ_3
0	x_4	15	5	1	0	1	0	θ_4
0	x_5	4	1	0	0	0	1	θ_5
$\sigma_j = c_j - z_j$			5	2	0	0	0	

4.3.5　从初始基可行解转换为另一个基可行解

对初始基可行解的系数矩阵进行初等行变换,构造出一个新的单位矩阵,其各列所对应的变量即为一组新的基变量，求出其数值，就是一个新的基可行解.

设有初始基可行解 $\boldsymbol{x}^{(0)}=(x_1^{(0)},x_2^{(0)},\cdots,x_n^{(0)})^{\mathrm{T}}$，其中非零坐标有 m 个.不失一般性，假设前 m 个分量非零，即

$$\boldsymbol{x}^{(0)}=(x_1^{(0)},x_2^{(0)},\cdots,x_m^{(0)},0,\cdots,0)^{\mathrm{T}}$$

于是

$$\sum_{i=1}^{m}\boldsymbol{p}_i x_i^{(0)}=\boldsymbol{b} \tag{4.3.1}$$

由构造初始可行基的方法知前 m 个基向量恰好是一个单位阵，所以约束方程组的增广矩阵为

$$\begin{matrix} \boldsymbol{p}_1 & \boldsymbol{p}_2 & \cdots & \boldsymbol{p}_m & \boldsymbol{p}_{m+1} & \cdots & \boldsymbol{p}_j & \cdots & \boldsymbol{p}_n & \boldsymbol{b} \end{matrix}$$
$$\begin{pmatrix} 1 & 0 & \cdots & 0 & a_{1,m+1} & \cdots & a_{1,j} & \cdots & a_{1,n} & b_1 \\ 0 & 1 & \cdots & 0 & a_{2,m+1} & \cdots & a_{2,j} & \cdots & a_{2,n} & b_2 \\ \vdots & \vdots & & \vdots & \vdots & & \vdots & & \vdots & \vdots \\ 0 & 0 & \cdots & 1 & a_{m,m+1} & \cdots & a_{m,j} & \cdots & a_{m,n} & b_m \end{pmatrix}$$

因 $\boldsymbol{p}_1,\boldsymbol{p}_2,\cdots,\boldsymbol{p}_m$ 是一组基，由于任意系数列向量均可由基向量组线性表示，则非基向量中的 $\boldsymbol{p}_j$ 用基向量组线性表示为

$$\boldsymbol{p}_j=\sum_{i=1}^{m}a_{ij}\boldsymbol{p}_i \quad\Rightarrow\quad \boldsymbol{p}_j-\sum_{i=1}^{m}a_{ij}\boldsymbol{p}_i=\boldsymbol{0}\quad (j=m+1,m+2,\cdots,n)$$

设有 $\theta>0$，则

$$\theta\Big(\boldsymbol{p}_j-\sum_{i=1}^{m}a_{ij}\boldsymbol{p}_i\Big)=\boldsymbol{0} \tag{4.3.2}$$

由式(4.3.1)+式(4.3.2)得

$$\sum_{i=1}^{m}\boldsymbol{p}_i x_i^{(0)}+\theta\Big(\boldsymbol{p}_j-\sum_{i=1}^{m}a_{ij}\boldsymbol{p}_i\Big)=\sum_{i=1}^{m}(x_i^{(0)}-\theta a_{ij})\boldsymbol{p}_i+\theta\boldsymbol{p}_j=\boldsymbol{b} \tag{4.3.3}$$

由此式可知，我们找到了满足约束方程组的另一个解 $\boldsymbol{x}^{(1)}$，有

$$\boldsymbol{x}^{(1)}=(x_1^{(0)}-\theta a_{1j},x_2^{(0)}-\theta a_{2j},\cdots,x_m^{(0)}-\theta a_{mj},0,\cdots,\theta,\cdots,0)$$

要使其成为可行解，只要对所有的 $i=1,2,\cdots,m$ 有

$$x_i^{(0)}-\theta a_{ij}\geqslant 0 \tag{4.3.4}$$

要使其成为基可行解，上面 m 个式中至少有一个取零.当 $a_{ij}\leqslant 0$ 时，式(4.3.4)显然成立，所以取

$$\theta=\min\left\{\frac{x_i^{(0)}}{a_{ij}}\,\middle|\,a_{ij}>0\right\}=\frac{x_l^{(0)}}{a_{lj}} \tag{4.3.5}$$

于是前 m 个分量中的第 l 个变为零，其余非负，第 j 个分量为正，于是非零分量的个数 $\leqslant m$，并可证得 $\boldsymbol{p}_1,\cdots,\boldsymbol{p}_{l-1},\boldsymbol{p}_{l+1},\cdots,\boldsymbol{p}_m,\boldsymbol{p}_j$ 线性无关，所以 $\boldsymbol{x}^{(1)}$ 是新的基可行解.

4.3.6 最优性检验和解的判别

设有基可行解

$$\boldsymbol{x}^{(0)}=(x_1^0,x_2^0,\cdots,x_n^0)^{\mathrm{T}}$$
$$\boldsymbol{x}^{(1)}=(x_1^{(0)}-\theta a_{1j},x_2^{(0)}-\theta a_{2j},\cdots,x_m^{(0)}-\theta a_{mj},0,\cdots,\theta,\cdots,0)^{\mathrm{T}}$$

比较两者对应的目标函数值,哪一个更优?

$$z^{(0)} = \sum_{i=1}^{m} c_i x_i^0$$

$$z^{(1)} = \sum_{i=1}^{m} c_i(x_i^0 - \theta a_{ij}) + c_j\theta = z^{(0)} + \theta\left(c_j - \sum_{i=1}^{m} c_i a_{ij}\right)$$

易知,当 $\sigma_j = \left(c_j - \sum_{i=1}^{m} c_i a_{ij}\right) > 0$ 时,$z^{(1)} > z^{(0)}$ 目标函数值得到了改进,$z^{(0)}$ 不是最优解,需要继续迭代.若对所有的 $\sigma_j = \left(c_j - \sum_{i=1}^{m} c_i a_{ij}\right) \leqslant 0$,则 $z^{(1)} \leqslant z^{(0)}$,$z^{(0)}$ 就是最优解.$\sigma_j = c_j - \sum_{i=1}^{m} c_i a_{ij}$ 是判断是否达到最优解的标准,称为**检验数**.

(1) 当所有 $\sigma_j \leqslant 0$ 时,现有顶点对应的基可行解即为最优解;

(2) 当所有 $\sigma_j \leqslant 0$ 时,又对某个非基变量 x_k 有 $\sigma_k = 0$,则该线性规划问题有无穷多最优解;

(3) 如果存在某个 $\sigma_j > 0$,又 $\boldsymbol{p}_j$ 向量的所有分量 $a_{ij} \leqslant 0$,对任意 $\theta > 0$,恒有 $x_i^{(0)} - \theta a_{ij} \geqslant 0$,则存在无界解.

4.3.7　单纯形法计算步骤

根据第 4.3.6 节中讲述的原理,单纯形法的计算步骤如下:

第 1 步　将一般形式转化为标准形式,从标准形式中求出初始基可行解,建立初始单纯形表.对标准形式的 LP,在约束条件式的变量的系数矩阵中总会存在一个单位矩阵.

$$(\boldsymbol{p}_1, \boldsymbol{p}_2, \cdots, \boldsymbol{p}_m) = \begin{pmatrix} 1 & 0 & 0 & \cdots & 0 \\ 0 & 1 & 0 & \cdots & 0 \\ 0 & 0 & 1 & \cdots & 0 \\ \vdots & \vdots & \vdots & & \vdots \\ 0 & 0 & 0 & \cdots & 1 \end{pmatrix}$$

其中,$\boldsymbol{p}_1, \boldsymbol{p}_2, \cdots, \boldsymbol{p}_m$ 称为基向量,同其对应的变量 $x_1, x_2, \cdots, x_m$ 称为基变量,模型中其他变量 $x_{m+1}, x_{m+2}, \cdots, x_n$ 称为非基变量.

若令所有非基变量为 0,求出基变量的值,可以得到初始基可行解 $\boldsymbol{x}^{(0)} = (b_1, \cdots, b_m, 0, \cdots, 0)^{\mathrm{T}}$,将其数据代入单纯形表中,可以得到初始单纯形表.要检验这个初始基可行解是否为最优,需要将其目标函数值与可行域中相邻顶点的目标函数值比较,此时需要对初始单纯形表进行迭代运算,每迭代一次,就需要重新画出一张单纯形表.

第 2 步　检验目前的基可行解是否最优.

如果表中所有检验数 $\sigma_j \leqslant 0$,则表中的基可行解即为所求,结束运算,否则,转入下一步.

第 3 步　从一个基可行解转换到相邻的目标函数值更大的基可行解,列出新的单纯形表.

(1) 确定换入的非基变量(换入变量)

只要有检验数 $\sigma_j > 0$,对应的变量就可以作为换入的基变量,当有一个以上的检验数大于 0 时,一般从中找出最大一个 σ_k,即

$$\sigma_k = \max_j\{\sigma_j\} \quad (\sigma_j > 0)$$

其对应的变量 x_k 作为换入的非基变量，称为**换入变量**.

(2) 确定换出变量

计算 $\theta = \min\left\{\dfrac{b_i}{a_{ik}} \middle| a_{ik} > 0\right\} = \dfrac{b_l}{a_{lk}}$，确定 x_l 是换出的基变量(简称为**换出变量**)，元素 a_{lk} 决定了从一个基可行解到相邻基可行解的转移去向，称为**主元素**. 以 a_{lk} 为主元素进行换基迭代：即利用初等行变换将进基变量 x_k 所在的系数列变为单位列向量，而 a_{lk} 变为 1. 这样原来基矩阵中的 $\boldsymbol{p}_l$ 就不再是单位向量，取而代之的是 $\boldsymbol{p}_k$，这样就找到了一组新的基.

(3) 用换入变量 x_k 替代换出变量 x_l，得到新的基、基可行解，并相应得到新的单纯形表.

第4步　重复二、三两步，一直到计算结束为止.

注　若目标函数是求最小，可以不必将其转变为求最大，但在使用单纯形法求解时，确定进基变量，应找负检验数中最小者，并应以检验数全部为正作为判别最优的条件.

例 4.3.2　求解下列线性规划问题的最优解：

$$\max z = 3x_1 + 5x_2$$

$$\text{s.t.}\begin{cases} x_1 \leqslant 8 \\ 2x_2 \leqslant 12 \\ 3x_1 + 4x_2 \leqslant 36 \\ x_1, x_2 \geqslant 0 \end{cases}$$

解　将上述线性规划模型化为标准形式

$$\max z = 3x_1 + 5x_2 + 0x_3 + 0x_4 + 0x_5$$

$$\text{s.t.}\begin{cases} x_1 + x_3 = 8 \\ 2x_2 + x_4 = 12 \\ 3x_1 + 4x_2 + x_5 = 36 \\ x_1, x_2, x_3, x_4, x_5 \geqslant 0 \end{cases}$$

据此列出初始单纯形，如表 4.3.3 所示.

表 4.3.3　单纯形表

c_j			3	5	0	0	0	θ
$\boldsymbol{c}_B$	$\boldsymbol{x}_B$	$\boldsymbol{b}$	x_1	x_2	x_3	x_4	x_5	
0	x_3	8	1	0	1	0	0	-
0	x_4	12	0	[2]	0	1	0	12/2=6
0	x_5	36	3	4	0	0	1	36/4=9
$c_j - z_j$			3	5	0	0	0	

表格中有大于 0 的检验数，故表格中的基可行解不是最优解，因为 5>3，故确定 x_2 为换入变量. 为确定换出变量，将 $\boldsymbol{b}$ 列除以 x_2 列中对应数字得到参数 θ，根据 θ 取小原则确定 x_4 为换出变量，2 为主元素，添加“[　]”号标记. 进行迭代，得到新的单纯形表，如表 4.3.4 所示.

表 4.3.4　单纯形表

c_j			3	5	0	0	0	θ
$\boldsymbol{c}_B$	$\boldsymbol{x}_B$	$\boldsymbol{b}$	x_1	x_2	x_3	x_4	x_5	
0	x_3	8	1	0	1	0	0	8
5	x_2	6	0	1	0	1/2	0	-
0	x_5	12	[3]	0	0	-2	1	4
c_j-z_j			3	0	0	-5/2	0	

表格中有唯一大于 0 的检验数 3,故表格中的基可行解不是最优解,确定 x_1 为换入变量.为确定换出变量,将 $\boldsymbol{b}$ 列除以x_1 列中对应数字得到参数 θ,根据 θ 取小原则确定x_5 为换出变量,3 为主元素,添加“[　]”号标记.进行迭代,得到新的单纯形表,如表 4.3.5 所示.

表 4.3.5　单纯形表

c_j			3	5	0	0	0	θ
$\boldsymbol{c}_B$	$\boldsymbol{x}_B$	$\boldsymbol{b}$	x_1	x_2	x_3	x_4	x_5	
0	x_3	4	0	0	1	2/3	-1/3	-
5	x_2	6	0	1	0	1/2	0	-
3	x_1	4	1	0	0	-2/3	1/3	-
c_j-z_j			0	0	0	-1/2	-1	

表中所有检验数 $\sigma_j\leqslant 0$,运算结束,表中的基可行解即为所求,所以最优解为 $\boldsymbol{x}^*=(4,6,4,0,0)^{\mathrm{T}}$,目标函数值为 $z^*=42$.

单纯形法计算中可能会出现以下两种特殊情况,此时采用“勃兰特”规则决定进基变量和出基变量的选择:

(1) 出现两个或两个以上相同的最大 σ_j,此时选取 σ_j 中下标最小的对应非基变量为换入变量;

(2) 利用 θ 规则决定出基变量时,出现两个或两个以上的最小比值 θ 时,选取下标最小的对应基变量为换出变量.

4.4　单纯形法的进一步讨论

用单纯形法解题时,需要有一个单位阵作为初始基.当约束条件都是“$\leqslant$”时,加入松弛变量就形成了初始基.但实际中还存在“$\geqslant$”或“=”型的约束,当系数矩阵中不包含单位矩阵时,往往采用添加人工变量的方法来构造单位矩阵.在约束条件为“=”的情况下,可直接添加一个人工变量,以便得到初始基矩阵.而在“$\geqslant$”的不等式约束中先减去一个剩余变量后变为等式约束,然后再加入一个人工变量,构造初始基矩阵.

注　人工变量是在等式中人为加进的,只有它等于 0 时,约束条件才是它本来的意义.

求解带人工变量的线性规划有两种方法:大 M 法,两阶段法.

4.4.1 大 M 法

没有单位矩阵,不符合构造初始基的条件,需加入人工变量.人工变量最终必须等于 0 才能保持原问题性质不变.为保证人工变量为 0,在目标函数中令其系数为"$-M$".M 为无限大的正数,倘若人工变量不为零,则目标函数就永远达不到最优,所以必须将人工变量逐步从基变量中替换出去.如若到最终表中人工变量仍没有置换出去,那么这个问题就没有可行解,当然亦无最优解.

例 4.4.1 用单纯形法求解线性规划问题

$$\max z = -3x_1 + x_3$$

$$\text{s.t.}\begin{cases} x_1 + x_2 + x_3 \leqslant 4 \\ -2x_1 + x_2 - x_3 \geqslant 1 \\ 3x_2 + x_3 = 9 \\ x_1 \geqslant 0, x_2 \geqslant 0, x_3 \geqslant 0 \end{cases}$$

解 化成标准形式有

$$\max z = -3x_1 + x_3 + 0x_4 + 0x_5$$

$$\text{s.t.}\begin{cases} x_1 + x_2 + x_3 + x_4 = 4 \\ -2x_1 + x_2 - x_3 - x_5 = 1 \\ 3x_2 + x_3 = 9 \\ x_i \geqslant 0 \quad (i = 1, 2, \cdots, 5) \end{cases}$$

加入人工变量

$$\max z = -3x_1 + x_3 + 0x_4 + 0x_5 - Mx_6 - Mx_7$$

$$\text{s.t.}\begin{cases} x_1 + x_2 + x_3 + x_4 = 4 \\ -2x_1 + x_2 - x_3 - x_5 + x_6 = 1 \\ 3x_2 + x_3 + x_7 = 9 \\ x_i \geqslant 0 \quad (i = 1, 2, \cdots, 7) \end{cases}$$

列出单纯形表,如表 4.4.1 所示.

表 4.4.1 单纯形表

c_j			-3	0	1	0	0	$-M$	$-M$	θ
c_B	x_B	b	x_1	x_2	x_3	x_4	x_5	x_6	x_7	
0	x_4	4	1	1	1	1	0	0	0	$4/1=4$
$-M$	x_6	1	-2	[1]	-1	0	-1	1	0	$1/1=1$
$-M$	x_7	9	0	3	1	0	0	0	1	$9/3=3$
$c_j - z_j$			$-2M-3$	$4M$	1	0	$-M$	0	0	
0	x_4	3	3	0	2	1	1	-1	0	$3/3=1$
0	x_2	1	-2	1	-1	0	-1	1	0	—
$-M$	x_7	6	[6]	0	4	0	3	-3	1	$6/6=1$

续表

c_j			-3	0	1	0	0	$-M$	$-M$	θ
$\boldsymbol{c}_B$	$\boldsymbol{x}_B$	$\boldsymbol{b}$	x_1	x_2	x_3	x_4	x_5	x_6	x_7	
$c_j - z_j$			$6M-3$	0	$4M+1$	0	$3M$	$-4M$	0	
0	x_4	0	0	0	0	1	$-1/2$	$-1/2$	$1/2$	—
0	x_2	3	0	1	$1/3$	0	0	0	$1/3$	9
-3	x_1	1	1	0	[2/3]	0	$1/2$	$-1/2$	$1/6$	$3/2$
$c_j - z_j$			0	0	3	0	$3/2$	$-M-3/2$	$-M+1/2$	
0	x_4	0	0	0	0	1	$-1/2$	$1/2$	$-1/2$	
0	x_2	$5/2$	$-1/2$	1	0	0	$-1/4$	$1/4$	$1/4$	
1	x_3	$3/2$	$3/2$	0	1	0	$3/4$	$-3/4$	$1/4$	
$c_j - z_j$			$-9/2$	0	0	0	$-3/4$	$-M+3/4$	$-M-1/4$	

人工变量已不在基变量中,所以得最优解 $\boldsymbol{x}^* = \left(0,\frac{5}{2},\frac{3}{2},0,0,0,0\right)$, $z^* = \frac{3}{2}$.

例 4.4.2　用单纯形法求解线性规划问题

$$\max z = -3x_1 - 2x_2$$

$$\text{s.t.}\begin{cases} 2x_1 + x_2 \leqslant 2 \\ 3x_1 + 4x_2 \geqslant 12 \\ x_1 \geqslant 0, x_2 \geqslant 0 \end{cases}$$

解　化为标准形式有

$$\max z = -3x_1 - 2x_2 + 0x_3 + 0x_4 - Mx_5$$

$$\text{s.t.}\begin{cases} 2x_1 + x_2 + x_3 = 2 \\ 3x_1 + 4x_2 - x_4 + x_5 = 12 \\ x_1, x_2, x_3, x_4, x_5 \geqslant 0 \end{cases}$$

列出单纯形表,如表 4.4.2 所示.

表 4.4.2　单纯形表

c_j			-3	-2	0	0	$-M$	θ
$\boldsymbol{c}_B$	$\boldsymbol{x}_B$	$\boldsymbol{b}$	x_1	x_2	x_3	x_4	x_5	
0	x_3	2	2	[1]	1	0	0	2
M	x_5	12	3	4	0	-1	1	3
$c_j - z_j$			$3M-3$	$4M-2$	0	$-M$	0	
-2	x_2	2	2	1	1	0	0	
M	x_5	4	-5	0	-4	-1	1	
$c_j - z_j$			$-5M+1$	0	$-4M+2$	$-M$	0	

检验数为负,迭代结束. $\boldsymbol{x}^* = (0,2,0,0,4)$, $z^* = -4M-4$,因为目标函数中还有人工变量,说明原问题无解.

用大 M 法处理人工变量，在用手动计算时不会碰到麻烦，但用计算机求解时，对 M 只能在计算机内输入一个机器最大字长的数字，如果线性规划问题中的 a_{ij}, b_i, c_j 等参数与这个代表 M 的数接近，或远远小于这个数字，由于计算机计算时取值上的误差，计算结果可能发生错误，为了克服这个缺点，可以采用两阶段法.

4.4.2　两阶段法

第1阶段　不考虑原问题是否存在基可行解；给原线性规划问题加入人工变量，先求解一个目标函数中只包含人工变量的线性规划问题.令目标函数中其他变量的系数为0，人工变量的系数取某个正的常数（一般取1），在保持原约束条件不变的情况下求这个目标函数极小化时的解.

(1) 当人工变量取值为0时，目标函数值也为0，此时的最优解就是原线性规划问题的一个基可行解；

(2) 如果最优解的目标函数值不为0，也即最优解的基变量中含有非零的人工变量，表明原线性规划问题无可行解，无需进入第二阶段.

第2阶段　当第一阶段求解结果表明问题有可行解时，第二阶段在原问题中去除人工变量，并从此可行解（即第一阶段的最优解）出发，继续寻找问题的最优解.

例4.4.3　用两阶段法求解例4.4.1.

$$\max z = -3x_1 + x_3$$

$$\text{s.t.}\begin{cases} x_1 + x_2 + x_3 \leqslant 4 \\ -2x_1 + x_2 - x_3 \geqslant 1 \\ 3x_2 + x_3 = 9 \\ x_1 \geqslant 0, x_2 \geqslant 0, x_3 \geqslant 0 \end{cases}$$

解　加入人工变量构造第一阶段LP问题

$$\min z = x_6 + x_7$$

$$\text{s.t.}\begin{cases} x_1 + x_2 + x_3 + x_4 = 4 \\ -2x_1 + x_2 - x_3 - x_5 + x_6 = 1 \\ 3x_2 + x_3 + x_7 = 9 \\ x_i \geqslant 0 \end{cases}$$

等价于

$$\max z = -x_6 - x_7$$

$$\text{s.t.}\begin{cases} x_1 + x_2 + x_3 + x_4 = 4 \\ -2x_1 + x_2 - x_3 - x_5 + x_6 = 1 \\ 3x_2 + x_3 + x_7 = 9 \\ x_i \geqslant 0 \end{cases}$$

第1阶段　列单纯形表，如表4.4.3所示.

表 4.4.3　单纯形表

c_j			0	0	0	0	0	−1	−1	θ
c_B	x_B	b	x_1	x_2	x_3	x_4	x_5	x_6	x_7	
0	x_4	4	1	1	1	1	0	0	0	4/1
1	x_6	1	−2	[1]	−1	0	−1	1	0	1/1
1	x_7	9	0	3	1	0	0	0	1	9/3
c_j-z_j			−2	4	0	0	−1	0	0	
0	x_4	3	3	0	2	1	1	−1	0	3/3
0	x_2	1	−2	1	−1	0	−1	1	0	—
1	x_7	6	[6]	0	4	0	3	−3	1	6/6
c_j-z_j			6	0	4	0	3	−4	0	
0	x_4	0	0	0	0	1	−1/2	1/2	−1/2	
0	x_2	3	0	1	1/3	0	0	0	1/3	
0	x_1	1	1	0	2/3	0	1/2	−1/2	1/6	
c_j-z_j			0	0	0	0	0	−1	−1	

所有的 $\sigma_j \leqslant 0$,且人工变量已从基变量中换出,因此第一阶段迭代结束,最优解为 $\boldsymbol{x}^*=(1,3,0,0,0,0,0)^{\mathrm{T}}$,将最优表中的人工变量去掉,即可作为第二阶段的初始单纯形表. $\boldsymbol{x}_0=\boldsymbol{x}^*=(1,3,0,0,0,0,0)^{\mathrm{T}}$ 为第二阶段的初始基可行解.

第 2 阶段　将表中的人工变量 x_6,x_7 除去,目标函数还原为

$$\max z=-3x_1+0x_2+x_3+0x_4+0x_5$$

再从第一阶段所得最优表出发,继续用单纯形法计算.如表 4.4.4 所示.

表 4.4.4　单纯形表

c_j			−3	0	1	0	0	θ
c_B	x_B	b	x_1	x_2	x_3	x_4	x_5	
0	x_4	0	0	0	0	1	−1/2	—
0	x_2	3	0	1	1/3	0	0	9
−3	x_1	1	1	0	[2/3]	0	1/2	3/2
c_j-z_j			0	0	3	0	3/2	
0	x_4	0	0	0	0	1	−1/2	
0	x_2	5/2	−1/2	1	0	0	−1/4	
1	x_3	3/2	3/2	0	1	0	3/4	
c_j-z_j			−9/2	0	0	0	−3/4	

所有的 $\sigma_j \leqslant 0$,因此第二阶段迭代结束,最优解为 $\boldsymbol{x}^*=(0,5/2,3/2,0,0)$,$z^*=3/2$.

当线性规划问题中添加人工变量后,无论用大 M 法或两阶段法,初始单纯形表中的解因含非零人工变量,故实质上是非可行解.当求解结果出现所有 $\sigma_j \leqslant 0$ 时,如基变量中仍含有非零的人工变量(两阶段法求解时的第一阶段目标函数值不等于 0),表明问题无可行解.

4.5* 线性规划问题在经济方面的应用

应用线性规划解决经济、管理领域的实际问题，最重要的一步就是建立实际问题的线性规划模型，这是一项技巧性很强的工作，既要求对研究的问题有深入了解，又要求掌握 LP 模型的结构特点，并具有对实际问题进行数学描述的较强的能力.

一般来讲，一个问题要满足下列条件，才能归结为 LP 的模型：

(1) 要求解的问题的目标能用某种效益指标度量大小，并能用线性函数描述目标的要求；

(2) 为达到这个目标存在多种方案；

(3) 要达到的目标是在一定的约束条件下实现的，这些条件可用线性等式或不等式描述.

根据线性规划的理论，我们来分析以下几个例题.

例 4.5.1 某色拉油厂利用 A,B,C 三种机械生产Ⅰ、Ⅱ、Ⅲ型三种色拉油，已知生产每吨Ⅰ型油需要在 A,B,C 上工作的时数为 4,3,4；Ⅱ型油的相应时数为 5,4,2；Ⅲ型的为 3,2,1. 由于 A,B,C 三种机械每天可利用的工时数分别为 12,10,8，又已知每吨Ⅰ、Ⅱ、Ⅲ型色拉油所能提供的利润分别为 6 千元，4 千元，3 千元，现问该厂应如何安排每天三种油的生产量才能充分利用现有设备，使该厂获利最大?

解 设生产Ⅰ、Ⅱ、Ⅲ型三种色拉油的生产量分别为 x_1,x_2,x_3，利润为 z，则由已知条件得到的线性规划模型为

$$\max z = 6x_1 + 4x_2 + 3x_3$$

$$\text{s.t.}\begin{cases} 4x_1 + 5x_2 + 3x_3 \leqslant 12 \\ 3x_1 + 4x_2 + 2x_3 \leqslant 10 \\ 4x_1 + 2x_2 + x_3 \leqslant 8 \\ x_1, x_2, x_3 \geqslant 0 \end{cases}$$

化为标准形

$$\max z = 6x_1 + 4x_2 + 3x_3$$

$$\text{s.t.}\begin{cases} 4x_1 + 5x_2 + 3x_3 + x_4 = 12 \\ 3x_1 + 4x_2 + 2x_3 + x_5 = 10 \\ 4x_1 + 2x_2 + x_3 + x_6 = 8 \\ x_i \geqslant 0 \quad (i = 1,2,\cdots,6) \end{cases}$$

列出单纯形表，如表 4.5.1 所示.

表 4.5.1　单纯形表

c_j			6	4	3	0	0	0
$\boldsymbol{c}_B$	$\boldsymbol{x}_B$	$\boldsymbol{b}$	x_1	x_2	x_3	x_4	x_5	x_6
0	x_4	12	4	5	3	1	0	0
0	x_5	10	3	4	2	0	1	0
0	x_6	8	[4]	2	1	0	0	1
c_j-z_j			6	4	3	0	0	0
0	x_4	4	0	3	[2]	1	0	-1
0	x_5	4	0	$\frac{5}{2}$	$\frac{5}{4}$	0	1	$-\frac{3}{4}$
6	x_1	2	1	$\frac{1}{2}$	$\frac{1}{4}$	0	0	$\frac{1}{4}$
c_j-z_j			0	1	$\frac{3}{2}$	0	0	$-\frac{3}{2}$
3	x_3	2	0	$\frac{3}{2}$	1	$\frac{1}{2}$	0	$-\frac{1}{2}$
0	x_5	$\frac{3}{2}$	0	$\frac{5}{8}$	0	$-\frac{5}{8}$	1	$-\frac{1}{8}$
6	x_1	$\frac{3}{2}$	1	$\frac{1}{8}$	0	$-\frac{1}{8}$	0	$\frac{3}{8}$
c_j-z_j			-6	$-\frac{17}{4}$	$-\frac{3}{2}$	$-\frac{3}{4}$	0	$-\frac{9}{4}$

因为 $\sigma_i\leqslant 0(i=1,2,\cdots,6)$,所以迭代结束.得最优解 $\boldsymbol{x}^*=\left(\frac{3}{2},0,2,0,\frac{3}{2},0\right)^{\mathrm{T}}$,$z^*=15$.

由以上的单纯形方法的步骤可以看出,对于一个线性规划问题的数学模型,一定可以化为标准形,且由单纯形方法一定可以解出结果(包括无解,无穷多解等).在用单纯形法解实际问题时,由于以上的方法步骤是比较固定的,所以在下面的例子中把重点放到如何对一个实际问题建立线性规划模型上,而省略单纯形法的求解过程.

例 4.5.2　某糖果厂用原料 A,B,C 加工成三种不同牌号的糖果甲、乙、丙.已知各种牌号糖果中 A,B,C 含量、原料成本、各种原料的每月限制用量、三种牌号糖果的单位加工费及售价如表 4.5.2 所示,问该厂每月生产这三种牌号糖果各多少千克,使该厂获利最大,试建立该问题的线性规划数学模型.

表 4.5.2　单位加工费及售价表

项目	甲	乙	丙	原料成本(元/kg)	每月限制用量(kg)
A	⩾60%	⩾30%		2.00	2 000
B				1.50	2 500
C	⩽60%	⩽50%	⩽60%	1.00	1 200
加工费(元/kg)	0.50	0.40	0.30		
售价(元/kg)	3.40	2.85	2.25		

解　用 $i=1,2,3$ 分别代表原料 A,B,C,用 $j=1,2,3$ 分别代表甲、乙、丙三种糖果.设

x_{ij}为生产第j种糖果使用的第i种原料的质量，则问题的数学模型可归结为

$$\begin{aligned}\max z &= (3.40-0.50)(x_{11}+x_{21}+x_{31})+(2.85-0.40)(x_{12}+x_{22}+x_{32})\\&\quad+(2.25-0.30)(x_{13}+x_{23}+x_{33})-2.0(x_{11}+x_{12}+x_{13})\\&\quad-1.50(x_{21}+x_{22}+x_{23})-1.0(x_{31}+x_{32}+x_{33})\\&=0.9x_{11}+1.4x_{21}+1.9x_{31}+0.45x_{12}+0.95x_{22}+1.45x_{32}\\&\quad-0.05x_{13}+0.45x_{23}+0.95x_{33}\end{aligned}$$

$$\text{s.t.}\begin{cases}\left.\begin{array}{l}x_{11}+x_{12}+x_{13}\leqslant 2\,000\\x_{21}+x_{22}+x_{23}\leqslant 2\,500\\x_{31}+x_{32}+x_{33}\leqslant 1\,200\end{array}\right\}\text{原料供应限制}\\\left.\begin{array}{l}x_{11}\geqslant 0.6(x_{11}+x_{21}+x_{31})\\x_{31}\leqslant 0.2(x_{11}+x_{21}+x_{31})\\x_{12}\geqslant 0.3(x_{12}+x_{22}+x_{32})\\x_{32}\leqslant 0.5(x_{12}+x_{22}+x_{32})\\x_{33}\leqslant 0.6(x_{13}+x_{23}+x_{33})\\x_{ij}\geqslant 0(i=1,2,3;j=1,2,3)\end{array}\right\}\text{含量要求条件}\end{cases}$$

用单纯形法解得 $x_{11}=580$，$x_{21}=326\dfrac{2}{3}$，$x_{31}=0$，$x_{12}=1\,420$，$x_{22}=2\,173\dfrac{1}{3}$，$x_{32}=1\,200$，$x_{13}=0$，$x_{23}=0$，$x_{33}=0$，$z^*=5\,450$，即该厂每月应生产甲种牌号糖果 $906\dfrac{2}{3}$ kg，乙种牌号糖果 $4\,793\dfrac{1}{3}$ kg，不生产丙种牌号糖果，才能获利最大.

例 4.5.3 兴安公司有一笔 30 万元的资金，考虑今后三年内用于下列项目的投资：

(1) 三年内的每年年初均可投入，每年获利为投资额的 20%，其本利可一起用于下一年的投资；

(2) 只允许第一年初投入，第二年年末收回，本利合计为投资额的 150%，但此类投资限额 15 万以内；

(3) 允许第二年初投入，第三年末收回，本利合计为投资额的 160%，但限额投资 20 万元以内.

(4) 允许第三年初投入，年末收回，可获利 40%，但限额为 10 万元以内.

试为该公司确定一个使第三年末本利总和为最大的投资组合方案.

解 用 x_{ij} 表示第 i 年初投放到 j 项目的资金数，再考虑各项目的投资限额，得到该问题的线性规划模型如下：

$$\max z=1.2x_{31}+1.6x_{23}+1.4x_{34}$$

$$\text{s.t.}\begin{cases}x_{11}+x_{12}=300\,000\\x_{21}+x_{23}=1.2x_{11}\\x_{31}+x_{34}=1.2x_{21}+1.5x_{12}\\x_{12}\leqslant 150\,000\\x_{23}\leqslant 200\,000\\x_{34}\leqslant 100\,000\\x_{ij}\geqslant 0\quad(i=1,2,3;j=1,2,3,4)\end{cases}$$

求解得 $x_{11}=166\ 666.7$, $x_{12}=133\ 333.3$, $x_{21}=0$, $x_{23}=200\ 000$, $x_{31}=100\ 000$, $x_{34}=100\ 000$. 第三年末本利合计为 580 000 元.

例 4.5.4　(任务安排)某化工厂计划在下月内生产 4 种产品 B_1, B_2, B_3, B_4,每种产品都可在三条流水作业线 A_1, A_2, A_3 中任何一条加工出来. 每条流水线(A_i)加工每件产品 B_j 所需的工时数 a_{ij}($i=1,2,3; j=1,2,3,4$)、每条流水线在下月内可供利用的工时数以及各种产品的需求均列于表 4.5.3 中,又 A_1, A_2, A_3 三条流水线的单位生产成本分别为每小时 7 元,8 元,9 元,问应如何安排各条流水线在下月的生产任务,才使生产成本最少?

表 4.5.3　工时数与需求表

流水线 \ 每件产品耗时数 \ 产品	B_1	B_2	B_3	B_4	可用工时数
A_1	2	1	3	2	1 500
A_2	3	2	4	4	1 800
A_3	1	2	1	2	2 000
需求量(件)	200	150	250	300	

解　设下月内流水线 A_i 加工产品 B_j 的件数为 x_{ij}($i=1,2,3; j=1,2,3,4$),则由已知条件得到的线性规划模型为

$$\begin{aligned}\min z =&\ 2\times 7x_{11}+1\times 7x_{12}+3\times 7x_{13}+2\times 7x_{14}\\ &+3\times 8x_{21}+2\times 8x_{22}+4\times 8x_{23}+4\times 8x_{24}\\ &+1\times 9x_{31}+2\times 9x_{32}+1\times 9x_{33}+2\times 9x_{34}\end{aligned}$$

$$\text{s.t.}\begin{cases} x_{11}+x_{21}+x_{31}=200\\ x_{12}+x_{22}+x_{32}=150\\ x_{13}+x_{23}+x_{33}=250\\ x_{14}+x_{24}+x_{34}=300\\ 2x_{11}+x_{12}+3x_{13}+2x_{14}\leqslant 1\ 500\\ 3x_{21}+2x_{22}+4x_{23}+4x_{24}\leqslant 1\ 800\\ x_{31}+2x_{32}+x_{33}+2x_{34}\leqslant 2\ 000\\ x_{ij}\geqslant 0\quad (i=1,2,3; j=1,2,3,4)\end{cases}$$

例 4.5.5　(有价证券的选择)北方汽车有限公司决定将自己拥有的 100 万元用于对外投资,以便在明年年底获得较多的资金. 公司经理部人员经过调查分析后,决定将这笔款项投资于水利工业、航天工业和购买国库券,数量不限,会计部门也已得知了向这些公司投资的年利润率,如表 4.5.4 所示.

表 4.5.4 投资的年利润率

序号	投资项目	年利润率(%)
1	振华水利公司	6.2
2	华南水利公司	7.1
3	光大航天公司	9.8
4	西北航天公司	7.2
5	购买国库券	4.7

北方公司对这笔投资规定了下列方针：

(1) 水利工业的投资至少要等于航天工业投资的两倍，但每种工业投资不得超过投资总额的50%；

(2) 购买国库券至少占整个工业投资的10%；

(3) 对利润较高但风险也较大的光大航天公司的投资最多只能占航天工业的投资的65%.

现问北方公司明年应给每个投资项目分配多少有价证券，才能使年获利最大？

解 设给第 i 个项目投资 x_i 万元($i=1,2,\cdots,5$)，则由已知条件得到的线性规划模型为

$$\max z = 0.062x_1 + 0.071x_2 + 0.098x_3 + 0.072x_4 + 0.047x_5$$

$$\text{s.t.}\begin{cases} x_1 + x_2 - 2x_3 - 2x_4 \geqslant 0 \\ x_1 + x_2 \leqslant 50 \\ x_3 + x_4 \leqslant 50 \\ -0.1x_1 - 0.1x_2 - 0.1x_3 - 0.1x_4 + x_5 \geqslant 0 \\ 0.35x_3 - 0.65x_4 \leqslant 0 \\ x_1, x_2, \cdots, x_5 \geqslant 0 \end{cases}$$

例 4.5.6 (投资组合选择问题)在金融行业中，投资组合管理人可以利用线性规划工具定量化地确定投资比例.假设中国投资基金正在发行一个固定收益共同基金，基金经理预测到发行结束之后，可以售出1亿份基金(1份基金等于人民币1元).基金管理人的首要目标是获取投资收益，第二个目标是通过分散投资控制风险.假设该固定收益基金经理所面临的企业债券情况，如表 4.5.4 所示.

表 4.5.5 企业债券情况表

债券名称	当前收益率(%)	到期年份	等级
A	8.5	2010	非常好
B	9.0	2019	很好
C	10.0	2006	一般
D	9.5	2007	一般
E	8.5	2011	非常好
F	9.0	2014	很好

为了符合分散投资目的,基金管理人决定投资于任何一只债券的资金额不能超过总基金的25%,至少有一半以上资金投资于长期债券(2009年以后),投资在等级为"一般"债券上的资金额不能超过总计金额的30%.

建立线性规划模型的第一步是确定决策变量.在这个问题中,显然投资在每只企业债券上的资金额为决策变量,那么一共有6个变量:

$$x_i = \text{投资在第 } i \text{ 只企业债券上的资金额(万元)}$$

显然,$i = A,B,C,D,E,F$.

第二步是确定目标函数.投资目标是选择 $x_i(i = A,B,C,D,E,F)$,收益最大,根据上面的表第二列,当前基金的收益率为

$$P = 0.085x_A + 0.09x_B + 0.1x_C + 0.095x_D + 0.085x_E + 0.09x_F$$

最后一步是找出所有约束条件.我们可以看到,这个问题共有9个约束条件,第一个约束条件是投资在6只企业债券上的资金额相加之后应等于10 000万元,接下来的约束条件是投资于债券 i 金额不能超过25%的上限;投资于长期债券(2009年以后)的金额必须超过50%;以及投资在等级为"一般"债券上的资金额不能超过总资金额的30%.

由于共同基金的初始资金为10 000万元,用于购买债券的资金必须满足

$$x_A + x_B + x_C + x_D + x_E + x_F = 10\,000$$

投资于债券 i 的上限要求

$$x_i \leqslant 2\,500 \quad (i = A,B,C,D,E,F)$$

投资于长期债券(2009年以后)的要求

$$x_A + x_B + x_E + x_F \geqslant 5\,000$$

投资等级的限制

$$x_C + x_D \leqslant 3\,000$$

投资金额不能为负的要求

$$x_A, x_B, x_C, x_D, x_E, x_F \geqslant 0$$

最后,给出债券投资计划完整的线性规划模型

$$\max P = 0.085x_A + 0.09x_B + 0.1x_C + 0.095x_D + 0.085x_E + 0.09x_F$$

$$\text{s.t.}\begin{cases} x_A + x_B + x_C + x_D + x_E + x_F = 10\,000 \\ x_A \leqslant 2\,500 \\ x_B \leqslant 2\,500 \\ x_C \leqslant 2\,500 \\ x_D \leqslant 2\,500 \\ x_E \leqslant 2\,500 \\ x_F \leqslant 2\,500 \\ x_A + x_B + x_E + x_F \geqslant 5\,000 \\ x_C + x_D \leqslant 3\,000 \\ x_A, x_B, x_C, x_D, x_E, x_F \geqslant 0 \end{cases}$$

例 4.5.7 (最佳广告投放方案)企业的市场部门可以利用线性规划合理规划企业在各种媒体,比如,电视、广告、电台、路边广告牌和杂志等媒体上的最佳广告投放方案.例如,强力体育用品厂生产网球拍、高尔夫球用具等高档体育用品.企业的市场部正在规划本年度广告投放方案,年度广告总预算是100万元人民币,选择《大众体育》《体育世界》和《人民体育》

3种杂志作为广告投放对象,广告投放形式是1/4广告杂志页.投放在《体育世界》的广告不能超过5次,但至少在《大众体育》和《人民体育》杂志上刊登两次以上.统计数据表明,各种杂志的广告效果与投放量和有效顾客群相关.假设3种杂志的基本数据如表4.5.6所示.

表4.5.6 数据表

	《大众体育》	《体育世界》	《人民体育》
读者数量(百万人)	1 000	600	400
有效顾客	10%	15%	7%
广告价格(万元)	10	5	6
广告效果	100	90	28

为了构造广告投放计划的线性规划模型,首先需要定义决策变量.在本例中,决策变量是投放在每本杂志中1/4广告页的数量:

x_1 = 投放在《大众体育》杂志中1/4广告页的数量;

x_2 = 投放在《体育世界》杂志中1/4广告页的数量;

x_3 = 投放在《人民体育》杂志中1/4广告页的数量.

然后,确定广告投放计划线性规划模型的目标函数.显然,市场部的目标是取得最大的广告效果,根据表中最后一行,那么,广告投放计划的目标函数为

$$P = x_1 + 0.9x_2 + 0.28x_3$$

最后,确定广告投放计划线性规划模型的约束条件共有两类约束:一类是广告预算约束,另一类是投放次数约束.投放在《体育世界》上的广告次数不能超过5次:

$$x_2 \leqslant 5$$

即至少需要在《大众体育》和《人民体育》杂志上刊登两次以上:

$$x_1 \geqslant 2, \quad x_3 \geqslant 2$$

投放次数不能为负:

$$x_1, x_2, x_3 \geqslant 0$$

最后,给出广告投放计划完整的线性规划模型:

$$\max P = x_1 + 0.9x_2 + 0.28x_3$$

$$\text{s.t.} \begin{cases} 10x_1 + 5x_2 + 6x_3 \leqslant 100 \\ x_1 \geqslant 2 \\ x_2 \leqslant 5 \\ x_3 \geqslant 2 \\ x_1, x_2, x_3 \geqslant 0 \end{cases}$$

对于更加接近实际的线性规划问题,它所含的变量个数和约束条件个数通常很多,有关数据也十分复杂.如果仍然采用单纯形法来进行求解会十分繁琐.在掌握了以上建模方法的基础上,读者可以参考"实践·创新"中的内容利用MATLAB软件求解这些问题,将会起到事半功倍的效果.

本章学习基本要求

(1) 理解线性规划问题、可行解、基解、可行基、最优解的概念，掌握将一般线性规划问题化为标准形式的方法.

(2) 理解线性规划问题中可行域、唯一最优解、无穷最优解、无界解、无可行解的概念，掌握图解法求解两个变量线性规划问题的方法.

(3) 了解单纯形法的构建原理，理解初始基可行解、基变量、换入变量、换出变量、检验数等概念，掌握单纯形法(包括大 M 法和两阶段法)的计算步骤.

(4) 了解线性规划问题在经济方面的应用.

习　题　4

A组

1. 将下列线性规划问题化为标准形：

(1) $\min z=-3x_1+4x_2-2x_3+5x_4$

$$\text{s.t.}\begin{cases}4x_1-x_2+2x_3-x_4=-2\\x_1+x_2-x_3+2x_4\leqslant 14\\-2x_1+3x_2+x_3-x_4\geqslant 2\\x_1,x_2,x_3\geqslant 0,x_4\text{ 无约束}\end{cases};$$

(2) $\min z=2x_1-2x_2+3x_3$

$$\text{s.t.}\begin{cases}-x_1+x_2+x_3=4\\-2x_1+x_2-x_3\leqslant 6\\x_1\leqslant 0,x_2\geqslant 0,x_3\text{ 无约束}\end{cases};$$

(3) $\min z=x_1+2x_2+3x_3$

$$\text{s.t.}\begin{cases}-2x_1+x_2+x_3\leqslant 9\\-3x_1+x_2+2x_3\geqslant 4\\4x_1-2x_2-3x_3=-6\\x_1\leqslant 0,x_2\geqslant 0,x_3\text{ 无约束}\end{cases};$$

(4) $\min z=-3x_1+4x_2-2x_3+5x_4$

$$\text{s.t.}\begin{cases}4x_1-x_2+2x_3-x_4=-2\\x_1+x_2+3x_3-x_4\leqslant 14\\-2x_1+3x_2-x_3+2x_4\geqslant 2\\x_1,x_2,x_3\geqslant 0\end{cases}.$$

2. 用图解法求解下列线性规划问题.并指出问题具有唯一最优解、无穷多最优解、无界解还是无可行解.

(1) $\max z=50x_1+30x_2$

$$\text{s.t.}\begin{cases}4x_1+3x_2\leqslant 120\\2x_1+x_2\leqslant 50\\x_1,x_2\geqslant 0\end{cases};$$

(2) $\max z=x_1+x_2$

$$\text{s.t.}\begin{cases}x_1+2x_2\leqslant 4\\x_1-2x_2\geqslant 5\\x_1,x_2\geqslant 0\end{cases};$$

(3) $\max z=2x_1+x_2$

$$\text{s.t.}\begin{cases}x_1+x_2\geqslant 2\\x_1-2x_2\leqslant 0\\x_1,x_2\geqslant 0\end{cases};$$

(4) $\max z=40x_1+30x_2$

$$\text{s.t.}\begin{cases}4x_1+3x_2\leqslant 120\\2x_1+x_2\leqslant 50\\x_1,x_2\geqslant 0\end{cases};$$

(5) $\min z=2x_1+3x_2$

(6) $\max z=3x_1+2x_2$

$$\text{s.t.}\begin{cases}4x_1+6x_2\geqslant 6\\2x_1+2x_2\geqslant 4;\\x_1,x_2\geqslant 0\end{cases}$$

$$\text{s.t.}\begin{cases}2x_1+x_2\leqslant 2\\3x_1+4x_2\geqslant 12;\\x_1,x_2\geqslant 0\end{cases}$$

(7) $\max z=x_1+x_2$

$$\text{s.t.}\begin{cases}6x_1+10x_2\leqslant 120\\5\leqslant x_1\leqslant 10\\5\leqslant x_2\leqslant 8\end{cases};$$

(8) $\max z=5x_1+6x_2$

$$\text{s.t.}\begin{cases}2x_1-x_2\geqslant 2\\-2x_1+3x_2\leqslant 2.\\x_1,x_2\geqslant 0\end{cases}$$

3. 用单纯形法求解下列线性规划问题的最优解：

(1) $\max z=5x_1+2x_2$

$$\text{s.t.}\begin{cases}30x_1+20x_2\leqslant 160\\5x_1+x_2\leqslant 15\\x_1\leqslant 4\\x_1\geqslant 0,x_2\geqslant 0\end{cases};$$

(2) $\max z=2x_1+x_2$

$$\text{s.t.}\begin{cases}5x_2\leqslant 15\\6x_1+2x_2\leqslant 24\\x_1+x_2\leqslant 5\\x_1\geqslant 0,x_2\geqslant 0\end{cases};$$

(3) $\max z=x_1+x_2$

$$\text{s.t.}\begin{cases}x_1-2x_2\leqslant 2\\-2x_1+x_2\leqslant 2\\-x_1+x_2\leqslant 4\\x_1\geqslant 0,x_2\geqslant 0\end{cases};$$

(4) $\max z=2x_1+4x_2$

$$\text{s.t.}\begin{cases}x_1+2x_2\leqslant 8\\x_1\leqslant 4\\x_2\leqslant 3\\x_1\geqslant 0,x_2\geqslant 0\end{cases};$$

(5) $\max z=3x_1+5x_2$

$$\text{s.t.}\begin{cases}x_1\leqslant 4\\2x_2\leqslant 12\\3x_1+2x_2\leqslant 18\\x_1\geqslant 0,x_2\geqslant 0\end{cases};$$

(6) $\max z=2x_1+x_2-3x_3+5x_4$

$$\text{s.t.}\begin{cases}x_1+7x_2+3x_3+7x_4\leqslant 46\\3x_1-x_2+x_3+2x_4\leqslant 8\\2x_1+3x_2-x_3+x_4\leqslant 10\\x_j\geqslant 0\quad (j=1,2,3,4)\end{cases};$$

(7) $\min z=-2x_2+5x_4+x_6$

$$\text{s.t.}\begin{cases}x_1-2x_2+x_4+x_5=2\\-3x_2+4x_4+2x_5+x_6=4\\x_2+x_3+2x_4-3x_5=3\\x_j\geqslant 0\quad (j=1,2,3,4,5,6)\end{cases};$$

(8) $\max z=3x_1+x_2$

$$\text{s.t.}\begin{cases}x_1+x_2+x_3=4\\-x_1+x_2+x_4=2\\6x_1+2x_2+x_5=18\\x_j\geqslant 0\quad (j=1,2,3,4,5)\end{cases}.$$

4. 如表4.1所示，某家具厂有方木料900 m^3、五合板600 m^2，准备加工成书桌和书橱出售，已知生产每张书桌要用方木料0.1 m^3、五合板2 m^2，生产每个书橱要用方木料0.2 m^3、五合板1 m^2，出售一张书桌可获利润80元，出售一个书橱可获利润120元，如果只安排生产书桌，可获利多少？如果只安排生产书橱，可获利多少？怎样安排生产可使所得利润最大？

表4.1 消耗表

产品材料消耗量	书桌(张)	书橱(张)	材料限额
方木料(m^3)	0.1	0.2	900
五合板(m^2)	2	1	600

5. 分别用单纯形法中的大 M 法和两阶段法求解下列线性规划问题，并指出属哪一

类解.

(1) $\max z = 3x_1 - x_2 + 2x_3$

$$\text{s.t.}\begin{cases} x_1 + x_2 + x_3 \geqslant 6 \\ -2x_1 + x_3 \geqslant 2 \\ 2x_2 - x_3 = 0 \\ x_j \geqslant 0 \quad (j=1,2,3) \end{cases};$$

(2) $\min z = 2x_1 + 3x_2 + x_3$

$$\text{s.t.}\begin{cases} x_1 + 4x_2 + 2x_3 \geqslant 8 \\ 3x_1 + 2x_2 \geqslant 6 \\ x_1, x_2 \geqslant 0 \end{cases};$$

(3) $\max z = 4x_1 + x_2$

$$\text{s.t.}\begin{cases} 3x_1 + x_2 = 3 \\ 4x_1 + 3x_2 - x_3 = 6 \\ x_1 + 2x_2 + x_4 = 4 \\ x_j \geqslant 0 \quad (j=1,2,3,4) \end{cases};$$

(4) $\max z = 10x_1 + 15x_2 + 12x_3$

$$\text{s.t.}\begin{cases} 5x_1 + 3x_2 + x_3 \leqslant 9 \\ -5x_1 + 6x_2 + 15x_3 \leqslant 15 \\ 2x_1 + x_2 + x_3 \geqslant 5 \\ x_j \geqslant 0 \quad (j=1,2,3) \end{cases};$$

(5) $\max z = -3x_1 - 2x_2$

$$\text{s.t.}\begin{cases} 2x_1 + x_2 \leqslant 2 \\ 3x_1 + 4x_2 \geqslant 12. \\ x_1, x_2 \geqslant 0 \end{cases}$$

6. 某饲养场饲养动物出售,设每头动物每天至少需 700 g 蛋白质、30 g 矿物质、100 mg 维生素.现有五种饲料可供选用,各种饲料每千克营养成分含量及单价如表 4.2 所示.

表 4.2　营养成分含量及单价表

饲料	蛋白质(g)	矿物质(g)	维生素(mg)	价格(元/kg)
1	3	1	0.5	0.2
2	2	0.5	1.0	0.7
3	1	0.2	0.2	0.4
4	6	2	2	0.3
5	18	0.5	0.8	0.8

要求确定既满足动物生长的营养需要,又使费用最省的选用饲料的方案(建立这个问题的线性规划模型,并求解).

7. 某工厂要做 100 套钢架,每套用长为 2.9 m、2.1 m、1.5 m 的圆钢各一根.已知原坯料每根长 7.4 m.如何下料,可使所用原材料最省?

B组

1. 某医院护士值班班次、每班工作时间及各班所需护士数如表 4.3 所示.

表 4.3　排班和人数表

班次	工作时间	所需护士数(人)
1	6:00～10:00	60
2	10:00～14:00	70
3	14:00～18:00	60
4	18:00～22:00	50
5	22:00～2:00	20
6	2:00～6:00	30

(1) 若护士上班后连续工作 8 h,该医院最少需多少名护士,以满足轮班需要?

(2) 若除 22:00 上班的护士连续工作 8 h 外(取消第 6 班),其他班次护士由医院排定上 1～4 班的其中两个班,则该医院又需多少名护士满足轮班需要?

2. 某工厂要生产两种新产品:门和窗.经测算,每生产一扇门需要在车间 1 加工 1 小时、在车间 3 加工 3 小时;每生产一扇窗需要在车间 2 和车间 3 加工 2 小时.而车间 1 每周可用于生产这两种新产品的时间为 4 小时、车间 2 为 12 小时、车间 3 为 18 小时.又知每生产一扇门需要钢材 5 kg,每生产一扇窗需要钢材 3 kg,该厂现可为这批新产品提供钢材 45 kg.每扇门的利润为 300 元,每扇窗的利润为 500 元.而且根据市场调查得到的这两种新产品的市场需求状况可以确定,按当前的定价可确保所有新产品都能销售出去.问该工厂如何安排这两种新产品的生产计划,可使总利润为最大(* 用到"灵敏度分析"知识点)?

(1) 建立本问题的线性规划数学模型;

(2) 用图解法求解;

(3)* 若门的利润不变,求出窗的利润在什么区间变化可使该计划不变;

(4)* 若窗的利润不变,求出门的利润在什么区间变化可使该计划不变;

(5) 若门的利润由当前的每扇 300 元涨到每扇 500 元,窗的利润不变,求出新的最优解和最优值;

(6) 若窗的利润由当前的每扇 500 元降到每扇 300 元,门的利润不变,求出新的最优解和最优值;

(7) 若门的利润由当前的每扇 300 元涨到每扇 650 元,窗的利润由当前的每扇 500 元降到每扇 150 元,求出新的最优解和最优值;

(8) 若门的利润由当前的每扇 300 元降到每扇 200 元,窗的利润由当前的每扇 500 元涨到每扇 550 元,求出新的最优解和最优值.

3. 某工厂生产甲、乙两种产品,分别经过 A,B,C 三种设备加工.已知生产单位产品所需要的台时数、设备的现有加工能力及每件产品的利润情况如表 4.4 所示(* 用到"灵敏度分析"知识点).

表 4.4　设备能力及利润表

项目	甲	乙	设备能力(台时)
A	1	1	120
B	10	4	640
C	4	2	260
单位产品利润(元)	10	6	

(1) 建立线性规划数学模型,用以制定该厂获得利润最大的生产计划;

(2) 用图解法求解该数学模型;

(3)* 在本模型中,哪些约束条件起到了作用?

(4)* 产品甲的利润在多大范围内变化时,原最优计划保持不变?

(5) 产品甲的利润由现在的 10 元/件再增加 3 元,产品乙由现在的 6 元再减少 3 元,原最优计划是否需要改变?

(6) 设备 A 的台时数再增加 50,设备 B 的台时数再减少 50,原三个约束条件的对偶价格是否发生改变,为什么?

4. 美佳公司计划制造甲,乙两种家电产品.但因财力、物力等原因,资源有限,已知制造一个家电产品分别占用的设备 A,B 的台时、调试时间、调试工序及每天可用于这两种家电的能力、各售出一件的获利情况如表 4.5 所示.问该公司应制造两种家电各多少件,可使获取的利润为最大?

表 4.5 产品有关数据表

项目	甲	乙	每天可用能力
设备 A(h)	0	5	15
设备 B(h)	6	2	24
调试工序(h)	1	1	5
利润(元)	2	1	

实践·创新

【目的要求】 掌握利用 MATLAB 求解线性规划问题的方法.

例 1 求解线性规划问题

$$\max f = -2x_1 - x_2 + 3x_3 - 5x_4$$

$$\text{s.t.}\begin{cases} x_1 + 2x_2 + 4x_3 - x_4 \leqslant 6 \\ 2x_1 + 3x_2 - x_3 + x_4 \leqslant 12 \\ x_1 + x_3 + x_4 \leqslant 4 \\ x_1, x_2, x_3, x_4 \geqslant 0 \end{cases}$$

解 输入语句

```
f=[-2,-1,3,-5];
A=[1,2,4,-1;2,3,-1,1;1,0,1,1];
b=[6,12,4];
lb=[0,0,0,0];
[x,fval]=linprog(f,A,b,[],[],lb)
```

得到结果

```
Optimization terminated.
x=
      1/337028658
      8/3
      1/871002455
      4
fval=
      -68/3
```

例 2　求解线性规划问题

$$\max f = 60x_1 + 30x_2$$

$$\text{s.t.}\begin{cases} 2x_1 + 4x_2 \leqslant 9600 \\ 3x_1 + \ \ x_2 \leqslant 4650 \\ 2x_1 \qquad\ \ \leqslant 2400 \\ 0 \leqslant x_2 \leqslant 2000 \\ \ x_1 \qquad\ \ \geqslant 0 \end{cases}$$

解　首先目标函数改写为 $\min(-f) = -60x_1 - 30x_2$，然后输入语句

```
f=[-60,-30];
A=[2 4;3 1];
b=[9600;4650];
lb=[0 0];
ub=[1200 2000];
Aeq=[ ];
beq=[ ];
[x,fval]=linprog(f,A,b,Aeq,beq,lb,ub)
```

得到结果

```
Optimization terminated.
x=
         900
        1950
fval=
     -112500
```

自主·探究

【目的要求】　在理论学习和实践创新的基础上，进一步探究线性规划问题及其应用.

(1) 利用所学线性规划知识解决实际生活中遇到的一些问题，如资源分配问题、成本收益平衡问题、网络配送问题.

(2) 研究线性规划问题中涉及的参数线性规划问题、灵敏度分析问题.

参考答案

习 题 1

A组

1. (1) $\begin{pmatrix}3&0\\0&6\end{pmatrix}$；(2) $a=3,b=0,c=0,d=6$.

2. $\begin{pmatrix}12&10&8&6\\4&0&7&2\\2&0&3&5\end{pmatrix}$；$\begin{pmatrix}32&27&22&17\\12&1&16&4\\4&-3&8&15\end{pmatrix}$.

3. (1) (10)；(2) $\begin{pmatrix}5\\-3\\-1\end{pmatrix}$；(3) $\begin{pmatrix}6&-7&8\\20&-5&-6\end{pmatrix}$；

(4) $a_{11}x_1^2+a_{22}x_2^2+a_{33}x_3^2+(a_{12}+a_{21})x_1x_2+(a_{13}+a_{31})x_1x_3+(a_{23}+a_{32})x_2x_3$；

(5) $\begin{pmatrix}1&2&5&2\\0&1&2&-4\\0&0&-4&3\\0&0&0&-9\end{pmatrix}$.

4. $(\boldsymbol{AB})^{\mathrm{T}}=\boldsymbol{B}^{\mathrm{T}}\boldsymbol{A}^{\mathrm{T}}=\begin{pmatrix}2&3\\1&4\\-1&0\end{pmatrix}=\begin{pmatrix}5&6&0\\0&8&5\\-4&0&3\end{pmatrix}$；

$\boldsymbol{A}^{\mathrm{T}}\boldsymbol{B}^{\mathrm{T}}=\begin{pmatrix}4&0&-3\\-1&2&2\end{pmatrix}\begin{pmatrix}2&3\\1&4\\-1&0\end{pmatrix}=\begin{pmatrix}11&12\\-2&5\end{pmatrix}$.

5. (1) $\begin{pmatrix}1&0&\frac{1}{2}&1\\0&1&1&1\\0&0&0&0\end{pmatrix}$；(2) $\begin{pmatrix}1&0&2&0&-2\\0&1&-1&0&3\\0&0&0&1&4\\0&0&0&0&0\end{pmatrix}$.

6. (1) $R=1$；(2) $R=3$；(3) $R=2$；(4) $R=3$.

7. $\boldsymbol{A}^{-1}=\frac{1}{2}(\boldsymbol{A}-\boldsymbol{E})$；

$(\boldsymbol{A}+2\boldsymbol{E})^{-1}=\frac{1}{4}(-\boldsymbol{A}+3\boldsymbol{E})$.

8. (1) $\begin{pmatrix} 2 & -1 & -1 \\ 3 & -1 & -2 \\ -1 & 1 & 1 \end{pmatrix}$; (2) $\dfrac{1}{4}\begin{pmatrix} -2 & 1 & 3 \\ -6 & 3 & 5 \\ 2 & 1 & -1 \end{pmatrix}$; (3) $\begin{pmatrix} 1 & 1 & -2 & -4 \\ 0 & 1 & 0 & -1 \\ -1 & -1 & 3 & 6 \\ 2 & 1 & -6 & -10 \end{pmatrix}$.

9. (1),(2),(3),(4)都是初等矩阵;(5) 不是初等矩阵.

10. (1) $\begin{pmatrix} 2 & -23 \\ 0 & 8 \end{pmatrix}$; (2) $\begin{pmatrix} -7 & -2 & 9 \\ 5 & 1 & -5 \end{pmatrix}$; (3) $\begin{pmatrix} -2 & 2 & 1 \\ -\dfrac{8}{3} & 5 & -\dfrac{2}{3} \end{pmatrix}$; (4) $\begin{pmatrix} 1 & 1 \\ \dfrac{1}{4} & 0 \end{pmatrix}$.

11. $\begin{pmatrix} 3 & -1 \\ 2 & 0 \\ 1 & -1 \end{pmatrix}$.

12. (1) $\begin{cases} x_1 = 1 \\ x_2 = 2 \\ x_3 = 1 \end{cases}$; (2) 无解; (3) $\begin{cases} x_1 = \dfrac{1}{2} + c_1 \\ x_2 = c_1 \\ x_3 = \dfrac{1}{2} + c_2 \\ x_4 = c_2 \end{cases}$ (c_1, c_2 为任意常数);

(4) $\begin{cases} x_1 = 0 \\ x_2 = 0 \\ x_3 = 0 \\ x_4 = 0 \end{cases}$; (5) $\begin{cases} x_1 = 0 \\ x_2 = 0 \\ x_3 = 0 \end{cases}$; (6) $\begin{cases} x_1 = \dfrac{5}{6}c \\ x_2 = \dfrac{7}{6}c \\ x_3 = \dfrac{1}{3}c \\ x_4 = \dfrac{1}{3}c \\ x_5 = c \end{cases}$ (c 为任意常数);

13. (1) 当 $a = 1$ 时,有无穷多个解 $\begin{cases} x_1 = 1 - c_1 - c_2 \\ x_2 = c_1 \\ x_3 = c_2 \end{cases}$ (c_1, c_2 为任意常数);

当 $a \neq 1$ 且 $a \neq -2$ 时,有唯一解 $\begin{cases} x_1 = -\dfrac{1+a}{2+a} \\ x_2 = \dfrac{1}{2+a} \\ x_3 = \dfrac{(1+a)^2}{2+a} \end{cases}$;

当 $a = -2$ 时,方程组无解;

(2) 当 $a \neq 1$ 时,方程组有唯一解 $\begin{cases} x_1 = -1 \\ x_2 = a + 2 \\ x_3 = -1 \end{cases}$;

当 $a = 1$ 时,方程组有无穷多解 $\begin{cases} x_1 = 1 - c_1 - c_2 \\ x_2 = c_1 \\ x_3 = c_2 \end{cases}$ (c_1, c_2 为任意常数);

(3) 当 $a=5$ 时,有无穷多解 $\begin{cases} x_1=\frac{4}{5}-\frac{1}{5}c_1-\frac{6}{5}c_2 \\ x_2=\frac{3}{5}+\frac{3}{5}c_1-\frac{7}{5}c_2 \\ x_3=c_1 \\ x_4=c_2 \end{cases}$ (c_1,c_2 为任意常数);

(4) $a=1,b=3$,有无穷多解 $\begin{cases} x_1=-2+c_1+c_2+5c_3 \\ x_2=3-2c_1-2c_2-6c_3 \end{cases}$ (c_1,c_2,c_3 为任意常数);

(5) 当 $a\neq1$ 或 $b\neq-1$ 时,方程组无解;

当 $a=1$ 且 $b=-1$ 时,方程组有无穷多解 $\begin{cases} x_1=-4c_2 \\ x_2=1+c_1+c_2 \\ x_3=c_1 \\ c_4=c_2 \end{cases}$ (c_1,c_2 为任意常数);

(6) 当 $b\neq-2$ 时,方程组无解;当 $b=-2$ 时,方程组有解;

(a) 若 $a=-8$,方程组有解 $\begin{cases} x_1=-1+4c_1-c_2 \\ x_2=1-2c_1-2c_2 \end{cases}$ (c_1,c_2 为任意常数);

(b)若 $a\neq-8$,方程组有解 $\begin{cases} x_1=-1-c \\ x_2=1-2c \\ x_3=0 \end{cases}$ (c 为任意常数).

14. (1)当 $k_1\neq2$ 时,$R(\boldsymbol{A})=R(\boldsymbol{B})$,方程组有唯一解;

(2) 当 $k_1=2$ 且 $k_2\neq1$ 时,$3=R(\boldsymbol{A})$,$R(\boldsymbol{B})=4$,原方程组无解;

(3) 当 $k_1=2$ 且 $k_2=1$ 时,$R(\boldsymbol{A})=R(\boldsymbol{B})=3$,故方程组有无穷多解 $\begin{cases} x_1=-8 \\ x_2=3-2c \\ x_3=c \\ x_4=2 \end{cases}$ (c 为任意常数).

15. $\boldsymbol{AB}=\begin{pmatrix} 9 & 14 & 2 & 1 \\ 15 & 23 & 3 & 4 \\ -4 & -5 & -1 & 0 \\ 0 & -2 & 0 & -1 \end{pmatrix}$.

16. $\begin{pmatrix} 1 & -2 & 0 & 0 \\ -2 & 5 & 0 & 0 \\ 0 & 0 & 2 & -3 \\ 0 & 0 & -5 & 8 \end{pmatrix}$.

B组

1. (1) $\begin{pmatrix} 2 & 4 & 2 \\ 4 & 0 & 0 \\ 0 & 2 & 4 \end{pmatrix}$;(2) $\begin{pmatrix} 4 & 4 & 0 \\ 5 & -3 & -1 \\ -3 & 1 & -1 \end{pmatrix}$;(3) 略.

2. $\begin{pmatrix} 3 & -2 & 2 \\ -1 & 3 & -3 \\ -3 & 4 & -2 \end{pmatrix}$.

3．略.

4．略.

5．$\begin{pmatrix}2&0&1\\0&3&0\\1&0&2\end{pmatrix}$.

6．$\begin{pmatrix}1\,365&1\,364\\-341&-340\end{pmatrix}$.

7．(1) $k=1$；(2) $k=-2$；(3) $k\neq1$ 且 $k\neq-2$.

8．$a=2$ 时，公共解为 $\boldsymbol{x}=\begin{pmatrix}0\\1\\-1\end{pmatrix}$；$a=1$ 时，公共解为 $\boldsymbol{x}=c\begin{pmatrix}1\\0\\-1\end{pmatrix}$（$c$ 为任意常数）.

9．(1) $\boldsymbol{A}^{-1}=\begin{pmatrix}\boldsymbol{A}_1^{-1}&\\&\boldsymbol{A}_2^{-1}\end{pmatrix}=\begin{pmatrix}4&-\frac{3}{2}&0&0&0\\-1&\frac{1}{2}&0&0&0\\0&0&-\frac{1}{6}&-\frac{1}{6}&\frac{1}{2}\\0&0&-\frac{2}{3}&\frac{1}{3}&0\\0&0&\frac{7}{6}&\frac{1}{6}&-\frac{1}{2}\end{pmatrix}$；

(2) $\boldsymbol{A}^{-1}=\begin{pmatrix}\frac{1}{2}&0&-\frac{1}{2}&0&-1\\0&\frac{1}{2}&0&-\frac{1}{2}&-\frac{3}{2}\\0&0&1&0&0\\0&0&0&1&0\\0&0&0&0&1\end{pmatrix}$.

习　题　2

A 组

1．(1) $(23,18,17)^{\mathrm{T}}$；(2) $(12,12,11)^{\mathrm{T}}$；(3) $\left(-7,-4,-\frac{1}{2}\right)^{\mathrm{T}}$；

(4) $(2,4,3)^{\mathrm{T}}$.

2．(1) $\boldsymbol{\beta}=-11\boldsymbol{\alpha}_1+14\boldsymbol{\alpha}_2+9\boldsymbol{\alpha}_3$；

(2) $\boldsymbol{\beta}=2\boldsymbol{\varepsilon}_1-\boldsymbol{\varepsilon}_2+5\boldsymbol{\varepsilon}_3+\boldsymbol{\varepsilon}_4$.

3．$\boldsymbol{\gamma}_1=4\boldsymbol{\alpha}_1+4\boldsymbol{\alpha}_2-17\boldsymbol{\alpha}_3$；$\boldsymbol{\gamma}_2=23\boldsymbol{\alpha}_2-7\boldsymbol{\alpha}_3$.

4．略.

5．(1) 线性相关；

(2) 线性无关；

(3) $t=1$ 时，线性相关；$t\neq1$ 时，线性无关；

(4) $t=5$ 时,线性相关;$t\neq 5$ 时,线性无关.

6. $\boldsymbol{A\alpha}=(a,2a+3,3a+4)^{\mathrm{T}}$ 与 $\boldsymbol{\alpha}=(a,1,1)^{\mathrm{T}}$ 线性相关,故 $2a+3=3a+4=1$,$a=-1$.

7. (1) 当 $a=-4$ 时,$\boldsymbol{\alpha}_1,\boldsymbol{\alpha}_2$ 线性相关;当 $a\neq 4$ 时,$\boldsymbol{\alpha}_1,\boldsymbol{\alpha}_2$ 线性无关;

(2) 当 $a=-4$ 或 $a=\dfrac{3}{2}$时,$\boldsymbol{\alpha}_1,\boldsymbol{\alpha}_2,\boldsymbol{\alpha}_3$ 线性相关;当 $a\neq 4$ 且 $a\neq\dfrac{3}{2}$时,$\boldsymbol{\alpha}_2,\boldsymbol{\alpha}_3$ 线性无关;

(3) 对任意的 a,$\boldsymbol{\alpha}_1,\boldsymbol{\alpha}_2,\boldsymbol{\alpha}_3,\boldsymbol{\alpha}_4$ 线性相关.

8. (1) 秩为 2;$\boldsymbol{\alpha}_1,\boldsymbol{\alpha}_2$ 为极大无关组;$\boldsymbol{\alpha}_3=\dfrac{3}{2}\boldsymbol{\alpha}_1-\dfrac{7}{2}\boldsymbol{\alpha}_2$,$\boldsymbol{\alpha}_4=\boldsymbol{\alpha}_1+2\boldsymbol{\alpha}_2$;

(2) 秩为 2,$\boldsymbol{\alpha}_1,\boldsymbol{\alpha}_2$ 为极大无关组;$\boldsymbol{\alpha}_3=2\boldsymbol{\alpha}_1-\boldsymbol{\alpha}_2$,$\boldsymbol{\alpha}_4=\boldsymbol{\alpha}_1+3\boldsymbol{\alpha}_2$,$\boldsymbol{\alpha}_5=-2\boldsymbol{\alpha}_1-\boldsymbol{\alpha}_2$.

9. (1) $\boldsymbol{\xi}=(0,2,1,0)^{\mathrm{T}}$;

(2) $\boldsymbol{\xi}_1=\left(-\dfrac{1}{9},\dfrac{8}{3},1,0\right)^{\mathrm{T}}$,$\boldsymbol{\xi}_2=\left(\dfrac{2}{9},\dfrac{7}{3},0,1\right)^{\mathrm{T}}$;

(3) $\boldsymbol{\xi}_1=\left(-\dfrac{1}{2},-\dfrac{1}{2},-\dfrac{1}{2},1,0\right)^{\mathrm{T}}$,$\boldsymbol{\xi}_2=\left(\dfrac{7}{8},\dfrac{5}{8},-\dfrac{5}{8},0,1\right)^{\mathrm{T}}$;

(4) $\boldsymbol{\xi}=(0,0,0,1,1)^{\mathrm{T}}$;

(5) $\boldsymbol{\xi}=(15,24,-4,2)^{\mathrm{T}}$;

(6) $\boldsymbol{\xi}=(0,0,2,1)^{\mathrm{T}}$.

10. 略.

11. 略.

12. 各产业的最终产品的价值为$\begin{cases}y_1=560\\y_2=820\\y_3=760\\y_4=450\end{cases}$,各部门新创造的价值为$\begin{cases}z_1=850\\z_2=480\\z_3=660\\z_4=600\end{cases}$.

13. 直接消耗系数矩阵 $\boldsymbol{A}=\begin{pmatrix}0.25&0.10&0.10\\0.20&0.20&0.10\\0.10&0.10&0.20\end{pmatrix}$.

14. (1) 直接消耗系数矩阵 $\boldsymbol{A}=\begin{pmatrix}0.4&0.1&0.2\\0.1&0.4&0.1\\0.1&0.1&0.3\end{pmatrix}$;

(2) 各部门在计划内总产出的预测值为 $x_1=100$,$x_2=200$,$x_3=100$.

B 组

1. (1)当 $a=0$,b 为任意常数时;

(2) 当 $a\neq 0$ 且 $a\neq b$ 时,$\boldsymbol{\beta}=\left(1-\dfrac{1}{a}\right)\boldsymbol{\alpha}_1+\dfrac{1}{a}\boldsymbol{\alpha}_2$;

(3) 当 $a=b\neq 0$ 时,其表达式为 $\boldsymbol{\beta}=\left(1-\dfrac{1}{a}\right)\boldsymbol{\alpha}_1+\left(\dfrac{1}{a}+c\right)\boldsymbol{\alpha}_2+c\boldsymbol{\alpha}_3$($c$ 为任意常数).

2. (1) $a\neq -4$;

(2) $a=-4$ 且 $3b-c\neq 1$;

(3) $a=-4$ 且 $3b-c=1$.

3. 当 $a=0$ 或 $a=-10$ 时,$\boldsymbol{\alpha}_1,\boldsymbol{\alpha}_2,\boldsymbol{\alpha}_3,\boldsymbol{\alpha}_4$ 线性相关;

当 $a=0$ 时，$\boldsymbol{\alpha}_1,\boldsymbol{\alpha}_2,\boldsymbol{\alpha}_3,\boldsymbol{\alpha}_4$ 的一个极大线性无关组，且 $\boldsymbol{\alpha}_2=2\boldsymbol{\alpha}_1,\boldsymbol{\alpha}_3=3\boldsymbol{\alpha}_1,\boldsymbol{\alpha}_4=4\boldsymbol{\alpha}_1$. 当 $a=-10$时，$\boldsymbol{\alpha}_2,\boldsymbol{\alpha}_3,\boldsymbol{\alpha}_4$ 为 $\boldsymbol{\alpha}_1,\boldsymbol{\alpha}_2,\boldsymbol{\alpha}_3,\boldsymbol{\alpha}_4$ 的极大线性无关组，且 $\boldsymbol{\alpha}_4=-\boldsymbol{\alpha}_1-\boldsymbol{\alpha}_2-\boldsymbol{\alpha}_3$.

4. 略.

5. $a=2,b=1,c=2$.

6. $a=-1,b=0$. $\boldsymbol{C}=\begin{pmatrix}k_1+k_2+1 & -k_1\\ k_1 & k_2\end{pmatrix}$.

习　题　3

A组

1. (1) 18; (2) 5; (3) -4; (4) 0; (5) $(b-a)(c-a)(c-b)$; (6) $-2(x^3+y^3)$.

2. (1) $x_1=0,x_2=2$;　(2) $x_1=1,x_2=3$;
   (3) $x_1=-5,x_2=2,x_3=3$;　(4) $x_1=0,x_2=2$.

3. (1) 4; (2) 7; (3) $\frac{3}{2}n^2-\frac{n}{2}$; (4) $\frac{n(n-1)}{2}$.

4. (1) 正; (2) 负; (3) 负; (4) 正;
(5) 当$\begin{cases}i=3\\j=4\end{cases}$时，取负号；当$\begin{cases}i=4\\j=3\end{cases}$时，取正号；
(6) 当$\begin{cases}i=2\\j=5\end{cases}$时，取正号；当$\begin{cases}i=5\\j=2\end{cases}$时，取负号.

5. (1) -1; (2) $(-1)^{n-1}n!$; (3) -1; (4) 0.

6. 略.

7. -12.

8. 3.

9. (1) 8; (2) 1; (3) 160; (4) -153; (5) 40; (6) -62.

10. (1) -92; (2) -48; (3) 900; (4) 483; (5) 72; (6) -72.

11. (1) -32; (2) 64.

12. (1) $[\boldsymbol{\alpha},\boldsymbol{\beta}]=(-1)\times4+0\times(-2)+3\times0+(-5)\times1=-9$;
(2) $[\boldsymbol{\alpha},\boldsymbol{\beta}]=\left(-\frac{\sqrt{3}}{2}\right)\times\left(\frac{\sqrt{3}}{2}\right)+(-2)\times\left(-\frac{1}{3}\right)+\sqrt{3}\times\frac{\sqrt{3}}{4}+\frac{2}{3}\times(-1)=0$.

13. $k=-1$.

14. $\boldsymbol{\alpha}_2=\begin{pmatrix}1\\0\\-1\end{pmatrix}$; $\boldsymbol{\alpha}_2=\begin{pmatrix}-\frac{1}{2}\\1\\-\frac{1}{2}\end{pmatrix}$.

15. (1) $\left(\frac{1}{2},-\frac{1}{2},-\frac{1}{2},\frac{1}{2}\right)$; (2) $\left(\frac{5}{\sqrt{30}},\frac{1}{\sqrt{30}},\frac{-2}{\sqrt{30}},0\right)$.

16. $\boldsymbol{\alpha}_3=\begin{pmatrix}1\\-1\\0\end{pmatrix}$.

17. 略.

18. 是、不是、是.

19. (1) $\boldsymbol{\varepsilon}_1=\frac{1}{\|\boldsymbol{\beta}_1\|}\boldsymbol{\beta}_1=\frac{1}{\sqrt{2}}(1,0,1)^{\mathrm{T}}$; $\boldsymbol{\varepsilon}_2=\frac{1}{\|\boldsymbol{\beta}_2\|}\boldsymbol{\beta}_2=\frac{1}{\sqrt{6}}(1,2,-1)^{\mathrm{T}}$; $\boldsymbol{\varepsilon}_3=\frac{1}{\|\boldsymbol{\beta}_3\|}\boldsymbol{\beta}_3=\frac{1}{\sqrt{3}}(-1,1,1)^{\mathrm{T}}$;

(2) $\boldsymbol{\gamma}_1=\left(\frac{1}{3},-\frac{2}{3},\frac{2}{3}\right)^{\mathrm{T}}$, $\boldsymbol{\gamma}_2=\left(-\frac{2}{3},-\frac{2}{3},-\frac{1}{3}\right)^{\mathrm{T}}$, $\boldsymbol{\gamma}_3=\left(\frac{2}{3},-\frac{1}{3},-\frac{2}{3}\right)^{\mathrm{T}}$.

20. (1) 特征值为 $\lambda_1=2,\lambda_2=4$ 特征向量为 $k_1\boldsymbol{p}_1,k_2\boldsymbol{p}_2(k_1\neq0,k_2\neq0)$,其中 $\boldsymbol{p}_1=\begin{pmatrix}1\\1\end{pmatrix}$; $\boldsymbol{p}_2=\begin{pmatrix}1\\-1\end{pmatrix}$.

(2) 特征值为 $\lambda_1=0,\lambda_2=-1,\lambda_3=9$.特征向量为 $k_1\boldsymbol{p}_1,k_2\boldsymbol{p}_2,k_3\boldsymbol{p}_3(k_1\neq0,k_2\neq0,k_3\neq0)$,其中 $\boldsymbol{p}_1=\begin{pmatrix}-1\\-1\\1\end{pmatrix}$, $\boldsymbol{p}_2=\begin{pmatrix}-1\\1\\0\end{pmatrix}$, $\boldsymbol{p}_3=\begin{pmatrix}\frac{1}{2}\\\frac{1}{2}\\1\end{pmatrix}$.

(3) 特征值为 $\lambda_1=\lambda_2=1,\lambda_3=-2$.特征向量 $k_1\boldsymbol{p}_1+k_2\boldsymbol{p}_2(k_1^2+k_2^2\neq0)$, $k_3\boldsymbol{p}_3(k_3\neq0)$;,其中 $\boldsymbol{p}_1=\begin{pmatrix}-2\\1\\0\end{pmatrix}$, $\boldsymbol{p}_2=\begin{pmatrix}0\\0\\1\end{pmatrix}$, $\boldsymbol{p}_3=\begin{pmatrix}-1\\1\\1\end{pmatrix}$;

(4) 特征值 $\lambda_1=1,\lambda_2=\lambda_3=0$.特征向量为 $k_1\boldsymbol{p}_1,k_2\boldsymbol{p}_2(k_1\neq0,k_2\neq0)$,其中 $\boldsymbol{p}_1=\begin{pmatrix}1\\1\\1\end{pmatrix}$, $\boldsymbol{p}_2=\begin{pmatrix}1\\3\\2\end{pmatrix}$.

21. 略.

22. 略.

23. $-4,\ -6,-12$.

24. 特征值为 $\varphi(1)=-1,\varphi(2)=5,\varphi(-3)=-5$, $|\boldsymbol{B}|=\varphi(1)\varphi(2)\varphi(-3)=25$.

25. $x=-2,y=-1$.

26. 4,5.

27. (1)不能;(2) 不能;(3) $\begin{pmatrix}-1&1&\frac{1}{3}\\1&0&-\frac{2}{3}\\0&1&1\end{pmatrix}$, $\begin{pmatrix}2&0&0\\0&2&0\\0&0&6\end{pmatrix}$;(4) 不能.

28. (1) $\boldsymbol{T}=\begin{pmatrix}0&\frac{1}{\sqrt{2}}&-\frac{1}{\sqrt{2}}\\1&0&0\\0&\frac{1}{\sqrt{2}}&\frac{1}{\sqrt{2}}\end{pmatrix}$, $\boldsymbol{T}^{-1}\boldsymbol{A}\boldsymbol{T}=\begin{pmatrix}0&0&0\\0&1&0\\0&0&-1\end{pmatrix}$;

(2) $\boldsymbol{T}=\begin{pmatrix}-\frac{2}{\sqrt{5}} & \frac{2\sqrt{5}}{15} & -\frac{1}{3}\\ \frac{1}{\sqrt{5}} & \frac{4\sqrt{5}}{15} & -\frac{2}{3}\\ 0 & \frac{\sqrt{5}}{3} & \frac{2}{3}\end{pmatrix}$，$\boldsymbol{T}^{-1}\boldsymbol{A}\boldsymbol{T}=\begin{pmatrix}1&0&0\\0&1&0\\0&0&10\end{pmatrix}$.

(3) $\boldsymbol{T}=(\boldsymbol{p}_1,\boldsymbol{p}_2,\boldsymbol{p}_3,\boldsymbol{p}_4)=\begin{pmatrix}\frac{\sqrt{2}}{2} & 0 & -\frac{1}{2} & \frac{1}{2}\\ \frac{\sqrt{2}}{2} & 0 & \frac{1}{2} & -\frac{1}{2}\\ 0 & \frac{\sqrt{2}}{2} & -\frac{1}{2} & -\frac{1}{2}\\ 0 & \frac{\sqrt{2}}{2} & \frac{1}{2} & \frac{1}{2}\end{pmatrix}$即为所求的正交矩阵，且 $\boldsymbol{T}^{-1}\boldsymbol{A}\boldsymbol{T}$

$=\begin{pmatrix}4&0&0&0\\0&4&0&0\\0&0&8&0\\0&0&0&12\end{pmatrix}$.

29. $\boldsymbol{A}=\frac{1}{3}\begin{pmatrix}-1&0&2\\0&1&2\\2&2&0\end{pmatrix}$.

30. $\boldsymbol{A}^n=\frac{1}{2}\begin{pmatrix}2^n+4^n & 2^n-4^n\\ 2^n-4^n & 2^n+4^n\end{pmatrix}$.

31. (1) $\begin{pmatrix}1&-2&0\\-2&2&-2\\0&-2&-2\end{pmatrix}$，$R(\boldsymbol{A})=2$；

(2) $\begin{pmatrix}1 & -\frac{1}{5} & \frac{2}{5}\\ 0 & \frac{24}{5} & -\frac{12}{5}\\ 0&0&0\end{pmatrix}$，$R(\boldsymbol{A})=2$；

(3) $\begin{pmatrix}-1&-5&-3\\0&-16&-9\\0&-3&1\end{pmatrix}$，$R(\boldsymbol{A})=3$.

32. (1) 正交阵 $\boldsymbol{P}=\begin{pmatrix}-\frac{1}{\sqrt{3}} & -\frac{1}{\sqrt{2}} & \frac{1}{\sqrt{6}}\\ -\frac{1}{\sqrt{3}} & \frac{1}{\sqrt{2}} & \frac{1}{\sqrt{6}}\\ \frac{1}{\sqrt{3}} & 0 & \frac{2}{\sqrt{6}}\end{pmatrix}$，标准形 $f=-2y_1^2+y_2^2+y_3^2$；

(2) 正交阵 $\boldsymbol{P}=\begin{pmatrix} \frac{2}{3} & \frac{1}{3} & \frac{2}{3} \\ \frac{2}{3} & -\frac{2}{3} & -\frac{1}{3} \\ -\frac{1}{3} & -\frac{2}{3} & \frac{2}{3} \end{pmatrix}$,标准形 $f=5y_1^2+2y_2^2-y_3^2$.

33. 略.

34. 略.

35. (1)负定;(2)正定;(3)正定.

36. (1) $-\sqrt{2}<t<\sqrt{2}$;(2) $-1-\sqrt{2}<t<\sqrt{2}-1$.

37. (1) 3,−1;(2) 1,2,3;(3) 3,−4,−1,1;(4) 9,−1,−6.

38. $\lambda=1$ 或 $\lambda=2$.

B 组

1. $\boldsymbol{A}=\begin{pmatrix} 4 & 1 & 1 \\ 1 & 4 & 1 \\ 1 & 1 & 4 \end{pmatrix}$.

2. (1) $\lambda=-1, a=-3, b=0$;

(2) 不能相似对角化.

3. $\lambda_2=\lambda_3=3$.

4. $\frac{8}{3}$.

5. (1) t 为任意实数;(2) $k\begin{pmatrix} 0 \\ 2 \\ 1 \end{pmatrix}$.

6. $2y_1^2-y_2^2+y_3^2$.

7. 略.

8. 略.

9. 略.

10. (1) $\begin{pmatrix} -2 & -2 \\ -2 & -2 \end{pmatrix}=-2\begin{pmatrix} 1 & 1 \\ 1 & 1 \end{pmatrix}$;(2) $2\begin{pmatrix} 1 & 1 & -2 \\ 1 & 1 & -2 \\ -2 & -2 & 4 \end{pmatrix}$.

11. $a=0, \boldsymbol{P}=\begin{pmatrix} 0 & 1 & -1 \\ 1 & 0 & 1 \\ -1 & 1 & 0 \end{pmatrix}$.

12. $f=y_1^2+y_2^2-2y_3^2$.

13. 略.

14. $t=\frac{7}{8}$.

15. $a=0,b=0$,正交变换矩阵 $\boldsymbol{P}=\begin{pmatrix}\frac{1}{\sqrt{2}} & 0 & \frac{1}{\sqrt{2}}\\ 0 & 1 & 0\\ \frac{-1}{\sqrt{2}} & 0 & \frac{1}{\sqrt{2}}\end{pmatrix}$.

16. (1) $\lambda_1=a,\lambda_2=a-2,\lambda_3=a+1$;(2) $a=2$.

17. (1) $a=-1$;(2) $\boldsymbol{Q}=(\boldsymbol{\alpha}_1,\boldsymbol{\alpha}_2,\boldsymbol{\alpha}_3)=\begin{pmatrix}\frac{\sqrt{3}}{3} & \frac{\sqrt{2}}{2} & \frac{\sqrt{6}}{6}\\ \frac{\sqrt{3}}{3} & -\frac{\sqrt{2}}{2} & \frac{\sqrt{6}}{6}\\ -\frac{\sqrt{3}}{3} & 0 & \frac{\sqrt{6}}{3}\end{pmatrix}$,正交变换 $\boldsymbol{x}=\boldsymbol{Q}\boldsymbol{y}$.

18. 略.

19. (1) 特征值 $-2,-2,0$;(2) 当 $k>2$ 时 $\boldsymbol{A}+k\boldsymbol{E}$ 为正定.

20. 略.

21. 略.

22. (1) $\lambda=1$;(2) 略.

习 题 4

A组

1. (1) $\max z=3x_1-4x_2+2x_3-5x_{41}+5x_{42}$

$$\text{s.t.}\begin{cases}-4x_1+x_2-2x_3+x_{41}-x_{41}=4\\ x_1+x_2-x_3+2x_{41}-2x_{42}+x_5=14\\ -2x_1+3x_2+x_3-x_{41}+x_{42}-x_6=2\\ x_1,x_2,x_3,x_{41},x_{42},x_6\geqslant 0\end{cases};$$

(2) $\max z=2x_1+2x_2-3x_{31}+3x_{32}$

$$\text{s.t.}\begin{cases}-x_1+x_2+x_{31}-x_{32}=4\\ 2x_1+x_2-x_{31}+x_{32}+x_4=6\\ x_1,x_2,x_{31},x_{32},x_4\geqslant 0\end{cases};$$

(3) $\max z=x_1-2x_2-3x_3+3x_4$

$$\text{s.t.}\begin{cases}2x_1+x_2+x_3-x_4+x_5=9\\ 3x_1+x_2+2x_3-2x_4-x_5=4\\ 4x_1+2x_2+3x_3-3x_4=6\\ x_j\geqslant 0\end{cases};$$

(4) $\max z=3x_1-4x_2+2x_3-5x_4+5x_5$

$$\text{s.t.}\begin{cases}-4x_1+x_2-2x_3+x_4-x_5=2\\ x_1+x_2+3x_3-x_4+x_5+x_6=14\\ -2x_1+3x_2-x_3+2x_4-2x_5-x_6=2\\ x_1,x_2,x_3,x_4,x_5,x_6\geqslant 0\end{cases}.$$

2.（1）唯一最优解，$x_1=15$，$x_2=20$，$z=1\ 350$；

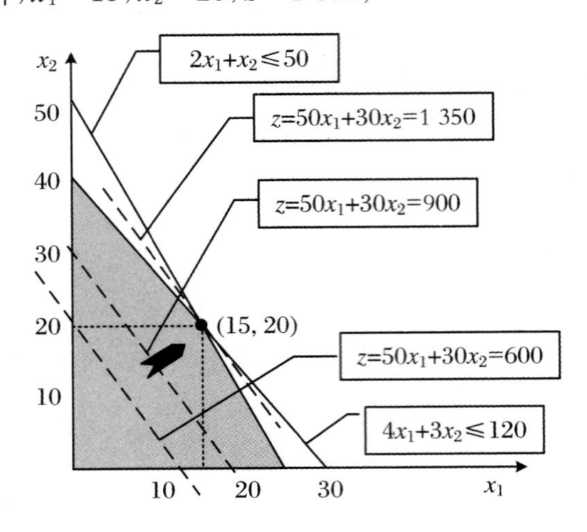

（2）该题无解；

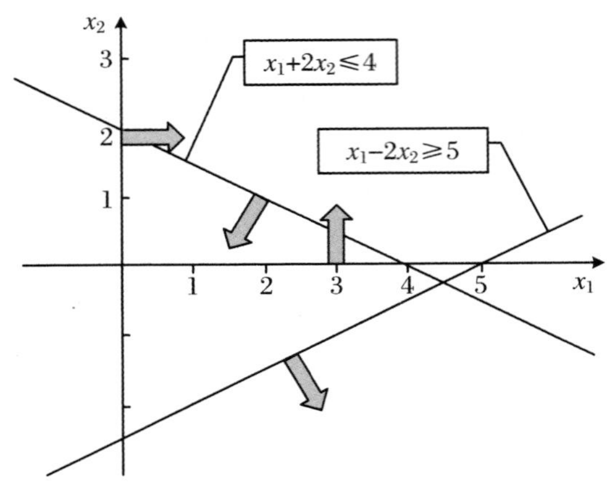

（3）该题有无界解；

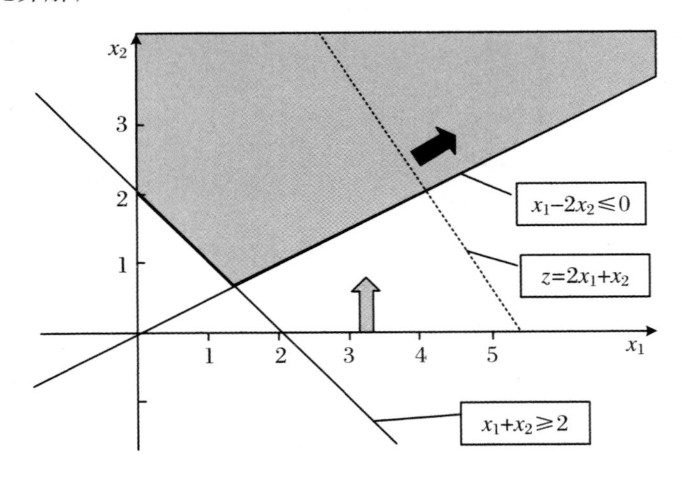

（4）无穷多最优解，$x_1=0,x_2=40,z=120$ 是一个最优解；

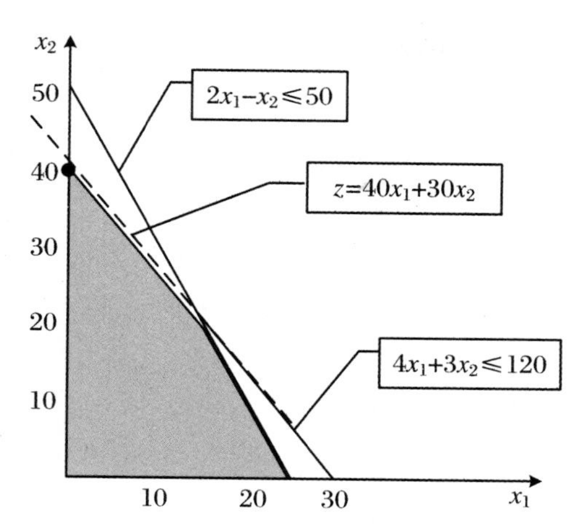

（5）无穷多最优解，$x_1=1,x_2=\frac{1}{3},z=3$ 是一个最优解；

（6）该题无解；

（7）唯一最优解，$x_1=10,x_2=6,z=16$；

（8）该题有无界解.

3.（1）$z^*=20,\boldsymbol{x}^*=(2,5,0,0,2)$；

（2）$z^*=\frac{17}{2},\boldsymbol{x}^*=\left(\frac{7}{2},\frac{3}{2},\frac{15}{2},0,0\right)$；

（3）无界；

（4）$z^*=20,\boldsymbol{x}^*=(2,3,0,2,0)$；$z^*=20,\boldsymbol{x}^*=(4,2,0,0,1)$；

（5）$z^*=36,\boldsymbol{x}^*=(2,6,2,0,0)$；

（6）$z^*=26,\boldsymbol{x}^*=\left(0,\frac{12}{7},0,\frac{34}{7}\right)$；

（7）无最优解；

（8）$z^*=9$.

4.（1）最多只生产 300 张书桌，获利润 $z=24\ 000$（元）；

（2）最多只生产 600 张书橱，获利润 $z=72\ 000$（元）；

（3）最优解为点 $\boldsymbol{M}(0,600)$，即此时 $z_{\max}=0\times 80+120\times 600=7\ 200$.

5.（1）该题是无界解；

（2）无穷多最优解，$x_1=\frac{9}{5},x_2=\frac{4}{5},x_3=0,z=6$ 是最优解之一；

（3）唯一最优解：$x_1=\frac{3}{5},x_2=\frac{6}{5},x_3=0,x_4=1,z=\frac{18}{5}$；

（4）无可行解；

（5）原问题无解.

6. $x_1=0,x_2=0,x_3=0,x_4=30.74,x_5=25.64.\ \min z=32.44$（元）.

7. 设 x_1,x_2,x_3,x_4,x_5,x_6 分别表示六种下料方案切割的钢管根数，用单纯形法解得 $x_1=0,x_2=40,x_3=30,x_4=20,x_5=0,x_6=0$. 此时，可使材料最省且 $\min z=0.1\times 40+0.2\times 30+0.3\times 20=16$（m）.

B 组

1．略.

2．解:(1) 线性规划数学模型

$$\max z=300x_1+500x_2$$

$$\text{s.t.}\begin{cases}x_1\leqslant 4\\2x_2\leqslant 12\\3x_1+2x_2\leqslant 18\\5x_1+3x_2\leqslant 45\\x_1,x_2\geqslant 0\end{cases}$$

(2) 最优解(2,6),最优值 3 600 元;

(3) $0\leqslant c_1\leqslant 750$;

(4) $200\leqslant c_2\leqslant\infty$;

(5) 最优解不变,最优值:4 000 元;

(6) 最优解不变,最优值:2 400 元;

(7) 最优解为(4,3),最优值为 3 050 元;

(8) 最优解为(2,6),最优值为 3 700 元.

3.(1) $\max z=10x_1+6x_2$

$$\text{s.t.}\begin{cases}x_1+x_2\leqslant 120\\10x_1+2x_2\leqslant 640\\4x_1+2x_2\leqslant 260\\x_1,x_2\geqslant 0\end{cases};$$

(2) 最优解(10,110),最优值 760;

(3) 第一、第三个约束起到了约束作用;

(4) $-4\leqslant\gamma\leqslant 2$,最优解不变,即甲的利润的变化范围为 $-4\sim 2$;

(5) 发生改变;

(6) 发生改变.

4．最优解 $\boldsymbol{x}^*=\left(\frac{7}{2},\frac{3}{2},\frac{15}{2},0,0\right)^{\mathrm{T}}$,最优目标值 $z^*=8\frac{1}{2}$.

参考文献

[1] 同济大学数学系.工程数学:线性代数[M].6版.北京:高等教育出版社,2014.

[2] 黄惠青,梁治安.线性代数[M].北京:高等教育出版社,2006.

[3] 吴赣昌.线性代数:经管类[M].4版.北京:中国人民大学出版社,2011.

[4] 赵树嫄.线性代数:经济应用数学基础(二)[M].4版.北京:中国人民大学出版社,2013.

[5] 同济大学数学系《线性代数》编写组.线性代数[M].3版.上海:同济大学出版社,2010.

[6] 李炯生,查建国,王新茂.线性代数[M].2版.合肥:中国科学技术大学出版社,2010.

[7] 方文波,段汕.线性代数及其应用[M].北京:高等教育出版社,2011.

[8] 毕守东.线性代数[M].北京:中国农业出版社,2010.

[9] 费伟劲.线性代数[M].2版.上海:复旦大学出版社,2012.

[10] 付小芹,殷先军.线性代数学习辅导:经济管理类数学基础[M].北京:清华大学出版社,2014.

[11] 居余马.线性代数[M].2版.北京:清华大学出版社,2013.

[12] 上海交通大学数学系.线性代数[M].3版.北京:科学出版社,2014.

[13] 何斌.线性代数:经管类[M].北京:科学出版社,2013.

[14] 马毅,张良.线性代数:经管类[M].北京:清华大学出版社,2015.

[15] 过静,王亚辉.线性代数:经管类数学基础[M].北京:北京航空航天大学出版社,2009.

[16] 李永乐,王式安.考研数学系列:数学基础过关660题[M].西安:西安交通大学出版社,2016.

[17] 陈怀琛,高淑萍,杨威.工程线性代数:MATLAB版[M].北京:电子工业出版社,2007.

[18] 王艳君,赵明华,李文斌.线性代数实验教程[M].北京:清华大学出版社,2011.

[19] 林蔚.线性代数的工程案例[M].哈尔滨:哈尔滨工程大学出版社,2012.

[20] 马艳琴,张荣艳,陈东升.线性代数案例教程[M].北京:科学出版社,2015.

[21] 杨威,高淑萍.线性代数机算与应用指导:MATLAB版[M].西安:西安电子科技大学出版社,2009.

[22] 拉克斯.线性代数及其应用[M].傅莺莺,沈复兴,译.2版.北京:人民邮电出版社,2009.

[23] 胡运权.运筹学基础及应用[M].6版.北京:高等教育出版社,2014.

[24] 胡运权.运筹学教程[M].4 版.北京:清华大学出版社,2012.
[25] 杨桂元.数学建模[M].上海:上海财经大学出版社,2015.
[26] 陈华友.运筹学[M].合肥:中国科学技术大学出版社,2008.
[27] 《运筹学》教材编写组.运筹学[M].3 版.北京:清华大学出版社,2005.